河海大学社科青年文库

重大水利工程建设全生命周期组织管理体系的集成管理模式

舒　欢　著

U0214981

科学出版社

北　京

内 容 简 介

本书针对重大水利工程的建设管理实践，按照该类建设的全生命周期管理过程来展开其关键环节的管理机制研究，进而完善其综合集成管理的组织管理体系，力图为提高该类建设的组织管理水平提供可操作的理论方法工具。

本书可作为工程管理类本科生、研究生的专业读物，以及重大水利工程管理领域研究的基础研究资料。

图书在版编目（CIP）数据

重大水利工程建设全生命周期组织管理体系的集成管理模式/舒欢著. —北京: 科学出版社, 2017. 11

ISBN 978-7-03-055194-8

Ⅰ. ①重… Ⅱ. ①舒… Ⅲ. ① 水利工程-施工管理-研究 Ⅳ. ①TV512

中国版本图书馆 CIP 数据核字（2017）第 270557 号

责任编辑: 惠 雪 沈 旭/责任校对: 彭 涛
责任印制: 张 伟/封面设计: 许 瑞

科学出版社 出版
北京东黄城根北街 16 号
邮政编码: 100717
http://www.sciencep.com

北京京华虎彩印刷有限公司 印刷
科学出版社发行 各地新华书店经销

*

2017 年 11 月第 一 版 开本: 720×1000 1/16
2017 年 11 月第一次印刷 印张: 15 1/4
字数: 307 000

定价: 99.00 元
（如有印装质量问题，我社负责调换）

前　　言

　　重大水利工程是一个国家的战略性基础设施，其在社会、经济、政治、文化、生态环境、国际关系等方面发挥着不可替代的作用，是实现水资源有效开发和可持续利用的基本途径之一。按照预期目标建设完成这些基础设施是开发利用水资源的基本前提，而其建设成果取决于其建设过程。然而，该类设施的建设本质上是一个由多种要素综合集成的复杂系统，其建设过程实质上是一项具备典型阶段性特征的综合集成的复杂系统工程，对该类工程建设过程的管理必须针对其全生命周期的完整过程运用综合集成管理的思想。因此，在此思想指导下为该类工程建设构建适合我国国情的全生命周期组织管理体系，对完善水利工程管理理论与方法具有十分重要的理论意义和学术价值，对提高我国水利工程的建设管理水平进而实现环境友好型的水资源高效开发利用模式具有重要的现实意义。

　　目前，重大水利工程建设管理领域的研究虽然取得了一定的进展与成果，但关于重大水利工程建设组织管理体系的研究，依旧主要是基于还原论的分析方法，并沿用传统的工程建设组织管理模式和方法，缺少从工程建设管理实践中提炼科学问题，将其上升到理论研究再回到实践的过程，缺乏用专门针对复杂工程建设管理的方法论体系去指导构建该类工程建设组织管理模式的研究；同时，也缺乏针对该类工程建设阶段性特点的，对其全生命周期各阶段组织管理模式的集成体系的研究。由国内学者提出的综合集成管理思想，尚未与重大水利工程建设的管理问题成功对接。因此，迫切需要一部专业著作来全面介绍该类工程在建设全生命周期中的社会稳定风险评估、评标方法、组织界面管理方法、施工联合体的风险分担、灾后应急处置群决策方法等关键问题的解决方法，给大家的学习、研究和建设实践等提供帮助。

　　本书的研究工作是在江苏省自然科学基金项目 (项目编号：BK20130847)、河海大学中央高校基本科研业务费项目 (2013/B17020192) 等资助下展开的。全书共分 7 章，包括绪论、重大水利工程社会稳定风险的脆弱性分析、基于粗糙集和模糊区间数的重大水利工程评标方法、基于协同工作平台的跨流域调水工程组织界面管理方法、基于熵权 ANP 模型的重大水利工程施工联合体的风险分担机制、基于区间二元语义的重大水利工程灾后应急处置群决策方法和结论。每个章节都结合一些工程实例，供大家参考。

　　本书是作者和其主持的"基于综合集成管理方法论的重大水利工程建设全生命周期组织管理体系研究"项目四年来的研究成果，颜玉凡老师对本书进行了大量的校订工作，特此感谢郑胜强、李露凡、刘文娜、曹艳辉、宁敬博、李云燕、许俊丽等同志所做的研究以及在撰写本书时给予的帮助，向对本书进行后期编辑的唐昊同志致以诚挚的敬意，也感谢李启明教授、苏振民教授、谭清美教授给予的悉心指导，谨在此向他们致以衷心的感谢！

作　者

2017 年 4 月

目　　录

绪　　论

0.1　重大水利工程建设组织管理体系集成管理模式的研究背景和意义

重大水利工程是一个国家的战略性基础设施，其在社会、经济、政治、文化、生态环境、国际关系等方面发挥着不可替代的作用，是实现水资源有效开发和可持续利用的基本途径之一。按照预期目标建设完成这些基础设施是开发利用水资源的基本前提，而它们的建设成果取决于其建设过程。然而，该类建设本质上是一个由多种要素综合集成的复杂系统，其建设过程实质上是一项具备典型阶段性特征的综合集成的复杂系统工程，必须运用综合集成管理思想对其全生命周期中的关键环节展开系统管理。

在项目决策阶段，决策者往往需要针对重大水利工程规模大、技术复杂、工期较长、投资多、不确定性大等特点，对其全寿命周期中的相关工作进行全面统筹规划。其中，部分重大水利项目因缺乏有效的评估机制，导致社会的不和谐与不稳定因素在短期内迅速膨胀与积累，这些冲突的发生危及工程建设的顺利开展，极大地阻碍了社会和谐平稳发展。因此，这类工程在方案优选时，就得考虑从源头上预防和减少重大水利工程项目所导致的社会矛盾纠纷和不稳定事件的发生，而国内还没有形成切实可行的重大水利工程社会稳定风险的管理模式。因此，在决策阶段，基于对重大水利工程项目社会稳定风险评估研究意义的深刻认识，就如何对重大水利工程项目的社会稳定风险进行深入分析，找出风险因素，并且制定有效的风险评估机制，是非常迫切和必要的。

在项目设计前的准备阶段、设计阶段和施工阶段，招投标是非常关键的工作。由于重大水利工程的公益性质，该类工程一般实行公开招投标制度，这有助于建设单位通过公平的市场竞争机制来择优选择承包商。在招投标工作中，采用恰当的评标方法至关重要。因此，制定科学合理、适用性强的评标方法是一个关键环节。目前，我国重大水利工程所采用的招投标方法主要是基于评标指标权重，求出各投标人的标书的加权线性综合评分值，按照得分高低依次排出三名中标候选人。这些方法在评标指标体系和评标模型方面还存在不足，因此有必要从群决策角度出发，建立一种行之有效的定性与定量相结合的项目评标指标体系。

跨流域调水工程是重大水利工程中的一类典型项目。该类工程是各国对水资源进行重新分配、缓和并解决水资源可持续发展的一种重要基础设施，其利益相关方众多，矛盾尖锐集中且错综复杂，管理过程中会出现众多组织界面问题，如若处理不当，将会产生一系列不良后果。目前的跨流域调水工程建设中，一般采用协调会议、电话或邮件的方式来进行组织界面管理，这不但造成大量人力、财力、物力以及时间的浪费，增加了工程成本，还大大降低了项目管理效果[1]。因此，相关研究急需为该类工程的组织界面管理设计一个协同工作平台，确保各组织界面的无缝衔接，确保项目管理目标的顺利实现。

单个企业往往不具备独立承建规模巨大、技术复杂性高、不确定因素多的重大水利工程的综合能力。因此，许多工程建设方都倾向于将工程建设任务交给施工联合体。而这些施工联合体作为一种临时性的工程建设合作组织，参与各方展开有效合作的重要基础之一就是对巨大的重大水利工程风险进行合理分担。这就需要立足于重大水利工程的实施特点，基于科学的风险识别、评估及控制，结合施工联合体运作实际，采用公平的、能够兼顾各方个体利益与项目整体利益的风险分担方法来确定联合体的风险分担比例，明确各方在风险管理中的权利与责任，以此作为联合体风险控制成本分摊、风险损失补偿、风险收益分配的依据，并制定科学合理的风险分担策略和应对措施。这将有助于最大限度地控制项目风险及使风险成本最小化，确保项目的顺利完工。

在项目使用阶段，由于人类活动与自然环境变化的交互作用，诱发灾害的因素日益增多。为保证重大水利工程的安全运行，必须迅速而有效地做好该类工程的灾后应急处置。目前，我国工程运营方的灾害防御能力明显不足，灾害的不确定性和管理主体认识能力的有限性都给应急决策带来了诸多困难。而复杂的应急决策过程需综合考量环境变化、灾害等级、可用资源等各种因素，在短时间内形成方案集并选择最佳方案，所以如何加快决策过程、提高决策科学性是现代决策科学和防灾减灾学应重点突破的研究领域。据此，采用具有明确和清晰的综合性知识和信息共享优势的群决策模式，借助不确定条件下语言群决策的偏好表达方法，建立基于区间二元语义的灾后应急处置群决策方法将极大提高该类工程灾后应急决策的科学性与准确性。

基于以上认识，本书根据重大水利工程建设的管理特点和阶段性特征，以其全生命周期中的关键环节为主线，在综合集成管理方法论指导下对各环节中的管理难点进行针对性分析，可以为顺利推进建设过程和高效实现建设目标提供有力保障，进而为该类工程的建设管理实践提供重要的方法与技术支撑。

0.2　本书的研究目标和范围

本书致力于将综合集成管理方法论体系与工程建设管理理论相融合，完善符合中国国情的重大水利工程建设全过程管理体系，为重大水利工程全生命周期中的若干关键环节提供有效的管理思想、方法和对策建议，为实现该类建设的有效组织与合理协调提供方法和技术支持。基于前述研究背景，本书主要围绕重大水利工程全生命周期的五项关键问题来展开研究，包括社会稳定风险脆弱性的评估机制、基于粗糙集和模糊区间数的评标方法、基于协同工作平台的组织界面管理方法、施工联合体的风险分担和灾后应急处置的群决策方法。

0.3　研究思路和总体方案

本书针对重大水利工程的建设管理实践，按照该类建设的全生命周期管理过程来展开其关键环节的管理机制研究，进而完善其综合集成管理的组织管理体系，力图为提高该类建设的组织管理水平提供可操作的理论方法工具。各专题的研究方案如下。

专题一：社会稳定风险脆弱性的评估机制研究

(1) 分析重大水利工程社会稳定风险脆弱性的产生、发展与演化机理，基于重大水利工程项目社会稳定风险脆弱性评估理论，从脆弱性的角度，构建适用于重大水利工程项目社会稳定风险脆弱性的评估指标体系，为相关研究提供参考与借鉴。针对重大水利工程项目的社会稳定风险脆弱性具有不确定性与模糊性的特点，采用模糊物元理论作为评价方法，从研究方法上完善社会稳定风险脆弱性评估的相关理论，为重大水利工程的社会稳定风险脆弱性管理提供理论指导。

(2) 通过运用科学合理的风险脆弱性评估决策方法，有效地从源头上预防和减少重大水利工程项目实施过程中的社会稳定风险脆弱性隐患，减少损失发生的概率，这一理论模型可以进一步运用于重大水利工程社会稳定风险脆弱性的管理工作中，并将有利于推进重大水利工程建设，维护社会稳定。

专题二：基于粗糙集和模糊区间数的评标方法

(1) 对重大水利工程评标指标体系进行修正。

(2) 将模糊数理论、多属性决策理论融入工程施工评标决策中，基于模糊多属性群决策思想[2]，改进项目施工评标方法。

专题三：基于协同工作平台的组织界面管理方法

(1) 针对跨流域调水工程项目的组织界面管理问题，设计协同工作平台来进行该类工程建设阶段的组织界面管理，使项目管理效率达到最大化。

(2) 利用有关工程项目管理软件，对组织界面协同工作平台进行系统设计，建立项目信息互动中心，为各参建方提供信息沟通交流和协作的理想环境，使各组织进行快速简便的沟通交流，了解项目信息，有效地降低由于信息传递不畅造成的管理和决策失误，提高项目沟通协调的效率。

(3) 将协同工作平台运用于实际项目的信息数据搜集和整理，对该平台的实施效果进行验证和修正，使项目的组织界面管理规范化，提高界面管理工作的质量。

专题四：基于熵权 ANP 模型的施工联合体的风险分担机制

(1) 利用各类资源，建立合理的施工联合体风险分担计算模型和管理机制，明确联合体参与方对相关风险的分担水平，以及在相关风险控制过程中的权、责、利，避免联合体内部在应对风险时的推诿及扯皮现象，从而更好地调动联合体参与方高效应对风险的积极性。在确定施工联合体各方风险分担比例基础上，配备完善的风险动态管理过程，实现对各参与方风险的合理分担和有效激励约束，调动联合体参与方主动开展相关风险控制工作的积极性。

(2) 改善施工联合体内部的合作交流关系。在确定风险分担合理比例基础上，制定风险的合作应对机制，使得风险分担控制的成本、收益、损失可以在联合体内部予以转移与补偿，更好地将联合体系统收益与参与方自身收益、联合体整体风险与参与方分担风险予以结合，消除联合体参与方自身收益与联合体系统收益的对立矛盾，实现联合体参与方在风险控制上的协作与交流。

(3) 提高施工联合体的综合效益水平。在科学合理且多方满意的联合体风险分担及合作应对基础上，以联合体整体效益最优为目标，合作应对并控制项目风险，有效避免联合体内部的相关冲突及矛盾，确保联合体内部的稳定合作和长效沟通，保证联合体各参与方在资金、技术、人力等方面的良好协作，消除或降低相关风险的控制成本及预期损失，实现联合体的系统运作，从而有助于增加重大水利工程的综合绩效，有助于提高该类工程施工联合体的综合效益水平，实现项目整体利益的最大化。

专题五：基于区间二元语义的灾后应急处置群决策方法

(1) 通过考虑灾害发生后信息不确定的特点，结合有效表达不确定性的区间二元语义理论，建立一种基于区间二元语义的应急处置群决策方法，对应急群决策的相关理论进行拓展和关联，丰富重大水利工程应急决策理论体系。

(2) 为包括应急预警、判断、处置和灾后恢复重建等在内的灾后应急决策全过程管理中的信息融合与提炼提供分析思路。

(3) 从博弈论的角度来厘清灾后应急决策中各参与方的博弈机制，为决策者快速确定决策的逻辑思路提供方法借鉴。

(4) 发挥群决策的集体智慧优势，考虑实际环境中决策信息的变化特点，以提高应用性为重要导向，构建快速、简易、科学的决策方法。

本书的技术路线图如下。

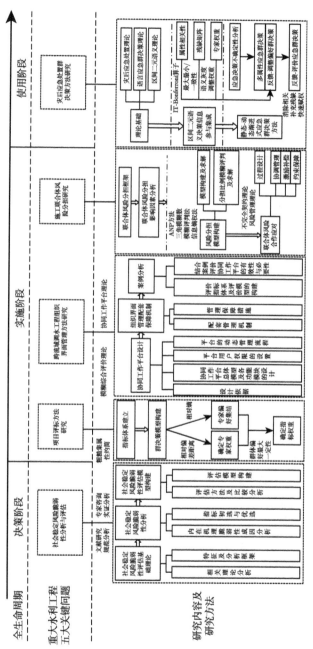

图 0-1 本书的总体技术路线图

1 重大水利工程社会稳定风险的
脆弱性分析

由于重大水利工程具有规模大、技术复杂、工期较长、投资多、不确定性大、社会影响大、牵涉方面多等特点，必须高度重视从源头上预防和减少该类工程建设所导致的社会矛盾纠纷和危害社会稳定的事件。本部分基于对重大水利工程社会稳定风险评估的社会意义的深刻认识，就如何对该类工程的社会稳定风险进行深入分析，找出风险因素，并且制定有效的风险评估机制。

1.1 主要内容、方法及技术路线

1.1.1 主要内容

本部分充分借鉴已有的研究成果，从脆弱性角度出发，对重大水利工程项目社会稳定风险脆弱性影响因素进行深入分析，通过指标的初选与优选，建立了评估指标体系，并构建基于模糊物元的综合评估模型，最后基于模型对 L 工程 D 区的社会稳定风险脆弱性评估进行实证分析。主要内容如下：

1) 重大水利工程项目社会稳定风险评估基础理论

在重大水利工程项目社会稳定风险理论方面，首先分别分析了重大水利工程项目、社会稳定风险和脆弱性的相关理论，总结归纳出常用的风险管理评估方法，并比较这些方法的优缺点和适用范围，为后续章节提供理论基础。

2) 重大水利工程项目社会稳定风险脆弱性分析

探讨重大水利工程项目社会稳定风险脆弱性的内在机理，明确研究对象与风险脆弱性因素的相互关系。归纳重大水利工程社会稳定风险脆弱性的主要表现形式，从三个层面进行分析并梳理出重大水利工程社会稳定风险脆弱性成因，初步设计了重大水利工程项目社会稳定风险脆弱性的评估指标体系，对评估指标的含义进行说明，最后运用 SEM 模型对初选指标进行验证性因子分析，优选出关键性指标。

3) 重大水利工程项目社会稳定风险脆弱性评估

首先，在指标权重确定环节，采用层次分析法赋予指标权重，客观有效地衡量评估指标的重要性程度。其次，针对重大水利工程项目社会稳定风险脆弱性的特

点，构建基于模糊物元分析的重大水利工程项目社会稳定风险脆弱性评估模型。最后，总结模型的特点与适用性。

1.1.2   研究方法

1) 文献研究法

通过阅读大量文献，获得相应资料，全面了解所要研究问题。归纳总结国内外对于工程项目社会稳定风险与脆弱性的研究现状，确定研究方向，在前人研究的基础上，进行深入研究。

2) 定性与定量分析相结合

定性分析与定量分析方法是学术研究中常用的侧重点不同的基本方法，本部分对重大水利工程社会稳定风险脆弱性的论证既有对评估指标因素的定性分析，又具有定量的实际过程的数据分析。

3) 层次分析法

运用成熟的层次分析法理论确定重大水利工程项目社会稳定风险脆弱性评估指标的权重，通过度量因素之间的重要性，实现定性与定量的结合，使得指标的权重的确定更加科学合理。

4) 模糊物元分析法

在对重大水利工程项目社会稳定风险脆弱性进行评估时，将事物特征的量值所具有的模糊性与影响因素的不相容性加以综合，实现对重大水利工程项目社会稳定风险脆弱性的科学客观的量化分析，获得有效的量化结果。

5) 理论研究与实证分析相结合

在分析与总结重大水利工程社会稳定风险脆弱性的特点以及相关风险管理理论的基础上，构建评估指标体系与综合评估模型，并以 L 工程 D 区的社会稳定风险脆弱性评估为实例，验证模型的可行性。

1.1.3   技术路线

该部分研究路线以提出问题、分析问题和解决问题为主线，基于文献阅读研究、专家咨询等方法来分析重大水利工程项目社会稳定风险脆弱性影响因素的构成，构建重大水利工程项目社会稳定风险脆弱性的评估指标体系，采用层次分析法确定指标权重，基于研究问题复杂性与模糊性等特点，提出运用模糊物元分析模型评估重大水利工程项目社会稳定风险脆弱性，并以实例验证该模型的适用性与可行性。技术路线如图 1-1 所示。

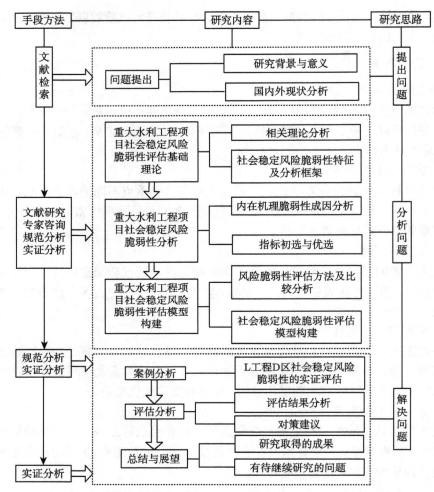

图 1-1   重大水利工程社会稳定风险的脆弱性分析技术路线图

1.2   重大水利工程社会稳定风险脆弱性评估理论基础

本节对重大水利工程项目、社会稳定风险和脆弱性分别进行了阐述和说明，并在此基础上，明确了社会稳定风险的评估框架，为后续章节社会稳定风险脆弱性的分析与评估研究做铺垫。

1.2.1   重大水利工程项目的界定与特征分析

1) 重大水利工程项目的界定

我国是水资源较为丰富的国家，但分布极不均衡，需要建设一些基础设施来对水资源加以合理调配与利用。随着我国经济水平的快速发展，我国的建筑业日益繁荣，水利工程工程量和投资额也随之增大。那么何为重大水利工程项目，不同学者有不同的界定。从该类工程的建设意义层面与影响来划分，也就是工程项目的建设事关区域社会发展总体规划，一般情况下会对区域的经济社会发展有重大影响，甚至对当地的文化传统等产生深远影响的项目。不同地区的政府和部门根据建设项目的占地面积、投资规模和对当地的社会经济发展的影响等的不同来划分重大水利工程项目的建设。

本书重点论述的重大水利工程，其建设具有强烈的外部性，例如项目的建设及其后期的运营造成的环境污染属于消极的负外部性，而加快当地经济的发展是积极的正外部性，这些社会外部性关系到区域社会成员的切身利益，一旦不妥善处理，长此以往的积累，会遭到社会成员的抵制，危害社会的稳定状态。

2) 重大水利工程的特征分析

重大水利工程是一个开放的复杂巨系统，就其本质而言，它所具有的复杂性因素主要包括较多的参建方，利益主体的多元化，时间和空间层面的跨度大，学科门类涉及繁多，使该类工程建设和管理面临着多方面的挑战。主要的特征表现为：

(1) 工程规模浩大。重大水利工程涉及的空间以及主体规模比较庞大，工程在建设的过程中需要动用较多的人力，消耗较多的物力和财力，实施花费较长的时间，比如，三峡水利枢纽的投资额多达 1000 多亿元，建设期达 18 年之久。

(2) 复杂多变的周围环境因素。该类涉及了区域的经济、人文、生态等众多因素，是一个影响复杂的系统工程。比如西藏建设的水利工程面临了冻土高寒、生态系统脆弱性、人群密集等特点。因此，工程的任务艰巨，难度比较大。

(3) 受社会公众的关注度高。因为涉及的影响因素众多，该类工程的建设是社会关注的焦点，公众对工程的期望比较大，比如三峡工程的决策过程引起了国内外学者的广泛关注，面临不断的争议。

归纳而言，重大水利工程项目的共性与特性主要内容如表 1-1。

表 1-1 重大水利工程项目的共性与特性对比分析

共性	特性
处于特定的自然与区域环境，固定且难以迁移，众多参与方，施工和开发过程的渐进性	工程浩大、问题复杂、具有公益性质和多元价值的综合效益、社会关注的焦点，广泛的外部影响，投资额高，施工工期长，投资规模大，相关人群利益的协调困难，复杂的项目的指挥、协调、监理等工作

由表 1-1 的共性与特性的对比分析可以看出，与其他项目相比，重大水利工程的复杂性使得在整个项目的建设过程中充斥着门类繁多的风险，并且，一旦风险发生，将会造成具有较大影响的经济损失和人员伤亡事故的发生[3]。

1.2.2   社会稳定风险评估相关理论

1) 社会稳定风险的定义与特征分析

维护社会和谐与稳定的大局，是保证我国改革建设和发展顺利进行的前提和基础，应当在变革的过程中积极维护和推进社会的稳定秩序，促进社会的和谐发展[4]。因此，在重大水利工程项目的风险管理过程中，应该特别关注导致社会问题与矛盾产生的风险因素。对风险因素进行细致详尽的识别、分析、评估以及对风险规避方法的研究，这有利于继续探讨社会稳定问题的研究，找出解决重大水利工程项目社会稳定矛盾的有效方法。

从风险的含义与特性出发，社会稳定风险是由社会失稳的不确定性影响因素导致的，此处我们对社会稳定风险的定义具体包括以下两个方面：一方面是指社会的基本稳定局面被打破的不确定性，另一方面是指社会基本稳定状态被打破以后，出现的不确定状况超出所能承受范围的损失[5]。值得注意的是，社会稳定从风险控制的角度，并不完全是追求社会矛盾的完全控制，实现社会的绝对稳定，这里社会稳定风险控制是指追求社会的基本机构、利益分配架构稳定，社会各阶层不存在激烈的利益冲突，并且对现有的社会格局基本认同的和谐状态。社会稳定风险除了具备风险的基本特性外，还具有其他一些特性：首先，社会稳定风险具有高层次的主观因素，风险源大多来自于社会成员，而每个社会成员都具备独立的逻辑思维能力；其次，突出的群体性特点，单个社会成员的社会影响是比较微小的，但是当这些个体集结为群体的时候，社会活动就具有了群体性，极易造成较大范围的社会影响。社会稳定风险还具有限定性，并不是所有社会矛盾的产生都是社会风险，只有当社会系统的脆弱化持续加剧，这些社会矛盾需要积累到一定的限度，才会产生社会稳定的风险问题。

具体归纳而言，社会稳定风险特性主要如表 1-2 所示。

表 1-2   社会稳定风险的特征分析

特征	分析
客观性与现实性	社会稳定风险是存在于生活中的既定事实，不同的情况下，存在方式不同，虽然有时是隐形的，但是一旦发生，危害性即显现
不确定性与损失性	人类认知的有限性导致社会稳定风险无法预测[6]，具有不确定性，风险的爆发，导致损失的严重性
突发性与传染性	微小信息导致风险突发，经过放大信息的不对称处理，造成人群的恐慌，连锁反应造成风险事件

2) 社会稳定风险评估的基本流程与意义

社会稳定风险评估[7]是在与人民群众利益密切相关的重大决策、重要措施、重大水利工程项目以及与社会公共秩序相关的重大事项审批出台前或实施过程中，需要对可能会造成的社会稳定影响因素进行系统的调查分析、科学决策、分析以及评估，制定相应积极的风险预案以及风险应对策略，从而有效预防控制可能造成的社会稳定风险，以确保重大事项的顺利进行。国家政府高度重视对社会稳定风险的评估，并结合国有企业改革发展的实际情况，制定了《关于建立国有企业改革重大事项社会稳定风险评估机制的指导意见》（以下简称《指导意见》），以期从源头上预防和化解矛盾，维护社会的和谐稳定。

《指导意见》对重大事项社会稳定风险评估机制的相关理念与指导原则进行了阐述，明确了包含四个环节的评估方法与思路。具体体现为：第一个环节是明确责任主体和识别风险的来源；第二个环节是明确风险评估的内容，包括合法性评估、合理性评估、可行性评估以及可控性评估；第三个环节是明确实施风险评估的步骤；第四个环节是进行科学决策，制定风险应付方案。根据一般风险管理的基本理论，参考既有的项目风险识别的概念，在中央政府《指导意见》的指导下，重大事项的社会稳定风险评估工作可以分阶段实施，首先需要进行社会稳定风险的辨识，即确定可能影响社会稳定风险的事件因素，并进行整理汇总，可以将此类事件的特征整理确定并形成文档。在进行风险的辨识后，接下来需要对辨识的信息进行分析和评估工作[8]。分析工作主要指将经过辨识得到的风险信息按照一定的标准进行处理，分析工作的有效进行将有利于后续的比较与评估工作的展开。评估工作主要是指对风险事件的可能性以及严重性的评价与估计，这两个因素是衡量社会稳定风险的重要指标。因此这两个因素在进行风险评估时都不能偏废。最后针对风险状况，权衡利弊，决定项目是否能进行立项以及积极的社会稳定风险应对策略或措施。需要注意的是，本书中社会稳定风险评估的概念是采用广义的概念，既包括狭义的风险评估工作，也包括针对风险拟定的相应措施等内容。同时，在重大事项社会稳定风险评估的过程中，开展相应的风险应对措施，并不是直接采取行动，不能直接代替维护社会稳定过程中的实际行动，而仅仅局限于拟定措施、筹备方案的这一阶段过程中。具体的社会稳定风险评估实施流程如图 1-2 所示。

重大事项社会稳定风险评估机制的执行是贯彻与落实中共中央建设和谐社会精神的具有重大意义的维持社会和谐稳定的举措[9]。是对重大事项可能造成的不稳定因素进行预测与防范，发现存在的主要问题和矛盾，找到解决诸多关键问题的办法，从而有利于增加社会的稳定因素，维护群众的切身利益。因此，国家社会要严格执行重大事项的社会稳定风险评估机制，制定合理的保障措施，着力于解决影响社会和谐稳定的长远问题。

1.2.3 社会稳定风险脆弱性特征及分析框架

1. 脆弱性的概念与特征

脆弱性是一个普适性非常强的概念，基本上所有的研究对象都可能存在不同

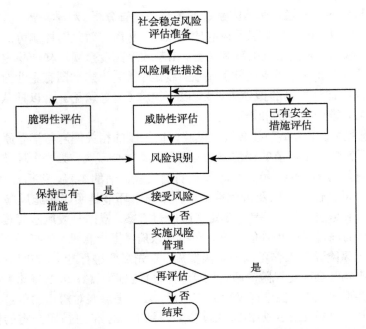

图 1-2　重大水利工程社会稳定风险评估实施流程

程度的脆弱性，脆弱性与不同的研究对象结合就产生不同的研究分支，包括生态系统、资源环境、区域和运行体系的脆弱性等。目前，脆弱性的概念已经被广泛应用于各个学科领域，但不同的学科对应的内涵存在区别。自然科学工作者大多从环境变化的角度定义脆弱性，研究的对象往往是自然的生态系统；社会科学工作者则注重于政治、经济、社会关系和其他权利结构的脆弱性，研究的对象大多是人文系统。

目前，理论界关于脆弱性的含义还没有形成一个统一的说法，随着研究的不断深入，学者们对脆弱性的理解也在不断演变，国外研究的代表性观点大致可归结如表 1-3 所示。从表 1-3 中可看出，学者们对脆弱性理解的差异性已经逐渐统一到了损失性（崩溃性）、敏感性以及与之联系紧密的稳定性等关键属性。

本部分所研究的重大水利工程项目社会稳定风险脆弱性是指在重大水利工程项目建设与运营的过程中，导致区域社会稳定风险发生的敏感性、暴露性与应对能力的概率函数。脆弱性是社会稳定风险的一个属性，是对社会稳定风险发生的难易程度的衡量标准。对重大水利工程项目社会稳定风险脆弱性的分析与评估研究，有利于识别社会稳定风险脆弱性的影响因素，减小社会稳定风险发生的可能性。

由于脆弱性可以与各个研究领域相结合，那么相应的关于脆弱性评估，也可以应用于很多学科领域，具有较强的适用性。但是由于各领域的不同特点，评估时需要结合各自领域的特征，因此在评估的具体实施时会存在不同。

表 1-3 各阶段脆弱性含义汇总

文献	含义
Gabor&Griffith (1979)	是一个地区因为暴露于危险环境而受到的一种威胁，它既包括安全时期的生态环境状况，又包括危险时期地区所表现的应急能力
Kates(1985)	遭受破坏或抵抗破坏的能力
Dow&Downing (1995)	一种环境的敏感性，包括与自然灾害有关的自然、人口、经济、社会和技术等各因子
Adger&Kelly (1999)	脆弱性是个人、群体或社会的一种状态，具体地说，是对外界压力的调整和适应能力
Kasperson (2001)	个体因为暴露于外界压力而存在的敏感性及个体调整、恢复或进行根本改变的能力
Sarewitz (2003)	是系统的一种内部属性。该属性是产生潜在破坏的根源，并且它与任何灾害或极端事件的出现概率无关

注：引自葛怡. 洪水灾害的社会脆弱性评估研究 —— 以湖南省长沙地区为例 [D]. 北京：北京师范大学, 2006.

脆弱性评估适用范围非常广泛，会涉及多学科与多领域，在进行脆弱性评估的时候需要具体结合被评估对象的特征、评估的目的以及需要达到的评估目标等多方面的内容，同时还要考虑其他一些专业性的问题。因此在进行脆弱性评估的过程中，如何对多学科的知识兼收并蓄，而不局限于某一学科领域，是很重要的研究问题，同时对脆弱性评估的结果的有效性影响很大，所以需要首先了解脆弱性评估的本质，掌握脆弱性评估的基本特征。通过归纳分析，脆弱性评估具有以下基本特征：

1) 动态性

传统对脆弱性的研究基本上认为系统是静态的，然而，研究对象和其外部环境并不是一成不变的，而是随时空不断演化的，处于不断的运动变化与发展中。在脆弱性评估中，尤其在预测外部环境对研究对象的影响时，应从动态的角度把握研究对象和外部环境未来可能变化的趋势。只有如此，才能保证评估结果的有效性，为可持续发展提供合理的依据。因此，脆弱性评估需要坚持动态性的原则。

2) 可操作性

可操作性是脆弱性评估的灵魂。评估的目的是为分析系统并为决策提供服务，不能仅仅重视理论体系的完美性，而忽略甚至牺牲评估的可操作性与可行性，二者之间需要合理协调。因此，不能用过多指标把本应单纯的评估工作复杂化，也不能为了简单可行而使评估结果失真，脆弱性评估的思想是可操作性。

3) 流程最优性

脆弱性评估的流程一般有五个阶段，包括分析需求、制定方案、实施评估、补救和加固、审核验证五个阶段，或者再加上每个阶段产生的分析报告和文档。在进行评估时，这些流程需要是最优的，不能冗余烦琐。

4）目的性

脆弱性评估有着很强的目的性。进行脆弱性评估是为了了解系统运行的现状、发展趋势以及对外界影响的可能反应，从而制定正确的措施，保证系统的正常运行，否则进行脆弱性评估就没有任何实际意义。脆弱性评估的目的是什么，想要达到什么目标，是进行脆弱性评估工作必须明确的问题，所以说，进行脆弱性评估必须要有明确的目的性，并根据评估目的确定评估的内容和任务。

5）整体性

一个系统是由若干个子系统构成的，各子系统之间相互作用共同影响整个系统的正常运行。同时，影响整个系统的外部因素也有很多方面。因此，脆弱性评估要从整体出发，不仅要弄清系统内部各子系统之间的相互联系及外界影响因素对系统的影响，而且要对它们的综合作用进行考察。整体大于各部分之和的原理要求我们进行脆弱性评估时，应从整体出发，不能片面的进行要素的脆弱性评估。

6）主导性

在脆弱性评估中，导致系统脆弱的因素有很多。但在众多影响因素中，必有一个或几个占据主导地位，对外界的变化极其敏感，这些主导因子直接影响了系统的正常运行。因此，抓住影响系统脆弱性的主要因素，就增加了系统脆弱性评估的准确性，对脆弱性评估具有重要的意义。

2. 社会稳定风险与脆弱性的关系

关于脆弱性、风险与威胁之间的关系，可以借鉴风险计算公式进行推导分析，该方法是用于分析风险脆弱性、找出关键影响因素，为风险的分析与决策提供参考依据，具体计算公式如下：

$$R = P_A(1 - P_E)C$$

式中，R 为风险水平；P_A 为系统面临的潜在风险的发生概率；P_E 为系统抵御威胁的有效性；C 为威胁造成的后果。

因此，得出脆弱性可以通过系统抵抗威胁的有效性 P_E 反映，威胁可以通过系统面临的潜在威胁发生的概率 P_A 来表征。P_E 值越大则脆弱性越小；P_A 越大则威胁发生概率越高。

根据以上风险的计算公式进一步得知，风险是由三部分构成的，包括脆弱性、威胁和后果。三者之间的相互关系[10]可以采用图 1-3 来进行表示。

图 1-3 中，针对脆弱性的分析是为风险评估服务的，脆弱性是风险产生的前提条件之一，另一条件是威胁发生的概率，二者缺一不可，风险后果是由威胁性和脆弱性两个要素共同决定，脆弱性小则威胁可以被系统适应，风险后果不会发生，脆

弱性大但威胁性没有发生或者威胁不强烈，没造成脆弱性表征，风险后果也不会发生，只有当系统无法抵抗外界威胁时，并且造成脆弱性表征，风险后果才会发生。

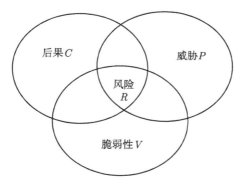

图 1-3　风险、脆弱性、威胁和后果之间的关系

由此可见，风险的发生是由于脆弱性，而不是威胁，威胁发生只是诱因，脆弱性才是风险发生最本质与最深层的原因。因此，针对风险脆弱性的分析是研究风险事件发生概率大小的一个途径。

重大水利工程项目是一个典型的项目群建设，也就是项目的完成需要一系列有关联的项目参与人进行计划执行和管理，从而达到单独运作时无法取得的效益[11]。影响因素的多样性极易造成区域社会稳定风险脆弱性的提高，增大社会不稳定的可能性，当社会稳定风险的脆弱性达到一定等级，便会导致社会稳定风险的产生。根据风险社会理论的阐述，当人类试图控制传统和自然以及由此产生的各种难以预测的后果时，必将面临越来越多的风险[12]。西方社会转型的经验[13]向我们说明了，社会从混乱到有序，从失序到规范的过程中，社会问题和社会风险将会集中迸发。

当前我国正处于由传统社会向现代社会的快速转型时期，重大水利工程项目造成的区域社会稳定风险的脆弱性将会成为社会转型期间的重要影响因素。因此，对区域的社会稳定风险脆弱性的分析是把握社会稳定风险的关键，区域的社会系统越脆弱，社会稳定风险矛盾越突出，当社会系统的脆弱化达到一定程度时，将会导致社会稳定风险的爆发。因此，社会稳定风险与脆弱性之间的逻辑传导关系可以通过图 1-4 表示。

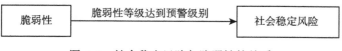

图 1-4　社会稳定风险与脆弱性的关系

由图 1-4 可见，社会稳定风险与脆弱性呈正向相关关系，社会稳定风险的产生代表了社会系统的脆弱性达到了预警级别，而当社会系统的脆弱性保持在一定范围内则可以被系统接受，造成社会稳定风险的可能性相对较小。

3. 社会稳定风险脆弱性的分析框架

公共安全风险评估技术规范中将社会系统的脆弱性 (vulnerability) 概括为自身存在易受危害和损失的因素，并在灾害来临时表现的抗灾和恢复能力的适应程度和敏感程度。目前，对社会稳定风险脆弱性的评估逐渐强调由自然因素向人文因素转变的研究[14]，缺少人文因素的风险脆弱性研究已经无法代表当今的需求[15]。不同的学者对社会稳定风险脆弱性具有不同的认识，从脆弱性的概念界定中，可以发现敏感性、恢复力、应对能力、适应能力是社会稳定风险脆弱性的基本表现形式。

其中具有代表性的观点主要是 Turner 等[16]提出的，社会稳定风险脆弱性的表现形式包括暴露性、敏感性以及恢复力三个关键要素，以人与环境的耦合系统为分析对象的框架，为重大水利工程项目社会稳定风险脆弱性研究提供了一个新的研究思路。重大水利工程项目社会稳定风险脆弱性本质是重大水利工程项目建设过程中所引发的社会稳定风险脆弱性的暴露程度与敏感程度的增加以及应对能力的降低，导致建设区域社会稳定风险脆弱性的提高。

在研究方法上可以借鉴黄德春等[17]的分析框架，即将重大水利工程项目社会稳定风险的脆弱性划分为社会稳定风险脆弱性的暴露程度、社会稳定风险脆弱性的敏感程度与社会稳定风险脆弱性的应对能力三个维度，社会稳定风险的脆弱性可以通过这些脆弱性的暴露程度、脆弱性的敏感程度和脆弱性的应对能力三个维度表现出来，以社会公众为利益主体，从这三个方面对重大水利工程项目社会稳定风险脆弱性的表现形式及脆弱性的成因进行系统全面的分析，进而可以为后文的重大水利工程社会稳定风险脆弱性评估工作提供有效的决策评估指标体系支撑。本部分中的重大水利工程项目社会稳定风险脆弱性研究的分析框架如图 1-5 所示。

在图 1-5 中，重大水利工程项目社会稳定风险脆弱性的暴露程度主要是指重大水利工程项目在建设的过程中，由于项目规模的宏大、技术的复杂度高、建设周期较长以及面临的问题复杂多变等特性，使得项目的社会接触面在时空层面上呈现出"宽敞口"的特点。因此，重大水利工程项目的社会稳定风险的暴露程度要普遍高于一般的工程项目。

敏感程度，作为脆弱性组成要素之一，是指单位扰动施加在系统上所导致系统产生的变化，暴露单位受压力、扰动或灾害影响与改变的程度[18]。社会稳定风险脆弱性的敏感程度则是指社会系统对某种变化效应的反应以及会在多长时间内做出响应的衡量。

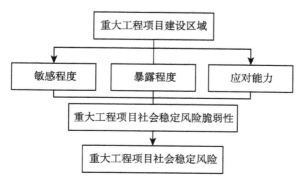

图 1-5 重大水利工程社会稳定风险脆弱性的分析框架

应对能力是脆弱性的重要组成部分，应对能力与社会稳定风险的脆弱性成反比关系，即风险脆弱性的应对能力越强，脆弱性越低，反之风险脆弱性的应对能力越差，脆弱性则越高。应对能力是建立在经济社会发展的基础上，与建设区域的社会秩序、社会控制状况，社会公平、社会保障制度、项目的可持续发展等众多因素有着重要的关联性。

1.3 重大水利工程项目社会稳定风险脆弱性分析

针对重大水利工程项目社会稳定风险评估的目标，探讨重大水利工程项目社会稳定风险脆弱性的内在机理，以此为基础，进行重大水利工程项目社会稳定风险脆弱性的影响因素分析，并根据设置指标体系的程序与原则，通过指标的初选与优选，确定重大水利工程项目社会稳定风险脆弱性评估指标体系，并对指标的含义进行阐述。

1.3.1 社会稳定风险脆弱性机理研究

重大水利工程项目社会稳定风险脆弱性的来源是多方面的，涵盖了政府、项目法人、社会公众等利益主体。因此有必要找出风险脆弱性之间的产生机制，发展和演变过程，即对风险脆弱性的内在机理进行研究，确定研究主体与风险脆弱性因素的相互关系。

本部分在总结前人研究的基础上，借鉴牛文元院士[19]提出的"社会燃烧理论"将社会稳定风险脆弱性的机理分为产生机理、发展机理与演化机理三个阶段。

1. 社会稳定风险脆弱性的产生机理

任何事物的发生都有主体和客体两个部分，相应的重大水利工程项目社会稳定风险脆弱性的发生也有相应的主体和客体。

重大水利工程项目社会稳定风险脆弱性的主体是指与项目有利益关系的主体，重大水利工程项目由于其特殊性，涉及的利益主体较多。总的来说，主要有政府、项目法人和社会公众三类，共同的利益诉求使他们形成利益共同体。在这三个主体中，社会公众由于其弱势地位，抵抗风险脆弱性的能力较低，较易引发风险与冲突，是社会稳定风险爆发的主要来源。因此，可以认为社会公众是重大水利工程项目建设的利益主体。

重大水利工程项目社会稳定风险脆弱性的客体可以从项目所处的环境与项目自身来分析，项目所处的环境主要包括区域的经济因素、生态环境、民族宗教与征地拆迁等因素。对项目自身而言，主要包含项目的性质、技术方案与组织管理模式等因素。基于我国转型时期的时代背景、利益主体多元化趋势凸显，给社会稳定风险脆弱性催生了许多新的不和谐因素，重大水利工程项目社会稳定风险脆弱性因素在短时期内的迅速积累，严重危害了社会和谐与发展的可持续性。通过上述分析，重大水利工程项目社会稳定风险脆弱性的产生机理如图 1-6 所示。

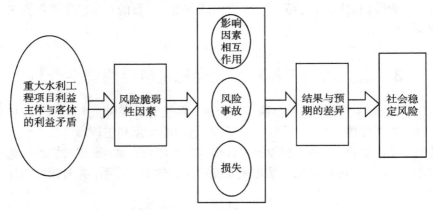

图 1-6　重大水利工程项目社会稳定风险脆弱性的产生机理示意图

重大水利工程项目社会稳定风险的脆弱性的产生机理主要体现在风险脆弱性的暴露程度方面，重大水利工程项目利益主体与客体之间的利益矛盾，造成了风险脆弱性因素的产生，脆弱性因素因而凸显暴露出来。

2. 社会稳定风险脆弱性的发展机理

社会稳定风险脆弱性的基本因素在产生之后并不是出于静止状态，因此在风险脆弱性主体的主观作用下，因素会相互转化并且相互影响，特别是一些被初步认为是重要性相对较低的因素会逐步膨胀发展为值得关注的风险脆弱性因素，使得重大水利工程项目社会稳定风险脆弱性因素进一步扩大，这一过程被称为 "风险脆弱性的社会放大效应"。这一概念由克拉克大学决策研究院提出[20]，将风险脆弱性技术评估、风险脆弱性感知、风险脆弱性行为心理学、社会学以及文化视角联系起来作为研究框架,认为风险脆弱性事件与心理、社会、制度和文化等方面的相互作用会增强或减弱公众的风险脆弱性感知与行为。

重大水利工程项目相较于一般项目而言,不仅是纯粹的客观存在,更具有更高层次的安全特殊性,会对周边的社会公众的人身与心理产生威胁,加剧社会的矛盾与冲突。由此形成重大水利工程项目社会稳定风险脆弱性发展机理的放大效应[21]如图 1-7 所示。

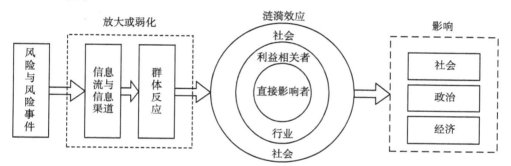

图 1-7　重大水利工程项目社会稳定风险脆弱性的放大效应示意图

重大水利工程项目社会稳定风险脆弱性影响因素经过放大或弱化的群体效应对社会、公众与直接影响者造成直接或间接的影响,具体体现为风险脆弱性的敏感性程度,当敏感程度较大时,便会对区域的社会造成一定的影响。

3. 社会稳定风险脆弱性的演化机理

重大水利工程项目社会稳定风险脆弱性的演化是指不同的社会稳定风险脆弱性因素与发生的风险脆弱性事件在性质、范围、类别等方面的相关变化,风险脆弱性演化的过程用图 1-8 表示。

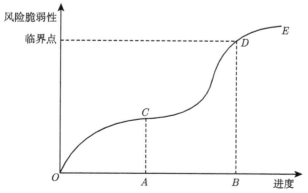

图 1-8　重大水利工程社会稳定风险脆弱性演化机制示意图

图 1-8 中，重大水利工程项目社会稳定风险脆弱性的演化发生在 *DE* 阶段，是 *OA* 阶段中单个风险脆弱性因素通过 *AB* 阶段因素间的相互作用，风险脆弱性放大等传导机制而导致的群体性事件和社会稳定事件的发生，也就是冲突的爆发。此阶段在空间上是指单个风险脆弱性事件和因素的扩大蔓延，时间上具有反复性与持续性等特点。

重大水利工程项目社会稳定风险的演化机制是风险脆弱性暴露程度、敏感程度与应对能力三个维度的综合作用的结果，当风险脆弱性因素暴露程度、敏感程度越低，应对能力越高风险的脆弱性等级则越低，反之，脆弱性等级越高。

重大水利工程项目社会稳定风险脆弱性事件的发生是一个从量变到质变发展的过程，那么风险脆弱性的产生和发展是一个量变积累过程，风险脆弱性的演化则是由单个风险脆弱性因素经放大效应而导致的质变过程。因此，可以得到社会稳定风险脆弱性内在机理驱使了风险脆弱性事件的生成，并且外化为具体的表现形式，这一过程可以用图 1-9 表示。

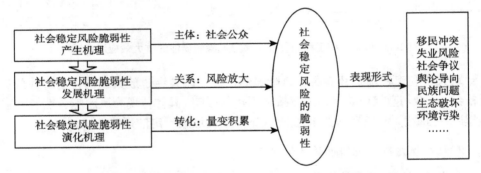

图 1-9   内在机理驱动的重大水利工程社会稳定风险脆弱性及表现形式

通过对重大水利工程项目社会稳定风险脆弱性的内在机理的深入分析，明确了社会稳定风险脆弱性的研究主体 —— 社会公众在评估中的地位与作用，在社会系统中，风险脆弱性的暴露程度、敏感程度以及应对能力因素的错综复杂关系使社会稳定风险脆弱性容易造成较大冲突与矛盾，并且风险脆弱性因素之间的相互转化与不断积累导致了风险脆弱性的扩大蔓延，最终形成较大规模的社会矛盾群体性事件的爆发。因此，基于以上的分析，后续章节的社会稳定风险脆弱性分析将以社会公众为主体，全面分析与归纳社会稳定风险脆弱性的影响因素。

4. 社会稳定风险脆弱性的成因分析

对社会稳定风险脆弱性的内在机理的分析，在于明确脆弱性评估主体与风险脆弱性的关系，对于重大水利工程项目而言，包含众多参与方，有诸如政府或主管单位、法人组织、社会公众和其他利益相关者等，因此风险脆弱性的来源是多方面的, 重大水利工程项目社会稳定风险脆弱性评估的主要目标是为了全面了解目标人群以及项目潜在触及其他群体的风险, 并针对这些风险制定相应的应对策略。而社会稳定风险脆弱性的目标人群和潜在风险人群也是社会稳定风险脆弱性的爆发来源和最终承受者, 是最易引发社会稳定风险事件的社会公众。通过第三节社会稳定风险脆弱性的内在机理分析可知, 社会公众作为主体, 在风险脆弱性的反应上具有敏感性高、抵抗能力差和恢复能力低等特点, 且由于相关客观因素, 处于被动状态。因此, 在分析视角的选择方面, 主要从社会公众主体的视角进行分析。

1) 脆弱性的暴露程度成因分析

随着人类活动的日益频繁, 现代社会越来越多的涉及因工程项目的建设而导致的工程移民和征地拆迁等问题。重大水利工程项目基于项目的特殊性, 在建设的过程中也必然会造成人口的大规模迁移以及住宅土地的拆迁与征用等。据统计, 截至 2009 年年底, 三峡工程所造成的累计工程移民多达 130 万之众, 淹没的城市将近 129 座, 对国家与当地民众产生的影响极为深远。一般而言, 重大水利工程项目的移民与征地拆迁的过程中伴随着一个比较显著的特征, 即移民的非自愿性。非自愿移民与拆迁一直是国际社会工程项目开发中的世界性难题, 长期以来备受国内外实际工作部门和各界学者的关注。迁出地的移民们背井离乡, 离开的不仅仅是他们世代赖以生存和发展的土地, 也是远离他们多年来早已习惯的生活方式, 面临着与亲邻分开的痛苦无奈, 离开他们从出生时建立至今的社交网络等。这些由于迁移带给移民的种种与环境、人文和社会的剥离, 往往会让移民承受更多的从身体到精神方面的压力[22]。非自愿移民迁移后, 还会面临谋生手段有限, 生活水平的不断下降, 经济收入和社会地位低于原居住地水平, 无法真正融入迁入地区的问题。重大水利工程项目建设区域大规模的人口迁移和征地拆迁, 毫无疑问, 是社会矛盾的焦点, 也会是社会稳定风险脆弱性的触发点。并且, 移民征地的规模越大, 引发的社会问题也越严重, 社会稳定风险脆弱性的暴露程度也越大。

首先, 重大水利工程项目在组织结构与施工运行过程中所遭遇的技术难题要高于一般的工程项目。从而增加了项目施工运行的风险, 导致社会对当地生态环境可持续发展与维护存在着争议与质疑。激化了当地居民与施工方、地方政府之间的矛盾。从技术层面增大了社会稳定风险脆弱性的暴露程度。其次, 工程建设的外来务工人员与当地居民的长期接触, 施工带来的噪声、生态环境的破坏和污染, 都不可避免地会引发社会矛盾, 增加了一定的社会稳定风险脆弱性。此外, 重大水利工程项目的施工和运行会涉及水文、地质、工程等物理运动以及水、沙、污染物等介质运动, 地质地貌和生态环境都将发生很大的改变。

2) 脆弱性的敏感程度成因分析

社会稳定风险脆弱性的敏感程度作为社会系统变化反应程度的度量, 当社会系统对外部的反应敏感性越大, 社会系统也越容易受到干扰, 表明社会系统的脆弱程度也越大。在重大水利工程项目的建设过程中，建设区域民众的民俗、文化、社区感情，社会生活、生产方式、传统思维意识以及区域社会矛盾、社会问题均会使社会系统产生变化与反应，引起社会稳定风险脆弱性的敏感程度发生变化，进而直接或间接地对重大水利工程项目社会稳定风险脆弱性造成不同程度的影响。这些直接或间接的影响具体体现为，重大水利工程项目社会稳定风险脆弱性可以增加或传导社会稳定风险。重大水利工程项目社会稳定风险脆弱性的敏感程度主要通过区域的人口、就业、收入、产业结构，施工安全的控制，补偿政策，区域民族宗教，媒体公众的立场等方面呈现出来，最大程度上对建设区域的社会稳定状态造成较大的冲击。因此，建设区域社会系统的脆弱性在一定程度上取决于该区域社会稳定风险脆弱性的敏感程度。

3) 脆弱性的应对能力成因分析

应对能力是脆弱性的重要组成部分，应对能力与社会稳定风险的脆弱性成反比关系，即应对能力越强，脆弱性越低，反之脆弱性则越高。社会稳定风险脆弱性的应对能力是建立在经济社会发展的基础上，与建设区域的社会秩序、社会控制状况，社会公平、社会保障制度、项目的可持续发展等众多因素有着重要的关联性。

社会秩序是指社会状态的动态有序平衡，但是没有冲突和无序的社会在现实生活中是不存在的，把不确定性控制在一定范围内也是一种有效的社会秩序。在重大水利工程项目的建设过程中，由此引发的移民拆迁现象，势必会影响社会秩序和社会稳定。如果建设区域的社会秩序能保持良好的状态，则重大水利工程项目对区域社会稳定的冲击具有较强的应对能力。社会控制是社会管理的重要组成部分，有效的社会控制是维护社会和谐稳定的重要因素，重大水利工程项目如果能对建设区域有较好地社会控制，将有利于当地社会矛盾的处理与解决。社会公平描述的是人们内心对社会平等状态的一种度量，它是维持社会稳定的"平衡器"，社会公平机制的贯彻落实有利于降低个人内心的不良情绪与社会矛盾，这在一定程度上能减轻重大水利工程项目的建设对该区域社会稳定风险脆弱性的不利冲击。社会保障制度[23]是经济制度的重要组成部分，已成为现代化国家所实施的一项重要的社会政策，作为维护社会成员的基本生存权利的一项制度，对于稳定社会秩序和促进社会的平衡发展具有不可替代的现实意义。

重大水利工程项目的建设对当地的社会结构会带来巨大的冲击，完善的社会保障制度将有利于缓解和减轻不良影响，因此，针对重大水利工程项目移民问题的征地补偿与移民安置标准的社会保障制度显得尤为重要。项目的可持续发展是指项目能够满足当代人需要，并且不损害后代人发展需求的能力，它是我国实施可持续发展战略的具体体现，对建设区域的稳健发展具有非常重要的意义。

1.3.2 评估指标初选

1. 社会稳定风险脆弱性评估指标体系建立程序与原则

重大水利工程项目社会稳定风险脆弱性评估指标体系是保证重大水利工程项目社会稳定状况的基础性工作，建立重大水利工程建设项目社会稳定风险脆弱性评估指标体系的目的是为了分析重大水利工程项目在建设与运营过程中可能存在的风险脆弱性隐患、有害因子，通过因子的集合从整体把握社会稳定各子项，从而找出最易造成风险脆弱性的触发点，为合理评估社会稳定风险脆弱性提供理论指导与依据。社会稳定风险脆弱性评估指标体系建立的程序包括：

1) 相关资料信息的收集

对重大水利工程项目社会稳定风险脆弱性进行评估，离不开对工程项目的深入了解。为了确保评估指标的合理性与科学性，需要通过阅读国内外文献，收集指标因素，同时根据自身积累与项目的特殊性，提出待选评估指标集合，并进一步优化指标体系。

2) 评估目标的分析

针对重大水利工程项目社会稳定风险脆弱性评估是建立评估指标体系的前提，确定需要评估系统的目标层次结构则是建立评估指标体系层次结构的基础。

3) 指标体系结构以及评估指标的确定

目前，常见的评估指标体系结构主要有：多目标型评估指标体系、层次型评估指标体系和网络型评估指标体系。针对不同的目标结构，采用不同的指标体系结构形式。针对特定的指标体系结构，确定有效的评估指标体系。

4) 评估指标的内涵及标度设计

重大水利工程项目社会稳定风险脆弱性评估指标体系的建立基于一定的科学理论基础，所以对评估指标体系的概念内涵的解释以及外延应该予以明确。指标标度大多是定性和定量相结合，指标标度的设计应该科学客观并且具有可行性。

在开展评估的实际工作中，建立科学完备的综合评估指标体系，是评估工作的关键环节，具体建立指标体系需要经历三个阶段，如图 1-10 所示。

重大水利工程项目社会稳定风险脆弱性评估指标体系的构建应当满足以下原则。

(1) 简明科学性原则：指标的简明科学性主要体现在评估指标的来源以及指标筛选的科学性上。重大水利工程项目社会稳定风险脆弱性的评估指标既要简明扼要，层次分明，逻辑结构合理，也要相对独立，具有代表性，并且内涵清晰。能够体现本质特征，较好地反映社会稳定风险的脆弱性状况。

(2) 全面性与低冗余性原则：指标数量应尽可能地保证可以系统反映评估对象的内容，即重大水利工程项目的社会稳定风险的脆弱性程度，同时也要避免指标体系过于复杂，不同指标之间应相互独立，杜绝交叉重叠现象。指标筛选遵循总体最优和满意原则，保证指标体系的全面性、低冗余性，保证指标的完整性以及不相冲突。

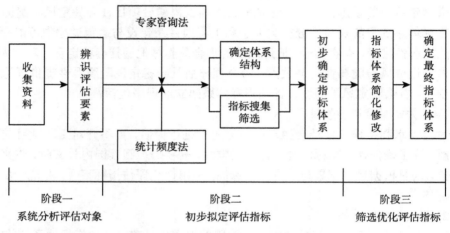

图 1-10　指标体系建立的一般过程

(3) 系统可比性原则：对重大水利工程项目社会稳定风险脆弱性的评估，是一种面向多因素的全面系统评估。从系统的角度出发，指标体系的建立必须包含影响重大水利工程项目社会稳定的代表性的方面。同时，为便于比较，影响因素应当予以量化，着重考虑指标的测度标准的可量化程度。

(4) 可操作性原则：在确定指标权重时需要对指标进行定量分析，构建重大水利工程项目的社会稳定风险脆弱性评估指标体系时，首先要考虑指标数据需要有科学来源，保证数据的真实性以及分析评估的足量性。指标数据是易于收集的。

(5) 适用针对性原则：重大水利工程项目社会稳定风险脆弱性评估指标体系的建立，需要明确评估指标的具体含义，评估数据讲求规范，统计口径一致，资料的收集可靠，指标设计符合标准。体系的设计操作简单，在类似问题实践中可以广泛适用。评估对象不同，指标体系的设计也不同，在建立重大水利工程项目社会稳定风险脆弱性评估指标体系时，需要具体问题具体分析。

2. 社会稳定风险脆弱性评估指标体系的递阶层次结构模型

根据上文的分析，用于评估重大水利工程项目社会稳定风险脆弱性的指标体系，其递阶层次结构主要包括三个层次。

1) 目标层

目标层位于评估模型的最高层，具体表示的是重大水利工程项目社会稳定风险脆弱性的程度，通过最终的评估结果，为制定相关政策提供依据，用"重大水利工程项目社会稳定风险脆弱性"来表示。

2) 准则层

准则层是对目标层进行衡量的标尺，主要包含三方面的内容，即：社会稳定风险脆弱性的暴露程度、社会稳定风险脆弱性的敏感程度和社会稳定风险脆弱性的应对能力三个方面。

3) 指标层

指标层处于评估指标体系的最底层，是实现指标体系目标的具体细则，指标体系的作用是通过指标层的实施从而达到脆弱性评估的目标。

重大水利工程项目社会稳定风险脆弱性评估指标的递阶层次结构如图 1-11 所示。

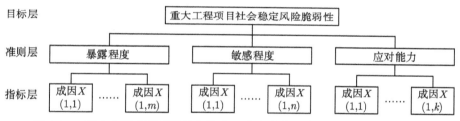

图 1-11 重大水利工程项目社会稳定风险脆弱性评估指标的递阶层次结构

3. 影响因素分析与指标体系的初步确定

在确定评估指标体系的时候需要考虑各方面因素之间的完备性以及独立性，否则评判过程的误差会经过层级指标体系的传递导致信息的失真，影响评估结果的科学性与可行性。重大水利工程项目社会稳定风险脆弱性组成因素非常多，是十分复杂的系统工程。然而，如果考虑的因素过多不仅不现实，而且会导致无法分清评估问题的主次情况，反而会忽略了评估问题[24]的关键因素。因此，此处将分析的着眼点侧重于关键因素之上。

根据前述原则，本部分在借鉴国内外相关学者关于社会稳定风险脆弱性研究的理论，根据对文献的阅读梳理与发放的调查问卷（附录 1），参考专家学者意见并根据实际情况对初拟的指标体系进行归纳汇总，初步拟定了重大水利工程项目社会稳定风险脆弱性评估的指标体系。该评估指标体系以重大水利工程项目的社会系统风险以及针对风险的应对能力为分析框架，而在社会系统风险的框架内，又可进一步划分为风险脆弱性的暴露程度和风险脆弱性的敏感程度衡量因子。建立一个基于人与社会稳定的多元耦合的复杂系统。本部分针对重大水利工程项目的社会稳定风险脆弱性评估初步设计了 23 个指标，如表 1-4。

表 1-4　重大水利工程项目社会稳定风险脆弱性评估指标体系的初步设计

目标层	准则层	指标层	指标符号
		项目移民产生的风险	a_1
		项目造成的社会争议	a_2
		项目造成的资源风险	a_3
	暴露程度	项目造成的环境风险	a_4
	(ESPO)	项目造成的经济风险	a_5
		项目造成的失业风险	a_6
		项目施工的技术风险	a_7
		项目组织结构风险	a_8
		区域人口结构的变化	b_1
		区域就业结构的变化	b_2
重大水利工程项目社会		区域收入结构的变化	b_3
稳定风险脆弱性等级	敏感程度	区域产业结构的变化	b_4
	(SENS)	区域民俗宗教的变化	b_5
		区域相关服务变化	b_6
		区域媒体公众立场	b_7
		区域补偿政策变化	b_8
		区域经济发展状况	c_1
		区域社会公平状况	c_2
		区域社会保障状况	c_3
	应对能力	区域社会舆论状况	c_4
	(RESP)	项目可持续发展状况	c_5
		区域社会控制状况	c_6
		区域社会秩序状况	c_7

上述框架共分为三个层次即三级指标：

第一级指标是"重大水利工程项目社会稳定风险脆弱性等级"，反映了该指标体系评估的最终结果，即重大水利工程项目社会稳定风险脆弱性程度。

第二级指标是由暴露程度、敏感程度以及应对能力构成的社会稳定风险脆弱性的一级子系统，反映了风险脆弱性的不同侧面。

第三级指标是对第二级指标的细化，由 23 个具体的指标构成。通过第三级指标值的量化得到合理的第二级指标的数值[25]，加大评估的可操作性和准确性。

在表 1-4 的风险脆弱性评估指标中，工程项目的不同阶段，对应不同的影响因素。在项目的前期阶段，比较突出的主要有：移民风险、社会争议、失业风险、人口结构变化、就业结构变化、产业结构变化、媒体公众立场等相关因素。在项目的中期阶段，突出的风险主要有：技术风险、组织结构风险、相关服务变化、民俗宗教变化、资源风险、环境风险等相关因素。在项目的后期阶段，较为突出的风险包含：社会公平、社会保障、社会舆论、项目可持续发展、社会控制与社会秩序等相关因素。这些因素部分贯穿于项目的始终，但在项目的各个不同的阶段所表现出的特征更为突出。

4. 指标参数含义说明

在表 1-4 中的指标体系中，部分指标可以有效地度量，而有些指标是无法直接获得具体的衡量数值的。因此，本部分遵循评估指标计算的可操作性与科学合理性的原则，对相关指标选择可替代的指标间接加以衡量，而一些定性指标采用专家评估的方法或以统计资料模糊语言定性描述。指标参数的含义说明如下：

1) 暴露程度

暴露程度包括区域社会、经济、环境、资源等方面，因此在暴露程度准测层下为社会稳定风险脆弱性评估指标层设计了 8 个指标：项目移民产生的风险、项目造成的社会争议、项目造成的资源风险、项目造成的环境风险、项目造成的经济风险、项目造成的失业风险、项目施工的技术风险、项目组织结构风险。

a_1—— 项目移民产生的风险。重大水利工程项目产生的征地拆迁和人口迁移是矛盾的触发点和焦点。工程移民的非自愿性是突出特征，决定了其作为社会稳定风险脆弱性评估的一项重要指标。该指标值可以通过查阅区域统计发展数据得到，属于定量指标。

a_2—— 项目造成的社会争议。产业的空心化代替社会争议，由产业的空心化会直接或间接引发一系列社会问题，与工程的建设预期目标相去甚远，扩大了社会公众对重大水利工程建设的议论，增加了社会争议风险脆弱性发生的概率。因此，可以间接使用产业空心化程度代替社会争议的大小。该指标值可以通过专家评估，属于定性指标。

a_3—— 项目造成的资源风险。重大水利工程项目的建设势必会对建设区域的资源造成一定的影响，破坏原有的资源生态，从而影响社会稳定状态。资源风险取决于对资源的破坏与掠夺程度。该指标值可以通过专家打分的方式来衡量，属于定性指标。

a_4—— 项目造成的环境风险。重大水利工程项目的兴建会导致区域的生态环境的退化并由此而衍生出诸多环境效应，影响人类的生存和发展环境，在当今追求发展的可持续性的背景，绿色工程[26]的概念也随之应运而生。因此，在项目的建设过程中，需要考虑对环境造成的影响。该指标通过专家评估来确定，属于定性指标。

a_5—— 项目造成的经济风险。建设区域的经济风险通过工业企业经济效益综合指数表现，因此可以用工业企业经济效益综合指数加以衡量，工业企业经济效益综合指数，是国家统计局为适应新形势下的需要，即从过去的注重总量增长转为注重经济效益增长而设置的，计算公式为

$$f = \frac{\sum \left(\frac{x_r}{x_b} \times w \right)}{\sum w} \times 100\%$$

式中，f 为工业经济效益综合指数；x_r 为某项指标报告期数值；x_b 为该项指标全国标准值；w 为该项指标权数。

a_6——项目造成的失业风险。失业风险具体的表现形式即为失业率，因此，建设区域的失业率水平可以有效地度量该区域失业风险的大小。该指标可以由统计年鉴资料得到，属于定量指标。

a_7——项目造成的技术风险。技术风险是指重大水利工程项目在建设过程中处理故障的能力，由技术成熟度具体表现。该指标的取值由专家进行评估，属于定性指标。

a_8——项目组织结构风险。组织结构衡量的是组织的架构、信息沟通是否具有合理性，组织结构运行是否良好对重大水利工程项目的健康发展具有重要意义。该指标取值由专家打分获得，属于定性指标。

2) 敏感程度

敏感程度在一定程度上决定了风险的脆弱性。主要包含涉及建设区域的社会对某些问题的情感态度、传统观念以及生活方式的改变。敏感程度准则层下共有 8 个指标：区域人口结构的变化、区域就业结构的变化、区域收入结构的变化、区域产业结构的变化、区域民俗宗教的变化、区域相关服务变化、区域媒体公众立场、区域补偿政策变化。

b_1——区域人口结构的变化。人口结构是区域内各种不同质的人群数量的比例关系。可以采用城镇人口比重来加以衡量，计算公式为

$$l = \frac{m}{N}$$

式中，l 为城镇人口比重系数；m 为城镇人口数；N 为区域总人口数。

b_2——区域就业结构的变化。就业结构又称社会劳动力分配结构，一般是指国民经济各部门所占用的劳动数量、比例及其相互关系。就业人口一般在第一产业、第二产业和第三产业之间分布的变化。因此，区域就业结构可以通过计算从事第二产业和第三产业的人口数与总人口数的比值获得。计算公式为

$$j = \frac{k}{N}$$

式中，j 为就业结构比值；k 为第二产业和第三产业的从业人口数；N 为区域总人口数。

b_3——区域收入结构的变化。收入结构也指收入的变化，收入的变动程度可以直接使用收入增长率的变化情况加以衡量。该指标的取值可以通过查阅统计文献资料获得，属于定性指标。

b_4—— 区域产业结构的变化。产业结构是指各产业的构成及各产业之间的联系和比例关系。在产业结构中,第三产业代表着先进的生产力,对经济社会的发展起着较为重要的作用,因此第三产业所占比重可以很好地反应产业结构的变化。计算公式为

$$q = \frac{s}{T}$$

式中,q 为第三产业所占比重;s 为第三产业总量;T 为第一产业、第二产业和第三产业的总量。

b_5—— 区域民俗宗教的变化。民俗宗教的变化具体体现为重大水利工程项目建设区域的民俗和宗教是否融合,融合度状况。该指标值由专家评估得到,属于定性指标。

b_6—— 区域相关服务变化。相关服务主要表现为配套措施以及服务价格的变化状况。该指标值由调查获得,属于定性指标。

b_7—— 区域媒体公众立场。媒体公众的立场是指媒体的立场导向与公众的参与度状况。该指标可以通过调查走访获得,属于定性指标。

b_8—— 区域补偿政策变化。补偿政策是指政府有意识地反向调节变动幅度的政策。该指标的取值通过专家评估获得,属于定性指标。

3) 应对能力

应对能力是建立在经济社会发展的基础之上的,在应对能力准则层下主要包含 7 个指标,区域经济发展状况、区域社会公平状况、项目可持续发展状况、区域社会保障状况、区域社会舆论状况、区域社会控制状况、区域社会秩序状况、项目可持续发展状况。

c_1—— 区域经济发展状况。经济发展状况是衡量经济水平的标准,可以通过计算区域的人均 GDP 的数值得到。该指标值可以通过统计资料获得,属于定量指标。

c_2—— 区域社会公平状况。社会分配的不公正会严重冲击社会公平,城乡居民收入差距的比值代表了社会公平的系数。社会公平系数可以由城乡居民收入差距指数计算可得

$$p = \frac{X}{Y}$$

式中,p 为城乡居民收入差距指数;X 为城镇居民可支配收入;Y 为农村居民人均纯收入。

c_3—— 区域社会保障状况。社会保障是指国家和社会对国民收入进行分配和再分配的过程。该指标的取值由专家评定,属于定性指标。

c_4—— 区域社会舆论状况。社会舆论属于意识层面,是民众整体知觉和共同意志的外化。该指标可以通过区域的公众满意程度获得,属于定性指标。

c_5—— 项目可持续发展状况。项目的可持续发展是指项目能满足现在需要以及适应未来发展的能力。该指标的取值可以通过专家评估来确定，属于定性指标。

c_6—— 区域社会控制状况。社会控制主要是指社会对个人或集团的行为所做的约束。社会控制的大小反映了政府财政支出的大小，取决于公共投入的力度。因此可以用财政支出代替。该指标的取值可以通过统计资料获得，属于定量指标。

c_7—— 区域社会秩序状况。社会秩序是指民众在社会活动中遵守行为规则、道德规范、法律规章的社会状态，反映了社会治安状况，可以通过统计资料定性描述，属于定性指标。

1.3.3   评估指标优选

根据上文分析，重大水利工程项目社会稳定风险脆弱性评估指标共拟选 23 个，在运用这些指标建立模型前，首先需要对它们进行验证性因子分析，以确定指标能否很好地表征社会稳定风险的脆弱性状况，进而对其进行优选，剔除无关以及重合的影响因素，保证指标之间的独立性。因此，将进一步进行初选指标体系的验证性因子分析，通过调查问卷得到相关数据，计算调查数据是否与初选指标体系有较好的拟合度。

验证性因子分析根据特定理论对观测变量与潜变量的关系做出假设，并对假设的合理性进行验证，是理论建模的强有力工具。结构方程模型[27](structure equation modeling, SEM) 是处理因果关系的统计方法，能够同时处理多个因变量，在测量过程中允许因变量和自变量存在观测误差。因此，本部分研究采用 SEM 模型构建非观测变量指标之间的关系，计算指标变量的信度、效度与显著性水平，以验证指标体系的拟合度。本部分对应的观测变量为指标层指标，准则层为潜变量。

本书采用网上投放问卷形式（附录 1），获得有效问卷 117 份，问卷的等级由高至低分为 5 等，分别为主要风险、重要风险、一般风险、不主要风险、不构成风险五个等级。从而实现对观测指标的有效测度。

1) 信度检验

为进一步了解问卷的可靠性与有效性，即信度检验。内部一致性检验是信度检验的重要方法，本书采用 "Cronbach α" 系数来衡量内部一致性。Cronbach 提出了 α 系数测量信度，即累加 Likert 量表的信度。α 系数越接近 1，信度越高，一般认为 α 系数在 0.80 以上，表示量表的信度较好；α 系数在 0.70~0.80 属于可以接受值，可以接受该量表；α 系数在 0.65~0.70 属于最小可接受值，可以使用该量表；α 在 0.65 以下最好不要接受。同时，按照 Cronbach 的做法，辅助以 CITC 值大于 0.5 为标准，若题项的 CITC 值偏低或为负值，则考虑删除；然后在计算 Cronbach α 值，若删除该题项之后，Cronbach α 值明显得到提高，则将该项删除[28]。下面对各个变量的指标分别进行信度检验，如表 1-5 所示。

表 1-5 信度分析

潜变量	项目数	相关系数	Cronbach α
脆弱性测度	8	0.668	0.792
敏感性测度	8	0.517	0.854
应对能力测度	7	0.847	0.825

如表 1-5 所示,对潜变量进行信度检验,各项的 CITC 值和 Cronbach α 值均符合标准,因此通过信度检验。

2) 效度检验

效度是指测量的可靠性或有效性,效度的测量是为了确保获取的数据信息能够反映所要讨论的问题。效度越高,表示问卷收集的数据越能充分反映测量指标的真正特质。效度也没有办法实际测量,而只能从现有的数据中去推论。KMO 值判断标准[29]见表 1-6。

表 1-6 KMO 的判断标准

KMO 统计量值	因素分析适合性
0.90 以上	非常适合进行因素分析
0.80 以上	适合进行因素分析
0.70 以上	尚可进行因素分析
0.60 以上	勉强可进行因素分析
0.50 以上	不适合进行因素分析
0.50 以下	非常不适合进行因素分析

对潜变量因子进行分析得出各因素量表的 KMO 和 Bartlett 的检验的结果如表 1-7 所示。

表 1-7 KMO 检验和 Bartlett 球体检验

KMO 取样适当性度量	Bartlett 球体检验		
	近似卡方	df	Sig
0.833	1233	158	0.000

从表 1-7 中看出,Sig 显著,KMO 值为 0.833,大于 0.8,因此,测量指标量表示适合做因子分析。

模型修正是探讨提出模型与数据拟合程度,保留显著性水平较高指标,剔除显著性水平较低指标的过程,根据已有研究成果[30],拟合优度指数 (GFI) 与修正拟合优度数 (AGFI) 是用于评价结构模型是否恰当,衡量显著性水平高低的标准,当这两个指数值在 0~1 之间,越接近 0 代表拟合越差,越接近 1 代表拟合越好。之前大部分学者[31]认为 GFI≥0.90，AGFI≥0.8，显示模型拟合较好，本书也采用这个标准。

采用 LISREL 软件对测量模型进行验证性因子分析，得出最终的二阶段重大水利工程项目社会稳定风险脆弱性验证性因子分析结果，如图 1-12 所示。

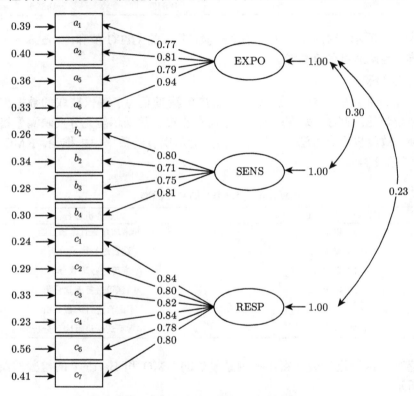

图 1-12　二阶验证性因子分析模型

二阶段的模型修正的 GFI 与 AGFI 参数分别为 0.930、0.850，均达到了 GFI 与 AGFI 的拟合标准，表明修正模型已经保留了显著性较高的指标，剔除了显著性水平较低的指标，模型具有较好的拟合，通过了模型的验证性因子分析，可用于本文的研究中去。

1.3.4　指标优化结果

通过以上验证性因子分析结果，剔除显著性水平较低的指标，保留项目移民产生的风险、项目造成的社会争议、区域经济发展状况、项目造成的失业风险、区域人口结构的变化、区域就业结构的变化、区域收入结构的变化、区域产业结构的变化、区域经济发展状况、区域社会公平状况、区域社会保障状况、区域社会舆论状况、区域社会控制状况和区域社会秩序状况这 14 个因素，优化所得指标体系如图 1-13 所示。

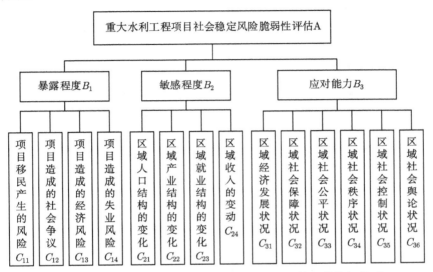

图 1-13 重大水利工程项目社会稳定风险脆弱性评估指标体系

1.4 重大水利工程项目社会稳定风险脆弱性评估模型构建

针对重大水利工程项目社会稳定风险脆弱性评估的研究主要着重于解决两个问题：一是重大水利工程项目社会稳定风险脆弱性的影响因素分析，构建相关评估指标体系。二是确定风险脆弱性的管理评估方法。前一个问题将在第三章中得到具体的研究。本节将重点分析重大水利工程项目社会稳定风险脆弱性的评估方法。

目前，关于风险的脆弱性评估的研究仍处于探索发展阶段，尚未形成完善的评估体系，要建立有效的评估方法还有待深化。本书综合考虑重大水利工程项目的特点，设计基于层次分析法的模糊物元分析法对重大水利工程项目的社会稳定风险脆弱性进行综合评估。

1.4.1 风险脆弱性评估常用研究方法及比较分析

1. 风险脆弱性的常用研究方法

风险评估，是对项目的所有风险因素进行综合分析，并根据每个风险因素对项目总目标的影响程度进行排序。通过综合分析的结果，权衡各个风险因素的影响程度，从而对项目风险的整体水平进行综合评价。

风险管理者需要通过风险因素分析来掌握所面临的全部风险，风险因素的分析是一个连续不断的过程，不能仅仅依赖管理者片面的调查决策来解决问题。许多复杂的和潜在的风险因素要经过多次的调查以及反复的论证才能得到科学的答案，而且在工程项目的进展过程中，一些风险因素是逐步无序发生的，旧的风险因素刚分析出来，新的风险因素可能也会随之出现，风险因素的分析是一个连续不断、永无止境的过程。风险因素分析可以借助项目管理者以外的外部力量，即外界的风险信息和资料等来分析风险因素，也可以利用自身的资源，根据项目的特点分析风险因素。为了达到较好的效果，可以将外界与内部的途径结合起来分析项目的风险因素状况。在风险因素分析中常用的方法主要有专家调查法、数据分析法、层次分析法、熵权法、灰色综合评价法、模糊物元分析法等。其中，层次分析法、熵权法、灰色综合评价法、模糊物元分析法是比较常见的风险评估方法，以下对这些方法分别作较为详细的具体说明。

1) 专家打分法

通过向有关专家与相关学者提出的一些关于工程项目建设与风险管理方面的问题，以进一步了解工程项目建设与管理过程中的相关风险因素。由于专家和学者是实践与研究该领域的专业人士，在工程理论界具有较大的权威性。对存在的风险进行深入的分析整理，能够真正做到明晰存在的风险。

2) 层次分析法 (AHP)

AHP 层次分析方法[32]，是一种定量与定性互相结合的、层次化、系统化的分析方法。简便易操作，是继统计分析之后发展的系统分析的重要工具。具有分析方法比较系统，决策方法较为简洁实用，所需要的定量数据信息比较少等优点。适用于指标数据信息难以获得的问题研究中。

3) 熵权法

熵的概念最初来源于热力学，后由香农 (Claude Shannon) 引入信息论，成为信息熵，在工程技术和社会经济等领域应用广泛。基本思想是根据指标的差异程度判断指标的权重，可以根据决策评价方案的固有信息，由熵权法得到指标的信息熵，评价结果依赖客观数据资料，避免人为主观因素的干扰，在项目的风险评估中具有一定的可行性。但是也存在无法忽视的问题，由于熵权法过分依赖于数据信息，使得评价结果过于离散，可能会与实际情况产生偏差。

4) 灰色综合评价法

在控制论体系中，分别用黑、白、灰三种颜色来表示信息的明确程度。灰色系统[33]是介于信息未知和信息明确之间的系统。我国学者邓聚龙提出灰色系统理论，将不确定系统作为研究对象，实现对系统运行的正确认识以及有效控制。理论基础是灰色关联度分析，是一种多因素的综合评价模型，可以较好地处理层次复杂性、结构模糊性以及动态变化的具体问题，但是在客观世界中，有许多因素之间的关系是灰色的，无法区分因素之间的关系是否密切。

5) 模糊物元分析 (fuzzy matter-element analysis)

在现实的社会问题中，不可避免地存在着大量不确定和不相容的因素和信息，只有正确地处理模糊不相容性的信息，才能进行正确的规划、决策和设计。模糊物元分析法正是产生于这样的背景下，是基于模糊理论与物元模型的新提法。模糊物元分析自诞生以来，已经在各个领域得到了广泛的应用，为现代科学技术和经济发展提供了新的科学的应用工具。目前，模糊物元分析法已经较为成熟，广泛应用于各类问题的研究中。

2. 研究方法比较分析及选择

以上常用的风险评估方法的优缺点和适用条件如表 1-8 所示，通过对各种方法的介绍，可以看出不同的风险评估方法本身而言并没有好坏之分，也不存在放之四海而皆准的风险评估方法，在评估中需要视评估主体和实际情况选用合适的风险评估方法。

表 1-8　风险评估方法的比较分析表

风险评估方法	优点	缺点	适用范围
专家打分法	对资料信息无太多要求，决策速度快	过于主观、易造成偏差	资料信息不足或无任何资料的情况
AHP 层次分析法	思维数学化、方法灵活易于操作	不适用于指标过多、内部因素不相互独立的问题	多目标、多因素、多准则难以全部量化的情况
熵权法	避免权重赋予时的主观性，易于操作	对数据有要求，过分依赖数据会产生偏差	指标数据易于量化、要求评价结果客观性
灰色综合评价法	人为干扰因素较少	无法区分灰色因素之间的关系	处理复杂性、动态变化问题
模糊物元分析	对模糊问题量化处理，评价科学	计算复杂、难以描述动态风险	处理模糊不相容信息、实用性较强

基于以上的分析，本部分采用的是基于层次分析法的模糊物元分析法进行重大水利工程项目的社会稳定风险脆弱性评估。层次分析法确定指标权重，通过专家的经验判断来确定指标的重要性，解决权重分配的难题，模糊物元分析法的贡献在于考虑了具体评估事物的模糊性与复杂性。鉴于重大水利工程项目的社会稳定风险脆弱性评估指标之间难免会存在一些相互影响以及反馈的关系，并且要符合评估结果科学客观的要求，采用层次分析法和模糊物元分析法能够很好地解决这个问题。

1.4.2　社会稳定风险脆弱性分析评估模型的构建

1.4.2.1　评估指标权重的设计

评估指标权重的确定在重大水利工程社会稳定风险脆弱性评估问题的研究中具有重大的意义，指标权重的大小直观地反映了各指标之间的相对重要性，会直接影响最终评估的结果。对于同一组指标数据，不同的权重值会导致截然不同的结果[34]，从而对评估决策结果造成重大的影响。

层次分析法 (analytic hierarchy process, AHP)[35]是由美国教授萨蒂 (Saaty) 在 20 世纪 70 年代初创立的，是处理多目标、多因素与多层次的复杂问题，对非定量事件做定量分析的一种有效方法。它既可以保证定性科学性与定量精确性，又实现定性定量指标综合评价的统一性。它的核心是决策对象的指标分析以及量化计算，并确定优劣等级。能为决策提供参考。虽然层次分析法依据专家打分法确定，但该方法在计算过程中采用判断矩阵的方式，并经过一致性的检验，能有效提高指标评估的信度和效度，在一定程度上反映了评价对象。此外，层次分析法操作性灵活，可以通过 MATLAB7.0 编程计算得出结果。

运用层次分析方法构建系统模型时，分为四个步骤，其具体运用如下[32]：

1. 建立层次结构

AHP 层次分析法是风险评估中运用的典型的主观赋权法，将在第三章建立重大水利工程项目的社会稳定风险脆弱性的评估指标体系。主要分为 3 个一级指标与 14 个二级指标。

2. 构造两两比较判断矩阵

完成层次模型的构建后，自上而下将各层因素相对上一层因素的重要性，构造两两比较的判断矩阵。假设目标层 E 中的 E_k 与准则层 F 元素 $F_1, F_2, F_3, \cdots, F_n$ 有重要的关联，则准则层 F 对目标层的判断矩阵可以表示为表 1-9 所示。

表 1-9   准则层判断矩阵

E_k	F_1	F_2	F_3	$\cdots$	F_n
F_1	f_{11}	f_{12}	f_{13}	$\cdots$	f_{1n}
F_2	f_{21}	f_{22}	f_{23}	$\cdots$	f_{2n}
F_3	f_{31}	f_{32}	f_{33}	$\cdots$	f_{3n}
$\cdots$	$\cdots$	$\cdots$	$\cdots$	$\cdots$	$\cdots$
F_i	f_{i1}	f_{i2}	f_{i3}	$\cdots$	f_{ij}

其中，f_{ij} 表示对于 E_k 而言，F_i 对于 F_j 的相对重要性，判断矩阵的取值原则采用 Satty 的 9 标度法，取值范围为 $1 \sim 9$ 或 $1/1 \sim 1/9$，判断矩阵的标度及意义如表 1-10 所示。

邀请专家对各标度进行相对客观地打分。假设 W 是本层次单排序过程中各指标因素的权重，首先计算判断矩阵每一行的乘积：

$$M_i = f_{i1} \times f_{i2} \times \cdots \times f_{in} \tag{1-1}$$

表 1-10 判断矩阵的标度及意义

比例标度	含义
1	表示两个因素相比，具有同等的重要性
3	表示两个因素相比，一个因素比另一个元素稍微重要
5	表示两个因素相比，一个因素比另一个元素明显重要
7	表示两个因素相比，一个因素比另一个元素强烈重要
9	表示两个因素相比，一个因素比另一个元素极端重要
2、4、6、8	上述相邻判断的中间值

再计算

$$V_i = n \sqrt[n]{M_i}$$

得到向量

$$V = (V_1, V_2, \cdots, V_n) \tag{1-2}$$

然后对向量进行归一化处理，即

$$W_i = V_i / (V_1 + V_2 + \cdots + V_n) \tag{1-3}$$

则 W_i 为层次单排序中各评估指标因素的权重。

3. 一致性检验

判断矩阵是依据专家的知识经验构建的，不可避免地会存在误差，为了确认是否合理地分配了第二步的权重向量，还需对判断矩阵进一步的进行一致性检验。$\lambda_{\max}$ 是 n 阶矩阵的最大特征根，CI为检验 n 阶判断矩阵一致性所需要计算的一致性指标。计算公式为

$$\mathrm{CI} = (\lambda_{\max} - n) / (n - 1) \tag{1-4}$$

RI是平均随机变量指标，对于 $1 \sim 9$ 阶矩阵，RI的值表示如表 1-11 所示。

表 1-11 平均随机一致性指标表

指标	1 阶	2 阶	3 阶	4 阶	5 阶	6 阶	7 阶	8 阶	9 阶
RI	0.00	0.00	0.58	0.90	1.12	1.24	1.32	1.41	1.45

CR 为判断矩阵一致性检验指标 CI 与平均随机变量指标 RI 的比值，称为随机一致性比率，即

$$\mathrm{CR} = \mathrm{CI}/\mathrm{RI} \tag{1-5}$$

当RI$\sim$ 0.1 时，则可以认为矩阵具有满意的一致性，通过了一致性检验，否则需要调整判断矩阵，使其达到满意的一致性。

对于多级评估指标的权重，最低层次指标权重为对应层级指标权重之积。

4. 评估指标的主观权重

得到评估指标的主观权重 ε_j，且 $\sum\limits_{j=1}^{n}\varepsilon_j = 1$。

1.4.2.2 基于模糊物元分析的评估模型设计

由于客观事物和人类思维模式具有固有的复杂性、固定性和模糊性等显著特点，在多属性决策问题的分析过程中，合理地评估决策方法既要充分考虑评估属性指标本身的模糊性与复杂性，又要兼顾各属性指标之间的不相容特性。模糊数学理论和物元模型分析方法是用于解决此类不相容问题的一个有力工具[36]。同样，在重大水利工程项目评估决策的过程中，复杂性和模糊性也伴随着项目的展开与推进。因此，本部分结合模糊数学理论和物元分析方法对重大水利工程项目社会稳定风险的脆弱性进行评估研究。

模糊物元分析的方法是模糊数学以及物元分析理论相互结合的一门交叉学科[37]，是由美国加利福尼亚大学的扎德 (Zadeh) 教授于 1965 年开创的，处理、描述和加工模糊信息的工具与数学方法。模糊数学理论的出现使得学术界对数学的研究进入了模糊现象的客观世界，并在经典数学和模糊的现实世界之间筑起了一座桥梁[38]。在近 40 多年来，模糊数学在各个行业与各个领域都得到了飞速的发展。已经被广泛应用于林业、农业、社会学、经济学、管理学等众多学科，可以说，关于模糊数学的研究已经取得了令世人瞩目的成就。物元分析方法 (matter element analysis) 是研究和解决矛盾物体的一种方法，最初是由我国著名学者蔡文教授于 1983 年提出来的，是系统科学、思维科学与传统数学相互交叉的一门边缘学科[39]，贯穿自然科学和社会科学两类基础学科，可以将抽象与复杂的问题转化为形象的数学模型，并在此基础上提出相应的解决方法[40]。通过物元分析方法，我们能够以定量的数值来评估结果，全面反应评估事物的综合水平，此外，该方法便于使用计算机对数据进行编程处理，简化算法的计算流程，进一步提高决策模型的评估效率。近几年来，基于对现实问题的要求，模糊数学理论与物元分析模型相结合的模糊物元分析法已经开始在工程技术领域得到广泛的应用，取得很大的成果。

1. 模糊物元的基本概念

在物元分析模型中，"事物、特征、量值" 这三个基本概念，构成了物元分析模型的三要素。因此，在物元分析模型中，可以表示为待评估事物 M、它的相关特征 C，以及特征 C 的量值 x 隶属度 $\mu(x)$。这里，如果物元分析模型中事物特征 C 的量值 x 具有模糊性的特点，则称其为模糊物元[41]。三个元素组成的模糊物元 R，其表达方式为

$$R = \begin{bmatrix} & M \\ C & \mu(x) \end{bmatrix} \tag{1-6}$$

如果事物 M 具有多个属性特征，用 n 个特征向量 $C_1, C_2, \cdots, C_n$ 及其对应的量值 $\mu(x_1), \mu(x_2), \cdots, \mu(x_n)$ 来加以描述，R_n 则表示为 n 维模糊物元，表达形式如下：

$$R = \begin{bmatrix} & M \\ C_1 & \mu(x_1) \\ C_2 & \mu(x_2) \\ \vdots & \vdots \\ C_n & \mu(x_n) \end{bmatrix} \tag{1-7}$$

式中，$C_1, C_2, \cdots, C_n$ 表示事物 M 的 n 个特征；$x_i (i = 1, 2, \cdots, n)$ 是事物 M 的特征 C_i 相对应的量值；$\mu(x_i)$ 是事物 C_i 的相应量值 x_i 的隶属度，可以根据隶属度函数确定 $\mu(x_i)$ 的值。

如果 m 个事物可以用共同的 n 个特征 $C_1, C_2, \cdots, C_n$ 及其相应的模糊量值 $\mu(x_{1i}), \mu(x_{2i}), \cdots, \mu(x_{ni}) (i = 1, 2, \cdots, n)$ 来描述，$R_{m \times n}$ 则称为 m 个事物的 n 维模糊复合物元，表达形式如下：

$$R_{m \times n} = \begin{bmatrix} & M_1 & M_2 & \cdots & M_m \\ C_1 & \mu(x_{11}) & \mu(x_{21}) & \cdots & \mu(x_{m1}) \\ C_2 & \mu(x_{12}) & \mu(x_{22}) & \cdots & \mu(x_{m2}) \\ \vdots & \vdots & \vdots & \ddots & \vdots \\ C_n & \mu(x_{1n}) & \mu(x_{2n}) & \cdots & \mu(x_{mn}) \end{bmatrix} \tag{1-8}$$

式中，$M_j (j = 1, 2, \cdots, m)$ 表示的是第 j 个事物；$\mu_j(x_{ji})$ 是第 j 个事物 M_j 的第 i 个特征 C_i 的相对应的量值 $x_{ji} (j = 1, 2, \cdots, m, i = 1, 2, \cdots, m)$ 的隶属度，此处，x_{ji} 的两个右下标，分别表示事物的序号和事物特征的序号，也即物元的维数。

对于具体的事物，对应的量值往往是一定的，因此可以将式中的各模糊量值 $\mu_j(x_{ji})$ 用量值 x_{ji} 表示，则物元被称为 m 个事物的 n 维复合物元 $R_{m \times n}$，表达形式为

$$R_{m \times n} = \begin{bmatrix} & M_1 & M_2 & \cdots & M_m \\ C_1 & x_{11} & x_{21} & \cdots & x_{m1} \\ C_2 & x_{12} & x_{22} & \cdots & x_{m2} \\ \vdots & \vdots & \vdots & \ddots & \vdots \\ C_n & x_{1n} & x_{2n} & \cdots & x_{mn} \end{bmatrix} \tag{1-9}$$

式中，x_{ji} 是第 j 个事物 M_j 的第 i 个特征 C_i 相对应的量值。

确定经典域，M_j 表示评估指标体系第 j 个评估等级，C_i 表示评估类别 M_j 的评估指标；$x_{0ji} = (a_{0ji}, b_{0ji})$ 表示评估指标 C_i 对应的数值区间。

$$R_{0j} = \begin{bmatrix} & M_{0j} \\ C_1 & x_{0j1} \\ C_2 & x_{0j2} \\ \vdots & \vdots \\ C_n & x_{0jn} \end{bmatrix}$$

式中，M_{0k} 表示划分的第 k 个评估等级，在重大水利工程项目社会稳定风险脆弱性评估中，将脆弱性级别划分为低脆弱性、较低脆弱性、较高脆弱性、高脆弱性和严重脆弱性；C_j 表示第 j 个风险脆弱性级别等级的特征；$x_{0jk} = (a_{0jk}, b_{0jk})$ 是 C_j 对应的量值范围，即各等级关于对应特征值的数据范围，也即经典域。

确定节域，若 M_p 是评估等级的全体，$x_{pi} = (a_{pi}, b_{pi})$ 表示 M_p 关于 C_i 对应的量值范围，则节域物元可以表示为

$$R_p = \begin{bmatrix} & M_p \\ C_1 & (a_{p1}, b_{p1}) \\ C_2 & (a_{p2}, b_{p2}) \\ \vdots & \vdots \\ C_n & (a_{pn}, b_{pn}) \end{bmatrix}$$

2. 模糊物元的基本原理

1) 模糊物元的类型

根据上述的概念分析，可以定义以下几种不同类型的模糊物元[42]。

(1) 标准事物 n 维模糊物元。定义 n 维模糊物元中各个模糊量值都符合标准要求的物元为标准事物 M_0 的 n 维模糊物元，用 R_{0n} 表示：

$$R_n = \begin{bmatrix} & M \\ C_1 & \mu(x_{01}) \\ C_2 & \mu(x_{02}) \\ \vdots & \vdots \\ C_n & \mu(x_{0n}) \end{bmatrix} \tag{1-10}$$

式中，M_0 表示标准事物；C_i 表示与标准事物 M_0 的特征完全相同的比较事物 M_j 的第 i 个特征；$\mu(x_{0i})$ 表示事物特征 C_i 相应的模糊量值，即标准事物 M_0 关于特

征 C_i 的第 i 个经典域中量值 x_{0i} 的隶属度,在 $[a_{0i}, b_{0i}]$ 范围内的模糊量值均符合要求,范围 a_{0i} 和 b_{0i} 分别为经典域模糊量值的下限和上限。

(2) 比较事物的 n 维模糊物元。比较事物特征 C_i 相应的量值模糊化后所得到的 n 维物元,即 n 维模糊物元,用 R_j 表示为

$$R_j = \begin{bmatrix} & M \\ C_1 & \mu(x_{j1}) \\ C_2 & \mu(x_{j2}) \\ \vdots & \vdots \\ C_n & \mu(x_{jn}) \end{bmatrix} \tag{1-11}$$

式中,M_j 是第 j 个比较事物;C_i 是第 j 个事物 M_j 的第 i 个特征,与其相对于的量值用 $x_{ji}(j=1, 2, \cdots, m; i=1, 2, \cdots, n)$ 来表示。但是由于量值对事物 M_j 的贡献大小和量纲都不相同,所以需要对量值 x_{ji} 加以模糊化,即把量值转化为隶属度 $\mu(x_{ji})$,用隶属度 $\mu(x_{ji})$ 来表示量值 x_{ji} 对比较事物 M_j 贡献程度。

(3) m 个标准事物的 n 维复合模糊物元。将 m 个标准事物的 n 维模糊物元组合构成 n 维模糊物元,用 R_{0mn} 表示,记作:

$$R_{0m \times n} = \begin{bmatrix} & M_{01} & M_{02} & \cdots & M_{0m} \\ C_1 & \mu(x_{011}) & \mu(x_{021}) & \cdots & \mu(x_{0m1}) \\ C_2 & \mu(x_{012}) & \mu(x_{022}) & \cdots & \mu(x_{0m2}) \\ \vdots & \vdots & \vdots & \ddots & \vdots \\ C_n & \mu(x_{01n}) & \mu(x_{02n}) & \cdots & \mu(x_{0mn}) \end{bmatrix} \tag{1-12}$$

2) 关联函数

(1) 关联函数 $K(x)$ 用于描述可拓集合,隶属度函数 $\mu(x)$ 用于描述模糊集合,两者所含元素 x 均属于中介元,区别在于关联函数较隶属度函数多一段有条件可以转化的量值范围。在经典域与节域重合的条件下,关联函数和隶属度函数等价并且可以互相转换。

当关联函数中某一特定值 x_{ji} 确定时,便可求出相应的函数值,该函数便为关联函数,用 k_{ji} 表示,一般由隶属度函数 $\mu(x_{ji})$ 确定,则有

$$k_{ji} = \mu_{ji} = \mu(x_{ji}), (j=1, 2, \cdots, m; i=1, 2, \cdots, n) \tag{1-13}$$

式中,k_{ji} 表示第 i 个特征的第 j 个比较实物 M_j 与标准事物 M_0 之间的关联系数;μ_{ji} 或 $\mu(x_{ji})$ 是第 j 个比较事物 M_j 的第 i 个特征 C_i 相应量值 x_{ji} 的隶属度。

关联系数 k_{ji} 与隶属度 μ_{ji} 通过式 (1-13) 转换得到,这种转换称为关联变换。

(2) 关联度是对两个事物之间关联性大小的一种度量，如果按照关联变换求出的关联系数进行加权平均，则可以得到第 j 个比较事物 M_j 与标准事物 M_0 之间的关联度，用 K_{0j} 表示，即

$$K_{0j} = W * k, \quad j = 1, 2, \cdots, m \tag{1-14}$$

式中，k 表示第 j 个比较事物 M_j 与标准事物 M_0 之间的关联系数向量；W 表示第 j 个比较事物 M_j 与标准事物 M_0 之间的关联系数权重向量；$*$ 是运算符号，具体有以下 5 种模式：

模式 1　记作 $M(\bullet, +)$，表示先乘后加的运算，则式 (1-14) 变为

$$K_{0j} = \sum_{i=1}^{n} W k_{ji}, \quad j = 1, 2, 3, \cdots, m$$

式中，k_{ji} 是第 i 个特征 C_i 的第 j 个比较事物 M_j 与标准事物 M_0 之间的关联系数，用相应的权重 W_i 表示，其余符号同前。

模式 2　记作 $M(\wedge, \vee)$，表示先取小后取大的运算，即

$$K_{0j} = \bigvee_{i=1}^{n} (W \wedge k_{ji}), \quad j = 1, 2, 3, \cdots, m$$

式中，$\wedge, \vee$ 是取小、取大的运算符号，其余符号同前。

模式 3　记作 $M(\bullet, \vee)$，是用相乘代替取小，也就是先乘后取大运算，即

$$K_{0j} = \bigvee_{i=1}^{n} (W \bullet k_{ji}), \quad j = 1, 2, 3, \cdots, m$$

式中，符号意义同前。

模式 4　记作 $M(\wedge, \oplus)$，是先取小后进行有界和运算，即

$$K_{0j} = \sum_{i=1}^{n} \oplus W_i \wedge k_{ji}, \quad j = 1, 2, 3, \cdots, m$$

式中，有界和运算即 $a \oplus b = \min(a + b, 1)$，其余符号同前。

模式 5　记作 $M(\bullet, \oplus)$，用相乘代替取小，也就是先乘后进行有界和运算，则

$$K_{0j} = \sum_{i=1}^{n} \oplus W k_{ji}, \quad j = 1, 2, 3, \cdots, m$$

式中，符号意义同前。

从上述 5 种运算模式得出，$M(\bullet, +)$，$M(\bullet, \oplus)$ 均为加权平均型，前者从数值上具有综合含义，体现的是所有元素的共同作用，后者对各元素依权均衡考

虑, $M(\bullet, \vee)$ 和 $M(\wedge, \oplus)$ 是主因素突出型, 计算得出的关联度值相差较大。$M(\wedge, \vee)$ 是主元素决定型, 算出的 K_{0j} 值可以反映事物之间的差别。在具体的运算中依具体问题的特点和评估侧重点选择计算模式。适宜利用全部信息, 采用多层次与多模式进行运算, 得出合理理论。

3) 评判原则

求出关联度 $K_j(j=1, 2, \cdots, m)$ 后, 根据以下原则确定评估对象的结果。

(1) 最大关联度原则。从每个事物的关联度中, 确定最大值 K^* 作为评判原则, 即

$$K^* = \max(k_{01}, k_{02}, \cdots, k_{0m}) \tag{1-15}$$

(2) 加权平均原则。将 W_j 作为权重, 对事物 M_j 进行加权平均后得到的数值作为评判结果, 即

$$D_l = \frac{\sum_{j=1}^{m} W_j M_j}{\sum_{j=1}^{m} K_j}, \quad l = 1, 2, \cdots, p \tag{1-16}$$

(3) 模糊分布原则。将关联度作为评判结果或归一化处理, 评判结果就是进行归一化之后得到的关联度值, 具体步骤如下:

先求各个关联度值的总和, 即

$$K = K_1 + K_2 + \cdots + K_m = \sum_{j=1}^{m} K_j \tag{1-17}$$

再用 K 遍除关联度复合模糊物元中的各个关联度得到

$$R_k' = \begin{bmatrix} & M_1 & M_2 & \ldots & M_m \\ K_j' & \dfrac{K_1}{K} & \dfrac{K_2}{K} & \cdots & \dfrac{K_m}{k} \end{bmatrix} \tag{1-18}$$

式中, R_k' 是归一化后得到的关联度模糊复合物元; $K_j'\ (j=1, 2, \cdots, m)$ 表示归一化后的第 j 个事物的关联度, 即

$$\sum_{j=1}^{m} K_j' = 1$$

各关联度的计算值可以具体地反映我们对要评估的事物所进行评判的方面的每一个分布的状态, 为决策的制定和执行提供参考。

3. 模糊物元评估步骤总结

1) 建立模糊复合物元

(1) 建立模糊复合物元。在对重大水利工程项目社会稳定风险脆弱性进行评估时，将社会稳定风险脆弱性评估指标分为 m 个等级，考虑 n 个主要因素，C_i 表示第 j 个等级的第 i 项主要因素，其中包括有 p 项次要因素，C_{ik} 表示第 j 个等级的第 i 项主要因素所属的第 k 项次要因素，相应的量值用 $x_{ik} = (i = 1, 2, \cdots, n; k = 1, 2, \cdots, p)$ 表示，则构成评估对象的 n 维复合物元记作 R_n，即

$$R_n = \begin{bmatrix} & M_j \\ C_{11} & x_{11} \\ \vdots & \vdots \\ C_{1p} & x_{1p} \\ C_{21} & x_{21} \\ \vdots & \vdots \\ C_{2p} & x_{2p} \\ C_{m1} & x_{m1} \\ \vdots & \vdots \\ C_{mp} & x_{mp} \end{bmatrix} \tag{1-19}$$

综合考虑与评估等级相对于的隶属度，用 μ_{jik} 表示 x_{ik} 对第 j 个等级的隶属度 $(i = 1, 2, \cdots, n; j = 1, 2, \cdots, m; k = 1, 2, \cdots, p)$，得到个 m 等级的 n 维模糊复合物元，即

$$R_{m \times n} = \begin{bmatrix} & M_1 & M_2 & \cdots & M_m \\ C_{11} & \mu_{111} & \mu_{211} & \cdots & \mu_{m11} \\ \vdots & \vdots & \vdots & \ddots & \vdots \\ C_{1p} & \mu_{11p} & \mu_{21p} & \cdots & \mu_{m1p} \\ C_{21} & \mu_{121} & \mu_{221} & & \mu_{m21} \\ \vdots & \vdots & \vdots & \ddots & \vdots \\ C_{2p} & \mu_{1n1} & \mu_{2n1} & \cdots & \mu_{mn1} \\ C_{n1} & \mu_{1n2} & \mu_{2n2} & \cdots & \mu_{mn2} \\ \vdots & \vdots & \vdots & \ddots & \vdots \\ C_{np} & \mu_{1np} & \mu_{2np} & \cdots & \mu_{mnp} \end{bmatrix} \tag{1-20}$$

(2) 建立评估指标权重物元。评估指标分为主要因素和次要因素，分别用 R_{w_i} 和 $R_{w_{ik}}$ 表示主要和次要因素的权重复合物元，评估指标的权重由层次分析法确

定, 即

$$R_{w_i} = \begin{bmatrix} & C_1 & C_2 & \cdots & C_n \\ w_i & w_1 & w_2 & \cdots & w_n \end{bmatrix} \tag{1-21}$$

$$R_{w_{ik}} = \begin{bmatrix} & C_{11} & C_{12} & \cdots & C_{1p} & C_{21} & C_{22} & \cdots & C_{2p} & \cdots & C_{n1} & C_{n2} & \cdots & C_{np} \\ w_{ik} & w_{11} & w_{12} & \cdots & w_{1p} & w_{21} & w_{22} & \cdots & w_{2p} & \cdots & w_{n1} & w_{n2} & \cdots & w_{np} \end{bmatrix}$$
$$\tag{1-22}$$

式中, w_i 表示第 j 个等级的第 i 项主要因素的权重值; w_{ik} 表示第 i 项主要因素的第 k 项次要因素的权重。

(3) 建立集中模糊复合物元。由于重大水利工程社会稳定风险脆弱性的影响因素中每一个等级中各主要因素的隶属度比较分散, 需要确定为一个值, 采用式 (1-16) 进行加权平均, 对各因素进行集中处理, 即

$$R_b = R_{w_{ik}} * R_{mn} \tag{1-23}$$

式中, $*$ 是运算符, 采用 $M(\bullet, +)$ 模式, 则 R_b 的表达式为

$$R_b = \begin{bmatrix} & & M_1 & & M_2 \\ b_1 & b_{11} = \sum_{k=1}^{p} W_{1k}\mu_{11k} & & b_{21} = \sum_{k=1}^{p} W_{1k}\mu_{21k} \\ b_2 & b_{12} = \sum_{k=1}^{p} W_{2k}\mu_{12k} & & b_{22} = \sum_{k=1}^{p} W_{2k}\mu_{22k} \\ \vdots & \vdots & & \vdots \\ b_n & b_{1n} = \sum_{k=1}^{p} W_{2k}\mu_{2nk} & & \cdots \\ & \cdots & & M_m \\ & \cdots & & b_{m1} = \sum_{k=1}^{p} W_{1k}\mu_{m1k} \\ & \cdots & & b_{m1} = \sum_{k=1}^{p} W_{1k}\mu_{m2k} \\ & \ddots & & \vdots \\ & b_{2n} = \sum_{k=1}^{p} W_{nk}\mu_{2nk} & b_{mn} = \sum_{k=1}^{p} W_{nk}\mu_{mnk} \end{bmatrix}$$
$$\tag{1-24}$$

式中, $b_{ji}(j = 1, 2, \cdots, m; i = 1, 2, \cdots, n)$ 表示第 j 个等级的第 i 项主要因素的隶属度的集中值。

2) 对评估事物进行综合评估

(1) 单项评估模糊物元的确定。设 R_x 表示单项评估模糊复合物元，即

$$
R_x = \begin{bmatrix}
 & M_1 & M_2 & \cdots & M_m \\
x_1 & x_{11} = w_1 b_{11} & x_{21} = w_1 b_{21} & \cdots & x_{m1} = w_1 b_{m1} \\
x_2 & x_{12} = w_2 b_{12} & x_{22} = w_2 b_{22} & \cdots & x_{m2} = w_2 b_{m2} \\
\vdots & \vdots & \vdots & \ddots & \vdots \\
x_n & x_{1n} = w_n b_{1n} & x_{2n} = w_n b_{2n} & \cdots & x_{mn} = w_n b_{mn}
\end{bmatrix} \tag{1-25}
$$

(2) 综合评估模糊物元的建立。对应权重的模糊量均值、最大值和最小值作为评估指标，分别记作 d_{j1}，d_{j2}，d_{j3}，则有

$$
d_{j1} = \frac{(x_{j1} + x_{j2} + \cdots + x_{jn})}{n}
$$

$$
d_{j2} = \max(x_{j1}, x_{j2}, \cdots, x_{jn}), \quad j = 1, 2, \cdots, m \tag{1-26}
$$

$$
d_{j3} = \min(x_{j1}, x_{j2}, \cdots, x_{jn})
$$

由此建立评估模糊复合物元 R_d，则有

$$
R_d = \begin{bmatrix}
 & M_1 & M_2 & \cdots & M_m \\
d_{j1} & d_{11} & d_{21} & \cdots & d_{m1} \\
d_{j2} & d_{12} & d_{22} & \cdots & d_{m2} \\
d_{j3} & d_{13} & d_{23} & \cdots & d_{m3}
\end{bmatrix} \tag{1-27}
$$

设 R_D 为综合评估模糊复合物元，则有

$$
R_D = \begin{bmatrix}
 & M_1 & M_2 & \cdots & M_m \\
d_j & d_1 & d_2 & \cdots & d_m
\end{bmatrix} \tag{1-28}
$$

式中，d_j 是第 j 个评估等级的综合评估值，即

$$
d_j = \frac{1}{3} \sum_{i=1}^{3} d_{ji}, \quad j = 1, 2, \cdots, m \tag{1-29}
$$

在式 (1-29) 中，综合评估值 d_j 的最大值 $d_{\max}$ 所对应的等级 M 即为评估事物所属的等级。

综上，根据模糊物元分析理论以及评估指标体系，建立模糊物元综合评估模型，如图 1-14 所示。

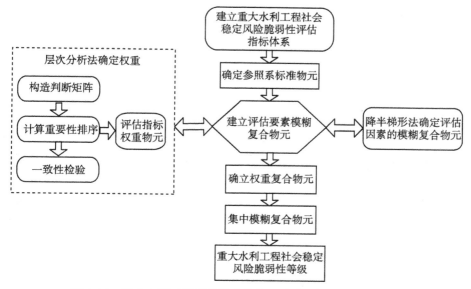

图 1-14 重大水利工程项目社会稳定风险脆弱性综合评估模型

1.4.3 模型的特点分析

1) 基于层次分析法确定指标权重

层次分析法是经典的权重确定方法，主要是通过将重大水利工程项目社会稳定风险脆弱性评估指标分解成各个层次，工程领域专家两两比较指标的重要性，用统计分析方法确定指标权重，同时能够充分考虑专家的经验判断。较好的确定重大水利工程项目社会稳定风险脆弱性评估指标的重要性程度，解决评估指标权重分配困难的问题，适用于处理复杂系统不确定性问题，所计算的评估指标权重更加科学合理。

2) 基于模糊物元分析综合评估模型

对于模糊物元分析法来说，它是一种以促进事物转化、解决模糊不相容问题为核心，且适用于多因子评价的方法。

评估模型处理的对象不是指标本身，而是指标与目标之间的相互关系。通过关联性确定指标与评估目标的关联度。模糊物元法既能对指标进行量化，又可以很好地解决评估指标的模糊性和不确定性，实现了定性到定量的描述和转化，将多指标中的不相容矛盾转换为相容关系，从而有效地避免了由于模糊性所导致的信息丢失，解决现实问题中的模糊不相容矛盾因素，是一种以促进事物转化、解决模糊不相容问题为核心，且适用于多因子评价的方法，可以较好地解决因不确定性和模糊性所引起的精确性欠佳问题。

模糊物元综合分析模型对于重大水利工程项目社会稳定风险脆弱性评估的问题研究，具有较好的适用性与可行性，能够为风险脆弱性的评估提供一定的理论基础与实践指导意义。

1.5 实 证 研 究

重大水利工程项目社会稳定风险脆弱性评估实证研究是在对脆弱性等级及各脆弱性因素定量与定性的评估的基础上，为重大水利工程项目社会稳定风险预警与风险管理提供理论依据，并采取相应的政策措施，以达到降低重大水利工程项目对区域的社会稳定的脆弱性风险，并最大化地减少各方面损失的目的。该部分选取 L 工程 D 区社会稳定风险脆弱性评估实例验证本节构建模型的有效性和可行性。

1.5.1 项目背景

L 工程是一个重大水利工程项目，由它所引发的移民搬迁、生态环境破坏等诸多问题，使它从开始筹建的那一刻开始，便始终与巨大的争议相伴。由于历史遗留的矛盾问题和改革过程中的新矛盾问题交错，转型期间的 L 工程处于社会矛盾的多发期，存在着诸多不和谐与不确定的现象，伴随着移民工作的开展，深层次的矛盾和问题不断显现。影响区域的和谐与稳定。其中，D 区作为 L 工程的腹心，累计搬迁安置移民多达 26.3 万人，是人口最多、移民任务最重、城市体量最大和管理单元最多的区县之一。持续性的工程移民工作以及移民投资建设在推动 D 区区域经济发展的同时，也给 D 区的社会稳定带来了许多负面的影响。因此，本书基于《D 区 2000~2012 年国民经济和社会发展统计公报》的公开统计数据来源（附录2），针对 D 区的社会稳定风险脆弱性进行系统地评估，以期能够有效评估 L 工程在这 13 年间对 D 区的区域社会稳定所造成的影响。

本部分通过对 D 区经济社会统计资料的收集，分析重大水利工程项目 L 工程对 D 区域的社会稳定风险脆弱性影响以及未来前景的综合评估，结合该重大水利工程项目的特点，进行重大水利工程项目的社会稳定风险脆弱性评估。本节主要着力于研究确定重大水利工程项目社会稳定风险脆弱性评估指标的权重和对模糊物元分析模型进行定量和定性的评估。

1.5.2 模糊物元综合评估过程

本部分设计"专家打分法"是层次分析法计算权重的基础，本书通过网上发放问卷的形式，邀请专家学者为重大水利工程项目社会稳定风险脆弱性评估指标间的相对重要程度进行客观地打分，并运用层次分析法的计算公式确定各层级评估指标的权重。

对重大水利工程项目社会稳定风险脆弱性的评估指标因素的具体分析，结合图 1-11 的层次结构模型，可知这里，目标层指标是一级指标，准则层指标是二级指标，指标层指标是三级指标。根据上述层次分析法的计算步骤，运用 MATLAB 软件中的矩阵处理函数，分别计算一级指标和二级指标的权重，计算得到每个指标权重的结果，重大水利工程社会稳定风险脆弱性评估指标的权重的计算结果如表 1-12 所示。

表 1-12　各指标权重计算结果表

目标层	权重	准则层	权重	指标层	层次内权重	体系内权重
重大水利工程项目社会稳定风险脆弱性	1	B_1	0.2813	C_{11}	0.3590	0.1010
				C_{12}	0.2183	0.0614
				C_{13}	0.1799	0.0506
				C_{14}	0.2428	0.0684
		B_2	0.3396	C_{21}	0.3354	0.1139
				C_{22}	0.1634	0.0555
				C_{23}	0.2297	0.0780
				C_{24}	0.2715	0.0922
		B_3	0.3791	C_{31}	0.1453	0.0551
				C_{32}	0.2511	0.0952
				C_{33}	0.1973	0.0748
				C_{34}	0.1846	0.0700
				C_{35}	0.1533	0.0581
				C_{36}	0.0684	0.0258

根据式 (1-4) 和式 (1-5) 计算随机一致性比率 CR 值。由表 1-13 可知，CR<0.1，判断矩阵通过一致性检验。

表 1-13　判断矩阵 CR 值

判断矩阵	CR 值	判断矩阵	CR 值
A-B	0.032	B_2-C	0.025
B_1-C	0.028	B_3-C	0.037

1. 复合物元的建立

在重大水利工程项目社会稳定风险脆弱性评估指标体系中，既有定性指标，又有定量指标，定量的评估指标可以由统计资料数据运用计算公式获得，而定性的评估指标的取值通过原始资料中模糊语言的描述采用模糊数学原理或由专家进行评估获得，对评估指标进行模糊处理确定。并建立 [很好，好，一般，差，很差] 的五级模糊等级，为了便于有效评估，采用五分制衡量，即：很好 $\langle 4,5\rangle$、好 $\langle 3,4\rangle$、一般 $\langle 2,3\rangle$、差 $\langle 1,2\rangle$、很差 $\langle 0,1\rangle$ 五个等级。目前对社会稳定风险脆弱性对应的分级上还没有建立统一的标准，为了便于对重大水利工程项目社会稳定风险脆弱性进行评估，结合该区域社会稳定变化情况，将脆弱性评估参照等级均匀划分为：低脆弱性、较低脆弱性、较高脆弱性、高脆弱性、严重脆弱性五个等级，$Z = [M_1, M_2, M_3, M_4, M_5]$，见表 1-14。

表 1-14　脆弱性评估等级表

脆弱性等级级别	脆弱性等级名称	脆弱性等级级别	脆弱性等级名称
M_1	低脆弱性	M_4	高脆弱性
M_2	较低脆弱性	M_5	严重脆弱性
M_3	较高脆弱性		

根据有关统计数据和相关参考文献指标数据的取值，并考虑实例的特点建立重大水利工程项目社会稳定风险脆弱性的参照评估标准，如表 1-15 所示。根据表 1-15，可建立相应的评估参照标准物元 R_0。

$$
R_0 = \begin{array}{c} \\ C_{11} \\ C_{12} \\ C_{13} \\ C_{14} \\ C_{21} \\ C_{22} \\ C_{23} \\ C_{24} \\ C_{31} \\ C_{32} \\ C_{33} \\ C_{34} \\ C_{35} \\ C_{36} \end{array}
\begin{bmatrix}
M_1 & M_2 & M_2 & M_4 & M_5 \\
(0,5000) & (5000,10000) & (10000,15000) & (15000,20000) & (20000,25000) \\
(4,5) & (3,4) & (2,3) & (1,2) & (0,1) \\
(250,300) & (200,250) & (150,200) & (100,150) & (0,100) \\
(0,3) & (3,4) & (4,5) & (5,6) & (6,7) \\
(50,60) & (40,50) & (30,40) & (30,35) & (0,20) \\
(45,50) & (40,45) & (35,40) & (30,35) & (0,30) \\
(95,100) & (90,95) & (85,90) & (80,85) & (0,80) \\
(25,30) & (20,25) & (15,20) & (10,15) & (0,10) \\
(30000,35000) & (25000,30000) & (15000,20000) & (10000,15000) & (0,10000) \\
(4,5) & (3,4) & (2,3) & (1,2) & (0,1) \\
(0,2) & (2,2.5) & (2.5,3) & (3,3.5) & (3.5,4) \\
(4,5) & (3,4) & (2,3) & (1,2) & (0,1) \\
(80,100) & (60,80) & (40,60) & (20,40) & (0,20) \\
(4,5) & (3,4) & (2,3) & (1,2) & (0,1)
\end{bmatrix}
$$

表 1-15　重大水利工程项目社会稳定风险脆弱性评估指标分级表

评估因素	M_1	M_2	M_3	M_4	M_5
C_{11}	$\langle 0,5000\rangle$	$\langle 5000,10000\rangle$	$\langle 10000,15000\rangle$	$\langle 15000,20000\rangle$	$\langle 20000,25000\rangle$
C_{12}	$\langle 4,5\rangle$	$\langle 3,4\rangle$	$\langle 2,3\rangle$	$\langle 1,2\rangle$	$\langle 0,1\rangle$
C_{13}	$\langle 250,300\rangle$	$\langle 200,250\rangle$	$\langle 150,200\rangle$	$\langle 100,150\rangle$	$\langle 0,100\rangle$
C_{14}	$\langle 0,3\rangle$	$\langle 3,4\rangle$	$\langle 4,5\rangle$	$\langle 5,6\rangle$	$\langle 6,7\rangle$
C_{21}	$\langle 50,60\rangle$	$\langle 40,50\rangle$	$\langle 30,40\rangle$	$\langle 20,30\rangle$	$\langle 0,20\rangle$

评估因素	M_1	M_2	M_3	M_4	M_5
C_{22}	$\langle 45, 50 \rangle$	$\langle 40, 45 \rangle$	$\langle 35, 40 \rangle$	$\langle 30, 35 \rangle$	$\langle 0, 30 \rangle$
C_{23}	$\langle 95, 100 \rangle$	$\langle 90, 95 \rangle$	$\langle 85, 90 \rangle$	$\langle 80, 85 \rangle$	$\langle 0, 80 \rangle$
C_{24}	$\langle 25, 30 \rangle$	$\langle 20, 25 \rangle$	$\langle 15, 20 \rangle$	$\langle 10, 15 \rangle$	$\langle 0, 10 \rangle$
C_{31}	$\langle 30000, 35000 \rangle$	$\langle 25000, 30000 \rangle$	$\langle 15000, 20000 \rangle$	$\langle 10000, 15000 \rangle$	$\langle 0, 10000 \rangle$
C_{32}	$\langle 4, 5 \rangle$	$\langle 3, 4 \rangle$	$\langle 2, 3 \rangle$	$\langle 1, 2 \rangle$	$\langle 0, 1 \rangle$
C_{33}	$\langle 0, 2 \rangle$	$\langle 2, 2.5 \rangle$	$\langle 2.5, 3 \rangle$	$\langle 3, 3.5 \rangle$	$\langle 3.5, 4 \rangle$
C_{34}	$\langle 4, 5 \rangle$	$\langle 3, 4 \rangle$	$\langle 2, 3 \rangle$	$\langle 1, 2 \rangle$	$\langle 0, 1 \rangle$
C_{35}	$\langle 80, 100 \rangle$	$\langle 60, 80 \rangle$	$\langle 40, 60 \rangle$	$\langle 20, 40 \rangle$	$\langle 0, 20 \rangle$
C_{36}	$\langle 4, 5 \rangle$	$\langle 3, 4 \rangle$	$\langle 2, 3 \rangle$	$\langle 1, 2 \rangle$	$\langle 0, 1 \rangle$

D 区 2005~2012 年间的社会稳定风险脆弱性评估指标体系中各评估指标的量值见附录 2。该部分分析以 2012 年 D 区国民经济和社会发展的统计数据为例,其他年份的社会稳定风险脆弱性评估参照 2012 年的评估步骤分别进行计算。由此可以分别建立 D 区 2012 年 L 工程社会稳定风险脆弱性的暴露程度、敏感程度和应对能力三个主要因素的复合物元。

(1) 社会稳定风险脆弱性的暴露程度的复合物元 R_1 为

$$R_1 = \begin{bmatrix} C_{11} & x_{11} \\ C_{12} & x_{12} \\ C_{13} & x_{13} \\ C_{14} & x_{14} \end{bmatrix} = \begin{bmatrix} C_{11} & 8100 \\ C_{12} & 很好 \\ C_{13} & 289.3 \\ C_{14} & 一般 \end{bmatrix} = \begin{bmatrix} C_{11} & 8100 \\ C_{12} & 4.8 \\ C_{13} & 289.3 \\ C_{14} & 2.62 \end{bmatrix}$$

(2) 社会稳定风险脆弱性的敏感程度的复合物元 R_2 为

$$R_2 = \begin{bmatrix} C_{21} & x_{21} \\ C_{22} & x_{22} \\ C_{23} & x_{23} \\ C_{24} & x_{24} \end{bmatrix} = \begin{bmatrix} C_{21} & 44.4 \\ C_{22} & 39.8 \\ C_{23} & 92.8 \\ C_{24} & 22.3 \end{bmatrix}$$

(3) 社会稳定风险脆弱性的应对能力的复合物元 R_3 为

$$R_3 = \begin{bmatrix} C_{11} & x_{31} \\ C_{32} & x_{32} \\ C_{33} & x_{33} \\ C_{34} & x_{34} \\ C_{35} & x_{35} \\ C_{36} & x_{36} \end{bmatrix} = \begin{bmatrix} C_{31} & 32344 \\ C_{32} & 一般 \\ C_{33} & 2.88 \\ C_{34} & 好 \\ C_{35} & 79.13 \\ C_{36} & 好 \end{bmatrix} = \begin{bmatrix} C_{31} & 32344 \\ C_{32} & 2.6 \\ C_{33} & 2.88 \\ C_{34} & 3.4 \\ C_{35} & 79.13 \\ C_{36} & 3.2 \end{bmatrix}$$

2. 模糊复合物元的建立

要建立重大水利工程项目社会稳定风险脆弱性评估的复合物元，必须确定各风险脆弱性评估因素的量值对各评估等级的隶属度。在重大水利工程项目社会稳定风险脆弱性评估指标体系中，评估指标的隶属度可以看作是评估等级标准的函数。本部分评估指标的隶属函数的构造采用的是降半梯形法进行求解，即设 v_k 和 v_{k+1} 是相邻两级的分级标准，假设，$v_k > v_{k+1}$，则：

v_k 的隶属函数为

$$r(x) = \begin{cases} 0, & X < v_{k+1}, X > v_k \\ \dfrac{X - v_{k+1}}{v_k - v_{k+1}}, & v_{k+1} \leqslant X \leqslant v_k \end{cases}$$

v_{k+1} 的隶属函数为

$$r(x) = \begin{cases} \dfrac{X - v_{k+1}}{v_k - v_{k+1}}, & v_{k+1} \leqslant X \leqslant v_k \\ 0, & X < v_{k+1}, X > v_k \end{cases}$$

式中，$r(x)$ 表示隶属函数；X 是对评估指标的评分。将专家对评估指标的评分以及相关参数代入到上述构造的隶属函数中，即可得到评估指标相对于相应等级的隶属度，从而可以计算得出隶属度矩阵。

以 2012 年 D 区移民人口数这一影响指标为例，指标量化值为 8100 人，介于 5000~10000 区间内，则五个评估等级的隶属度分别为

$r_{111} = 0$；$r_{211} = \dfrac{8100-5000}{10000-5000} = 0.62$；$r_{311} = \dfrac{10000-8100}{10000-5000} = 0.38$；$r_{411} = 0$；$r_{511} = 0$。

同理，可以确定其余评估指标相对于评估等级的隶属度，计算结果如表 1-16 所示。

进而可以建立相应的模糊复合物元，计算结果如下所示。

(1) 社会稳定风险脆弱性的暴露程度的模糊复合物元 R_1^* 为

$$R_1^* = \begin{bmatrix} 0 & 0.62 & 0.38 & 0 & 0 \\ 0.80 & 0.20 & 0 & 0 & 0 \\ 0.79 & 0.21 & 0 & 0 & 0 \\ 0.87 & 0.13 & 0 & 0 & 0 \end{bmatrix}$$

(2) 社会稳定风险脆弱性的敏感程度的模糊复合物元 R_2^* 为

$$R_2^* = \begin{bmatrix} 0 & 0.88 & 0.12 & 0 & 0 \\ 0 & 0 & 0.96 & 0.04 & 0 \\ 0 & 0.56 & 0.44 & 0 & 0 \\ 0 & 0.46 & 0.54 & 0 & 0 \end{bmatrix}$$

表 1-16   评估指标相对于脆弱性等级的隶属度

评估因素	M_1	M_2	M_3	M_4	M_5
C_{11}	0	0.62	0.38	0	0
C_{12}	0.80	0.20	0	0	0
C_{13}	0.79	0.21	0	0	0
C_{14}	0.87	0.13	0	0	0
C_{21}	0	0.88	0.12	0	0
C_{22}	0	0	0.96	0.04	0
C_{23}	0	0.56	0.44	0	0
C_{24}	0	0.46	0.54	0	0
C_{31}	0.47	0.52	0	0	0
C_{32}	0	0	0.60	0.40	0
C_{33}	0	0	0	0.76	0.24
C_{34}	0	0.40	0.60	0	0
C_{35}	0	0.96	0.04	0	0
C_{36}	0	0.20	0.80	0	0

(3) 社会稳定风险脆弱性的应对能力的模糊复合物元 R_3^* 为

$$R_3^* = \begin{bmatrix} 0.47 & 0.53 & 0 & 0 & 0 \\ 0 & 0 & 0.60 & 0.40 & 0 \\ 0 & 0 & 0 & 0.76 & 0.24 \\ 0 & 0.40 & 0.60 & 0 & 0 \\ 0 & 0.96 & 0.04 & 0 & 0 \\ 0 & 0.20 & 0.80 & 0 & 0 \end{bmatrix}$$

3. 指标权重复合物元的建立

基于以上计算确定的重大水利工程项目社会稳定风险脆弱性评估指标权重, 建立各级评估指标权的重复合物元。

(1) 社会稳定风险脆弱性的暴露程度各二级评估指标的权重复合物元, 记为 $R_{w_{1k}}$, 即

$$R_{W_{1k}} = \begin{bmatrix} & C_{11} & C_{12} & C_{13} & C_{14} \\ W_{1k} & 0.3590 & 0.2183 & 0.1799 & 0.2428 \end{bmatrix}$$

(2) 社会稳定风险脆弱性的敏感程度各二级评估指标的权重复合物元, 记为 $R_{w_{2k}}$, 即

$$R_{W_{2k}} = \begin{bmatrix} & C_{21} & C_{22} & C_{23} & C_{24} \\ W_{2k} & 0.3354 & 0.1634 & 0.2297 & 0.2715 \end{bmatrix}$$

(3) 社会稳定风险脆弱性的应对能力各二级评估指标的权重复合物元, 记为

$R_{w_{3k}}$，即

$$R_{W_{3k}} = \begin{bmatrix} & C_{31} & C_{32} & C_{33} & C_{34} & C_{35} & C_{36} \\ W_{3k} & 0.1453 & 0.2511 & 0.1973 & 0.1846 & 0.1533 & 0.0684 \end{bmatrix}$$

(4) 社会稳定风险脆弱性的各一级指标的权重复合物元，记为 R_{w_1}，即

$$R_{W_1} = \begin{bmatrix} & B_1 & B_2 & B_3 \\ W_{4k} & 0.2813 & 0.3396 & 0.3791 \end{bmatrix}$$

4. 集中模糊复合物元的建立

根据上述确定的评估指标的模糊复合物元和其相对应的权重复合物元就可以建立各一级指标的集中模糊复合物元。

(1) 社会稳定风险脆弱性的暴露程度的集中复合物元。由式 (1-24) 可得，集中模糊复合物元为

$$R_1 = R_{W_{1k}} \times R_1^* = \begin{bmatrix} M_1 & M_2 & M_3 & M_4 & M_5 \\ 0.5280 & 0.3356 & 0.1364 & 0 & 0 \end{bmatrix}$$

(2) 社会稳定风险脆弱性的敏感程度的集中复合物元。由式 (1-24) 可得，集中模糊复合物元为

$$R_2 = R_{W_{2k}} \times R_2^* = \begin{bmatrix} M_1 & M_2 & M_3 & M_4 & M_5 \\ 0 & 0.5484 & 0.4045 & 0.0065 & 0 \end{bmatrix}$$

(3) 社会稳定风险脆弱性的应对能力的集中复合物元。由式 (1-24) 可得，集中模糊复合物元为

$$R_3 = R_{W_{3k}} \times R_3^* = \begin{bmatrix} M_1 & M_2 & M_3 & M_4 & M_5 \\ 0.0683 & 0.3117 & 0.3223 & 0.2504 & 0.0474 \end{bmatrix}$$

上述的暴露程度、敏感程度和应对能力的集中模糊复合物元可以组成社会稳定风险脆弱性评估的集中模糊复合物元，记为 R_b，可以得到：

$$R_b = \begin{bmatrix} R_1 \\ R_2 \\ R_3 \end{bmatrix} = \begin{bmatrix} M_1 & M_2 & M_3 & M_4 & M_5 \\ 0.5280 & 0.3356 & 0.1364 & 0 & 0 \\ 0 & 0.5484 & 0.4045 & 0.0065 & 0 \\ 0.0683 & 0.3117 & 0.3223 & 0.2504 & 0.0474 \end{bmatrix}$$

5. 模糊物元综合评估

由式 (1-25) 可以得到单项评估指标的模糊复合物元 R_x, 即

$$R_x = \begin{bmatrix} & M_1 & M_2 & M_3 & M_4 & M_5 \\ x_1 & 0.1485 & 0.0944 & 0.0384 & 0 & 0 \\ x_2 & 0 & 0.2078 & 0.1533 & 0.0022 & 0 \\ x_3 & 0.0289 & 0.1182 & 0.1222 & 0.0949 & 0.0180 \end{bmatrix}$$

由式 (1-26) 和式 (1-27) 得出重大水利工程项目社会稳定风险脆弱性的评估模糊复合物元 R_d, 即

$$R_d = \begin{bmatrix} & M_1 & M_2 & M_3 & M_4 & M_5 \\ d_{j1} & 0.0591 & 0.1401 & 0.1046 & 0.0324 & 0.0060 \\ d_{j2} & 0.1485 & 0.2078 & 0.1533 & 0.0949 & 0.0180 \\ d_{j3} & 0 & 0.0944 & 0.0384 & 0 & 0 \end{bmatrix}$$

由式 (1-28) 和式 (1-29) 得到重大水利工程项目社会稳定风险脆弱性的综合评估模糊复合物元 R_D, 即

$$R_D = \begin{bmatrix} & M_1 & M_2 & M_3 & M_4 & M_5 \\ d & 0.0692 & 0.1474 & 0.0988 & 0.0424 & 0.0080 \end{bmatrix}$$

从以上 2012 年 D 区的社会稳定风险脆弱性综合评估的结果可以得到 $d_{\max} = d_2$, 而 d_2 对应的评估等级为 M_2, 即 M_2 的脆弱性等级是较低水平。可以看出 D 区在 2012 年的区域社会稳定风险脆弱性等级较低, 社会系统运行状态良好。同时, 综合考虑该区域影响社会稳定风险脆弱性的各种不确定因素, 可以看出该区域在完善社会保障、移民安置、经济政策等方面比较薄弱, 有待进一步完善与提高。

以 D 区 2012 年社会稳定风险脆弱性评估的计算过程为例, 对 2000～2011 年采用同样的方法进行计算, 以年份为节点, 脆弱性等级为坐标轴, 采用 Excel 软件绘制出 D 区 2000～2012 年社会稳定风险脆弱性的雷达图, 如图 1-15 所示。

通过图 1-15 的雷达图可以直观地看出, D 区作为 L 工程影响最深的区域, 2000～2004 年, 该区域的社会稳定风险的脆弱性处于较高水平, 自 2005 年以后, D 区的脆弱性逐渐减小, 社会矛盾虽然起伏波动, 但是总体上仍然呈降低趋势, 社会系统逐渐趋于稳定状态, 社会稳定风险处于较低水平。

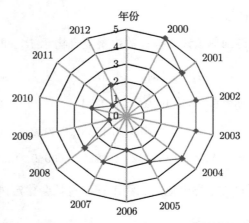

图 1-15   D 区 2000-2012 年社会稳定风险脆弱性雷达图

1.5.3   评估结果分析

前文通过运用模糊物元分析综合评估模型对该区域进行了整体的社会稳定风险脆弱性的评估,得出最后的综合评估结果。但是这并不代表社会稳定风险脆弱性评估工作的结束,还应该继续对评估结果进行深入的分析,找出该区域的社会和经济活动中还存在的问题,总结经验,有针对性地采取改善措施,不断提高整个区域社会系统的稳定性。

根据上节的综合评估结果,需要对社会稳定风险脆弱性的主要因素进行分析,L工程 2012 年社会稳定风险脆弱性各指标的评价值如表 1-17 所示。

表 1-17   L 工程 2012 年社会稳定风险脆弱性各指标的评价值

指标	指标值	脆弱性等级评价				
		M_1	M_2	M_3	M_4	M_5
C_{11}	8100	0	0.62	0.38	0	0
C_{12}	很好	0.80	0.20	0	0	0
C_{13}	289.3	0.79	0.21	0	0	0
C_{14}	2.62	0.87	0.13	0	0	0
C_{21}	44.40	0	0.88	0.12	0	0
C_{22}	39.80	0	0	0.96	0.04	0
C_{23}	92.80	0	0.56	0.44	0	0
C_{24}	22.3	0	0.46	0.54	0	0
C_{31}	32344	0.47	0.52	0	0	0
C_{32}	一般	0	0	0.60	0.40	0
C_{33}	2.88	0	0	0	0.76	0.24
C_{34}	好	0	0.40	0.60	0	0
C_{35}	79.13	0	0.96	0.04	0	0
C_{36}	好	0	0.20	0.80	0	0

根据表的评价结果，建立对应于每个指标 N_{ij} 的模糊集合 U，其中，矩阵 U 的每一行代表一个模糊集合。

确定基本模糊集合。根据评估的需要，可确定如下基本模糊集合：

$$U_0 = [0, 0, 0, 1, 0.02]$$

其中，

$u_{01} = \min(u_{11}, u_{21}, \cdots, u_{161}) = 0; \ u_{02} = \min(u_{12}, u_{22}, \cdots, u_{162}) = 0;$

$u_{03} = \min(u_{13}, u_{23}, \cdots, u_{163}) = 0; \ u_{04} = \max(u_{14}, u_{24}, \cdots, u_{164}) = 1;$

$u_{05} = \max(u_{15}, u_{25}, \cdots, u_{165}) = 0.02$

计算贴近度，将每个指标对应于五个等级的隶属度的权重分别取为 $0.25, 0.2,$ $0.1, 0.2, 0.25$，即权重向量为 $W = [0.25, 0.2, 0.1, 0.2, 0.25]$，则贴近度为

$$
\begin{aligned}
N_1 = N(U_1, U_0) &= 1 - \left(\sum_{k=1}^{5} w_k \left| u_{1k} - u_{0k} \right| \right) \\
&= 1 - (w_1 \left| u_{11} - u_{01} \right| + w_2 \left| u_{12} - u_{02} \right| \\
&\quad + w_3 \left| u_{13} - u_{03} \right| + w_4 \left| u_{14} - u_{04} \right| + w_5 \left| u_{15} - u_{05} \right|) \\
&= 1 - (0.25 \times \left| 0 - 0 \right| + 0.2 \times \left| 0.62 - 0 \right| + 0.1 \times \left| 0.38 - 0 \right| \\
&\quad + 0.2 \times \left| 0 - 1 \right| + 0.25 \times \left| 0 - 0.2 \right|) \\
&= 0.588
\end{aligned}
$$

同理，计算其他指标的贴近度，可得到贴近度集合 N。

$$
N = \begin{bmatrix}
N_{ij} & U_0 \\
U_{11} & 0.588 \\
U_{12} & 0.555 \\
U_{13} & 0.556 \\
U_{14} & 0.552 \\
U_{21} & 0.607 \\
U_{22} & 0.707 \\
U_{23} & 0.594 \\
U_{24} & 0.604 \\
U_{31} & 0.574 \\
U_{32} & 0.815 \\
U_{33} & 0.897 \\
U_{34} & 0.655 \\
U_{35} & 0.551 \\
U_{36} & 0.702
\end{bmatrix}
$$

确定主要风险脆弱性因素。上述计算矩阵 N 即为每个指标对于基本模糊集合的贴近度，其分布的散点图如图 1-16 所示。为了确定主要风险脆弱性因素，可选定一个阈值（N_λ 表示取值 0.65）。

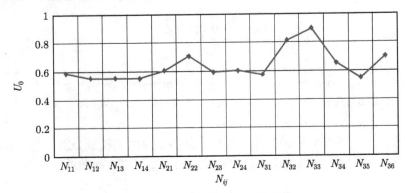

图 1-16   评估指标贴近度散点图

将上述主要风险脆弱性因素按贴近度大小顺序进行排序，排序结果如表 1-18 所示。

表 1-18   重大水利工程社会稳定风险脆弱性主要影响因素排序

指标序号	一级指标	二级指标	贴近度
1	敏感程度	区域产业结构变化	0.707
2	应对能力	区域社会保障状况	0.815
3	应对能力	区域社会公平状况	0.897
4	应对能力	区域社会秩序状况	0.655
5	应对能力	区域社会舆论状况	0.702

通过表 1-18 可以较为明显地看出哪些因素是影响 L 工程 2012 年社会稳定风险脆弱性水平的主要风险因素。其中关键因素较多的分布于应对能力维度中，社会的保障状况、公平状况、秩序状况以及舆论状况都会对社会稳定风险的脆弱性产生较大的影响。社会公平状况是更为突出的因素。由此可见，D 区后续的工作需要进一步提高区域的社会应对能力，保障区域民众的切身需求，从而减小社会稳定风险的脆弱性，将风险防患于未然，进而降低区域社会稳定风险的脆弱性。

1.5.4   降低社会稳定风险脆弱性的对策建议

重大水利工程项目的建设过程是一个持续性的工作，因而会引发一系列的社会稳定风险的脆弱性问题，这在工程项目的建设过程中是无法避免的。但是为了维护区域社会的和谐稳定，社会系统对社会稳定风险脆弱性的应对能力便显得更为重要。因此，在重大水利工程项目实施风险管理的过程中，需要加强建设区域的相关配套基础措施,加快发展当地的经济水平,完善区域的社会保障力度,并且不断缩小城乡民众之间的贫富差距,提供良好的社会安全稳定环境,从而提高民众的满意程度与群众的安全感。这些举措对降低重大水利工程项目对区域社会稳定的冲击具有重大的现实意义。对防止社会失稳,维护社会和谐发展具有举足轻重的作用。针对表 1-18 得出的主要影响因素的分析,本部分对降低该区域的社会稳定风险脆弱性提出几点政策建议。

1) 源头上的控制策略

(1) 重大水利工程项目的实施是一个涉及面广、群众关注度高的系统工程,在重大水利工程项目的前期决策,必须对评估的内容进行充分的可行性与合理性的全面评估。着力分析可能存在的社会稳定风险脆弱性隐患,防患于未然,从源头上减小风险发生的可能性。通过表 1-18 中的主要影响因素分析,发现在风险敏感程度维度下,区域的产业结构的变化会对社会稳定风险的脆弱性造成较大的影响。因此,需要做好相关的应对措施,保持产业结构调整的合理化,促进重大水利工程项目建设区域产业之间的协调与适应性。同时需要完善重大水利工程项目的社会稳定风险脆弱性评估机制,社会稳定风险脆弱性重在事前评估,防范和化解重大水利工程项目引发的社会失稳风险,应该在项目建设前期,着重对重大水利工程项目投资建设的建设区域社会系统的应对能力进行充分的评估取证,准确衡量其社会稳定风险的脆弱性大小以及社会稳定风险的脆弱性的应对能力等诸多要素。

(2) 加强区域的社会保障体系的建设,提高社会保障力度和水平,建立具有长效机制的社会保障制度。在表 1-18 的主要影响因素分析中,在应对能力方面,社会保障状况、社会公平状况、社会舆论状况与社会秩序状况都对社会稳定风险脆弱性具有重要的影响。因此,需要切实加强相关配套措施的建设,落实好移民安置、社会救助体系方面的措施、促进社会资源的合理分配、加强社会治安的综合治理,减小社会公众对社会稳定风险脆弱性的敏感性,提高风险脆弱性的应对能力。同时可以看出社会保障体系的建设是社会系统应对社会稳定风险脆弱性能力的关键因素,也是社会稳定风险矛盾爆发的直接原因,这就需要在重大水利工程项目投资建设的过程中,不断完善与工程项目相关的保障体系与保障措施,防范由于重大水利工程项目的建设所导致的建设区域社会稳定风险脆弱性的严重化,化解和减小社会稳定风险与矛盾。

(3) 引入重大水利工程项目的公众参与决策机制,以人为本,提高群众的满意程度。在表 1-18 社会稳定风险脆弱性主要影响因素的分析中,可以看出社会舆论状况也是风险脆弱性的关键因素之一,社会舆论是基于“多数人”利益与需要的共同意志的外化效果,对社会系统具有预警、反映与监督的作用。因此需要公众参与重大水利工程项目的决议,这是我国社会主义社会以人为本指导思想的具体体现。一方面,能够体现出公众对于重大水利工程项目的利益诉求,有利于降低公众的不满情绪，弱化建设区域的社会矛盾，减少社会冲突，从而降低社会稳定风险的脆弱性。另一方面，公众参与重大水利工程项目决策的过程，对项目的参与方形成一定的监管，起到一个双向监督的作用，提高公众的决策参与度，进而防范社会稳定风险的不断累积。

(4) 发展是社会稳定的前提与基础，大力推动建设区域经济发展。社会的稳定和谐在很大程度上取决于生产力的发展和发展的协调性。在表 1-18 主要影响因素分析中，产业结构的优化、社会保障、社会公平、社会秩序与社会舆论的应对能力在一定程度上需要依赖区域经济的发展水平。因此，切实采取适当的措施恢复建设区域的经济发展，弥补当地的经济发展缺口与瓶颈，提高经济社会的发展水平。唯有经济的发展，才能更有利于有效地降低风险脆弱性的敏感程度，提高风险脆弱性的应对能力，从而减小社会稳定风险发生的可能性。

2) 过程中的控制策略

风险脆弱性的爆发具有一定的积累与放大作用，当社会稳定风险一旦发生时，如果政府不积极妥善地进行处理，将会产生严重的不堪设想的后果，给国家与人们的财产生命安全造成危害，因此需要利益相关方的互相配合，通力合作，及时有效地进行信息沟通与传达。在表 1-18 主要影响因素的分析中，如果产业结构出现问题、社会公平和社会秩序被打乱、社会舆论逐渐恶化，将会导致社会稳定风险的脆弱性增强，影响社会的和谐与稳定。因此，政府部门作为社会公共事务的管理者，在社会稳定风险事故发生后，需要主动站出来承担应有的社会责任与社会义务，从而在社会稳定风险既定的情况下减小风险的进一步放大作用。与此同时，还需要提高政府的公信度，做出切实可行的移民安置补偿或社会保障福利政策。唯有一个具有公信力的政府的存在，才能使社会公众有信心应对各类社会稳定风险问题。也只有这样，才能促进经济社会的发展，使国家社会顺利实现社会主义现代化转型的任务和历史使命。

2 基于粗糙集和模糊区间数的重大水利工程评标方法

由于重大水利工程投资额度大、施工技术复杂，最大程度择优选择承包商即显得更为重要，而采用公开招标，不仅有利于公平市场竞争机制的形成，而且也有助于建设单位择优选择承包商。而招投标结果受评标方法影响较大，因此制定科学合理、适用性强的评标方法显得尤为重要。目前的招投标方法主要是基于评标指标权重求出各投标方案的加权线性综合评分值，依据分数排序选择中标人，其在评标指标体系和评标模型方面还存在着不足之处，因此有必要对此进行深入研究，从群决策角度出发，建立一种行之有效的定性与定量相结合的工程施工项目评标方法。

2.1 主要内容、方法及技术路线

2.1.1 主要内容

本章主要从以下两个方面展开：

(1) 建立基于粗糙集属性约简的重大水利工程项目评标指标体系。首先阐述重大水利工程项目评标指标体系建立的基本思路和原则；然后对指标体系进行初步设计，并详细阐述指标参数的含义；同时，建立基于粗糙集属性约简的指标筛选模型，对方法的适用性展开论证并详细叙述该方法的建立步骤；在此基础上建立重大水利工程项目评标指标体系。

(2) 构建基于模糊区间数的重大水利工程项目评标模型。在构建工程施工项目评标群决策模型框架的基础上，依次处理三个问题：基于相对偏差距离的专家综合权重的确定，基于群体偏好最大一致性的指标权重的确定，以及基于相对熵的专家群体偏好的集结。

2.1.2 研究方法

该部分主要采取文献研究法、定性定量研究法、数理模型分析法、规范分析与实证分析结合法进行重大水利工程项目评标群决策方法的研究。

(1) 文献研究法。通过大量文献的阅读，了解国内外有关重大水利工程项目评标和模糊多属性群决策方法的主要研究现状，归纳总结，并提出现有研究中的不足之处，以此来确定研究主题。

(2) 定性与定量相结合。先采用定性分析法探讨重大水利工程项目评标指标体系建立的基本思路和原则，然后建立基于粗糙集属性约简的指标筛选模型[43]，将指标体系建立具体量化[44]。

(3) 数理模型分析法。建立基于模糊区间数的重大水利工程项目评标群决策模型，通过该模型可有效地处理各位专家给出的模糊区间数打分矩阵[45]。

(4) 规范分析与实证分析相结合。在构建的重大水利工程项目评标群决策模型的基础上[46]，最后以某重大水利工程项目评标为例，用案例分析的方法验证模型的合理性和可操作性。

2.1.3 技术路线

主要分为基础研究、模型研究和实证研究三个部分，遵循的是提出问题 — 分析问题 — 解决问题 — 结论的逻辑路线。

1) 基础研究部分

在基础研究部分，主要是提出问题和分析问题。首先介绍研究背景及意义；其次在文献综述的基础上，总结出以往重大水利工程项目评标方法存在的问题，并在此基础上展开对重大水利工程项目招投标整体的叙述；再次重点介绍目前国内重大水利工程项目常用的评标方法并分析还存在的问题；最后阐述群决策理论及其在重大水利工程项目评标方法应用上的适用性。

2) 模型研究部分

在模型研究部分，本书主要构建了四个模型，解决了研究的主要问题。

第一，是基于粗糙集属性约简的重大水利工程项目评标指标体系模型解决指标信息冗余和不必要的问题，精简了指标体系，提高了评标效率和质量。

第二，基于相对偏差距离的专家综合权重确定模型赋予专家不同的权重。

第三，基于群体偏好最大一致性的指标权重确定模型赋予指标权重。

第四，基于相对熵的专家群体偏好集结模型解决最终的评标方案排序问题。

3) 实证研究部分

在实证研究部分，将模型研究部分构建的重大水利工程项目评标指标体系和评标模型应用到具体案例中，以体现该评标指标体系和群决策模型在工程施工项目评标中应用的适用性和可操作性。

技术路线详见图 2-1。

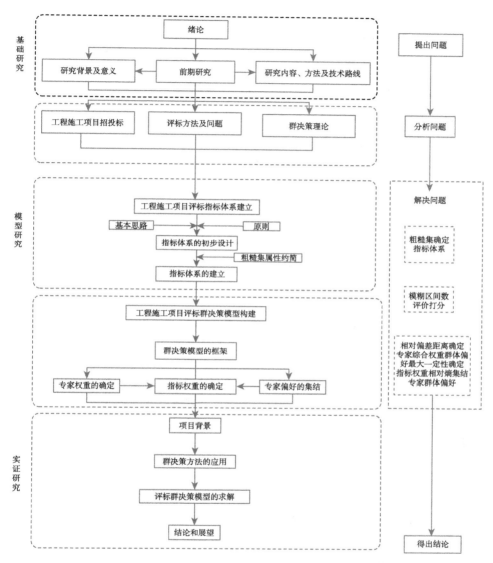

图 2-1 重大水利工程评标方法研究技术路线图

2.2 基于粗糙集的重大水利工程项目评标指标体系建立

评标指标体系[47]的建立是对重大水利工程项目进行评标的基础。科学合理的指标体系有助于评标专家全面了解要评标的重大水利工程项目的情况，是进行评标所必需的工具。该部分将在前人研究的基础上，根据重大水利工程项目的内涵、特征及影响因素，初步设计重大水利工程项目评标指标体系，然后基于粗糙集的属性约简法对指标进行筛选，从而对重大水利工程项目评标指标体系进行优化。

2.2.1　工程项目评标指标体系建立的基本思路及原则

1. 重大水利工程项目评标指标体系建立的基本思路

建立重大水利工程项目评标指标体系是一个复杂的过程。本书结合重大水利工程项目的内涵及评标目标，在总结已有文献对重大水利工程项目多方面综合评标的基础之上，确定以下思路，展开研究：

(1) 对重大水利工程项目评标指标体系进行整体设计，建立由目标层、准则层和指标层三个层次构成的评标指标体系框架。

(2) 根据重大水利工程项目的内涵及其影响因素，结合现有的重大水利工程项目评标的指标体系设计方法，确定指标体系中的准则层。

(3) 围绕已确定的准则层，借助文献研究法、实地调研法，统计指标出现的频率，初步选定重大水利工程项目评标的指标。

(4) 为了对初选的指标进行筛选，建立基于粗糙集属性约简法的指标筛选模型[43]。

2. 重大水利工程项目评标指标体系建立的原则

前文已经多次提到过，对重大水利工程项目的评标涉及多方面的因素，是一个复杂而又系统的过程，因此，设计科学、全面的评标指标体系是取得可靠评标结果的前提。要构建一个具有科学性、合理性的评标指标体系，首要步骤是确立指标建立的原则。在综合分析重大水利工程项目的特征及影响因素的基础上，应遵循如下原则来建立评标指标体系。

1) 全面性

即能全面体现重大水利工程项目的各个方面。无论研究评价何种事物，都需要对其进行全方位的认识，评标也不例外。如果单从某个方面来考虑，那研究的结论必然不能体现事物的完整性，难免有失偏颇，甚至出现错误。重大水利工程项目评标涉及的内容很多，因此在评标指标的设立上要全面涵盖重大水利工程项目的商务指标、技术指标和企业信誉等方面，而且要做到主观与客观相结合，这样才能完整地反映出重大水利工程项目的真实情况。

2) 代表性

即能代表重大水利工程项目各方面的特点。重大水利工程项目涉及多个方面的内容，且每个方面的内容又可用许多类型的指标来衡量，若把所有相关指标都一一列出进行评标，那势必大大增加研究和实际评标的工作量，并且好多指标所反映的内容有重叠，不利于得出科学合理的结论。因此，在评标时，需要选择每个准则下最有代表性的指标，既能完整体现评标内容，又不存在冗余重叠。

3) 可得性

即指标数据可获得，具有操作性。在进行评标时，单单建立指标体系是不够的，还需要用具体实证进行数据分析。这就需要每个指标的数据都能够通过各种可公开的信息进行搜集，在保证真实性的基础上，运用定量分析方法进行计算研究。因此，在确立重大水利工程项目评标指标时，必须考虑指标的可获得性和可操作性，避免数据捏造造成的研究结果没有意义。

4) 适用性

目前，我国重大水利工程项目种类繁多，评标在总体原则上遵照《招投标法》和《评标委员会和评标办法暂行规定》的有关规定，但各个地区在具体操作时所看重的指标及地方政府的有关规定也不尽相同。因此，在进行重大水利工程项目评标指标体系建立时，有意避开了针对具体某类重大水利工程项目，而是基于重大水利工程项目的共性特点，使得这套指标体系能够普遍适用，旨在展示一种定性与定量相结合的重大水利工程项目评标指标体系建立的方法。

2.2.2 重大水利工程项目评标指标体系的初步设计

2.2.2.1 指标体系的初步建立

根据重大水利工程项目的特征及其影响因素，借鉴已有的研究成果，基于文献研究法（附录 3），初次选定了重大水利工程项目评标的指标，共计 23 个指标（表 2-1），采用问卷调查法（附录 4 调查问卷）进行初次筛选。

将初步筛选的重大水利工程项目评标指标体系分为目标层、准则层和指标层三个层次[48]，详见表 2-2。

第一层是目标层，即重大水利工程项目评标。

第二层是准则层。准则层是将目标层的内容分解成重大水利工程项目评标构成部分，可以更直观、更系统地体现评标内容。本部分研究的准则层主要是重大水利工程项目评标所包含的商务指标、技术指标和企业信誉三方面的指标。

第三层是指标层。指标层从更加细致、具体的层面确立了重大水利工程项目评标的具体内容，是评标指标体系中最基础、最底端的层面，是实现评标目标的具体手段。根据问卷调查法所得数据，初步筛选后，重大水利工程项目评标指标体系指标层共计剩余 17 个指标。

2.2.2.2 指标参数的含义

各指标参数的含义作如下说明。

表 2-1　重大水利工程项目评标指标体系初次选定

目标层	准则层	指标层
重大水利工程项目评标	商务指标	用款计划
		总报价
		单价评审
	技术指标	施工总体规划
		施工进度计划
		主要施工方案
		主要施工工序
		主要人员配置
		施工资源配置计划
		分包商管理
		质量保证措施
		验收检查制度
		安全文明施工
		环境保护
		技术建议及替代方案
	企业信誉	类似工程施工经验
		企业资质
		企业资信
		企业经营业绩
		已完工程获奖情况
		合同履行情况
		企业财务状况
		企业营运能力

表 2-2　重大水利工程项目评标指标体系初步筛选

目标层	准则层	指标层
工程施工项目评标	商务指标 A	用款计划 A_a
		总报价 A_b
		单价评审 A_c
	技术指标 B	施工总体规划 B_a
		施工进度计划 B_b
		主要施工方案 B_c
		主要人员配置 B_d
		施工资源配置计划 B_e
		分包商管理 B_f
		质量保证措施 B_g
		安全文明施工 B_h
		技术建议及替代方案 B_i
	企业信誉 C	类似工程施工经验 C_a
		企业资质 C_b
		企业经营业绩 C_c
		合同履行情况 C_d
		企业财务状况 C_e

1. 商务指标

主要分为用款计划、总报价和单价评审。

1) 用款计划

在重大水利工程项目实施过程中，施工方的现金流是否有保障决定着重大水利工程项目能否顺利实施。因此，投标人需要在工程的实际情况和施工进度的基础上编制科学合理的资金使用计划，包括用款数量和用款时间等内容。编制科学的用款计划有利于节约投资。

2) 总报价

专家在评审各方案的报价时，首先应当明确工程的合同形式。自从 2007 年工程量清单计价模式正式施行以来，已经逐步取代传统的定额计价方式。因此现阶段的重大水利工程项目合同也一般是固定单价合同，较少采用固定总价的合同方式。投标人的总报价一直是重大水利工程项目评标工作的重点审核内容，这是由于投标总报价的高低与招标人和投标人的切身利益紧密相关。然而在单价合同的形式下，由于招标文件中的清单工程量只是个供参考或者说大概估计的工程量，在工程的实际实施过程中存在很大的变动性和变动空间。因此，在工程量清单计价模式下单纯对投标总价进行评审是不科学的[49]。

3) 单价评审

在重大水利工程项目招标中，有些工程由于设计图纸深度不够等原因使得招标文件工程量清单提供的工程量一般为估计工程量，并不作为支付依据，而只是在投标人投标报价时使用。在实际支付时需要根据实际完成的工程量结合合同中的综合单价进行支付，这类重大水利工程项目招标所签订的合同就是单价合同，投标总价并不是最终的工程项目的造价，因此，在单价合同形式下，对决定工程项目实际造价的主要因素为清单项目的综合单价。在对该类工程项目招标进行经济评审时并不能只看投标单位的总投标报价，对清单项目的综合单价进行详细分析也是至关重要的。现阶段的工程承建单位很多都会采用"不平衡报价法"进行投标，达到"低价中标、高价索赔"的目的，即在工程项目的总价基本确定后，通过调整内部各个分部分项的综合单价，从而达到在不提高总价，不影响中标结果的基础上，而在工程结算过程中获取更好的经济效益。因此，评标委员会在进行单价评审时应当重点审核"不平衡报价"[50]。

(1) 分部分项工程量清单单价评审。对清单中那些对工程造价影响较大的主要项目进行单价分析即可，因为重大水利工程项目的工程量清单项目通常很多，若对全部综合单价都进行分析比较，则工作量太大，浪费时间。

(2) 措施项目清单报价评审。指的是发生于工程施工前期和施工过程中的但又不构成工程实体的项目。对措施项目清单报价的评审主要分析投标人的报价是否结合所招标工程的实际情况合理报价。

(3) 其他项目清单报价评审。一般包括暂估价计工日和总承包服务费。有时候也会不设置此项，而是体现到其他的项目清单中。

(4) 零星工程清单报价评审。指的是投标人在零星工作项目清单的基础上，结合重大水利工程项目的具体情况，对工程实施中可能或实际变更的零星工程的报价。在对该项进行评审时主要分析方案中所列出的人、材、机的计量单价。

2. 技术指标

主要反映的是投标人将如何具体实施本项工程，这就需要基于合理性、可行性等原则，评审投标人在完成全部重大水利工程项目有关质量、技术、工期等要求上具备的技术实力。主要包括施工总体规划、施工进度计划、主要施工方案、主要人员配置、施工资源配置计划、分包商管理、质量保证措施、安全文明施工、技术建议及替代方案。

1) 施工总体规划

指的是在整个施工过程中在空间、时间上的总体计划。首先是在空间上对施工现场的总体布置。主要包括但不限于施工期间施工现场的各项临时设施布置，在对施工现场的分区和分期布置方案进行深入详细研究的基础上，对工程施工期间所需的各项物资和基础设施进行科学合理的规划和布置，从而有利于加快施工进度、保证工程质量。

2) 施工进度计划

主要是对投标人的施工总进度安排能否在规定日期内全部完工或提前竣工进行审查。审查的重点包括但不限于所有关键节点的起止时间，关键线路主要工序的衔接。

3) 主要施工方案

是整个工程施工过程的关键。为了保证施工顺利开展，对工程中施工难度大、技术要求高的部分要确定包括但不限于施工方法、施工机械在内的施工方案。对主要施工方案进行评审的目的主要是在保证重大水利工程项目质量的前提下优化施工方案，降低工程造价，提高效率。

4) 主要人员配置

主要考察拟派往该项目的主要技术及管理人员的数量、资质、工作经验等方面。其中，主要的技术负责人和项目经理是评审时的重点考察对象。

5) 施工资源配置计划

指的是施工过程中人力物力的使用计划，包括劳动力计划、材料配置计划和机械配置计划。

(1) 劳动力计划。作为重大水利工程项目施工的一线参与者，劳动力同时也是工程高质量、及时和安全完工的直接保证者,主要考察投标文件的劳动力计划表是否合理且可行。

(2) 材料配置计划。材料费用在重大水利工程项目的造价中通常占相当大比例,因此,要做到对工程的成本进行控制,就必须从各个方面对材料的费用和用量进行有效控制。

(3) 机械配置计划。在工程的施工过程中,需要配合协同作业的施工机械数量通常较多,因此,机械设备是顺利完成重大水利工程项目的必要条件和保证工程质量的有效前提,自然也是评标时要考虑的施工资源配置计划中重要的一项。

6) 分包商管理

重大水利工程项目的整个建设过程参与方众多,投标人在中标后一般都是以分部分项工程或者更细分的单元分包出去的模式,因此,如何协调各参与方,即各分包商、统筹安排、保证工程有序开展、不互相扯皮、不影响工程质量、严格把关、不影响进度计划等,也是对投标人进行考察的一个重要方面。

7) 质量保证措施

是指投标人为了使工程质量满足一定的要求而采取的一系列措施和手段。对质量保证措施进行评审主要考察投标人的验收检查制度是否科学合理,质量保证体系是否全面完善,各项质量措施是否规范可行。

8) 安全文明施工

安全文明施工与"质量、进度、成本"三大目标同样重要,不可忽视。文明施工与安全隐患紧密相连,不符合要求会对人们的健康和安全存在威胁。承包商在编制投标文件时必须包含安全生产、劳动保护的技术保障措施计划,在工程施工过程中要规范化施工。

9) 技术建议书和替代方案

技术建议书主要包括投标人对招标项目的理解(项目概括、项目功能、技术标准和工程规模等)和总体的设计思路,重点在于对关键施工方案和关键施工工序的理解的基础上,自身如何具体的实施。而替代方案指的是通常情况下完成同样的目标的方式有多种,投标人在此处要根据自身的综合技术实力和对本次重大水利工程项目的理解,提出更合理更经济的施工方案等,这也是体现投标人技术实力一个很重要的方面,因此也是评审的重要方面。

3. 企业信誉

主要通过考察企业的信誉状况、财务状况,来判断其是否有能力完成本项工程。主要包括类似工程施工经验、企业资质、企业经营业绩、合同履行情况和企业财务状况。

1) 类似工程施工经验

主要考察投标人最近三年在类似条件下的工程经验。投标人在方案中必须要根据实际情况列出近三年来类似完工的重大水利工程项目，禁止瞎编乱造，要写明具体完工的项目名称、时间等可供实际查证的真实信息。

2) 企业资质

企业的资质直观体现了该企业的工程业绩、施工技术、管理水平等能力。比如说，我国工程施工总承包企业的资质一般分为特级、一级、二级、三级，在投标时，施工企业首先必须满足最基本的资质要求。

3) 企业经营业绩

企业经营业绩主要通过企业在经营、成长、发展过程中所取得的成果来体现。具体到建筑企业来说，就包括但不限于企业获得相关工程质量评比奖项的级别。

4) 合同履行情况

指的是根据所订立合同，实际履行行为的情况。能够很好地反映出投标人的诚信状况，关注重点在于投标人在以往的合同中毁约情况。

5) 企业财务状况

盈利能力、偿债能力、营运能力能够综合反映企业的支付能力、经营实力和经营状况。专家在考核和审核投标人的综合实力时，这些指标所提供的财务信息能够较全面地反映企业的财务状况和经营成果。

2.2.3　指标筛选模型

1) 方法选择

评标指标体系的建立对重大水利工程项目评标工作的开展非常重要，选取的指标是否合理将会直接影响到重大水利工程项目评标结果的科学性。在重大水利工程项目评标过程中，为了明确重大水利工程项目情况，往往需要收集很多的数据资料。由于影响重大水利工程项目的因素较多且复杂交叉，致使部分数据搜集困难或根本无法获取，这就影响了重大水利工程项目评标结果的可靠性。鉴于此，需要对重大水利工程项目评标的指标进行筛选，提高评标的工作效率。因此，如何通过科学的指标筛选方法来删去信息冗余和不必要的指标，又不失去评标时所需要的基本信息将是一个难题。本书在初步设计重大水利工程项目评标指标集的基础上，通过基于粗糙集理论的属性约简方法来获得精简的评标指标体系。

1982 年，Pawlak[51]提出粗糙集 (rough set) 理论，该理论是一种对不精确、不完整知识进行表达、学习、归纳的方法。粗糙集理论在处理不确定信息时，具有很强的客观性，它既不会受到某些前提条件的约束，也不需要采用统计学中一些方法所依赖的先验性知识，例如概率分布、隶属度函数等[52]。因而在计算机、工程应用、管理等众多领域得到了广泛的应用。

　　属性约简是粗糙集的核心内容之一，粗糙集理论的主要思想是基于分类能力不变的前提，利用已知的知识库，通过知识约简，将不完整、不精确的知识用知识库中的知识来刻画，以删除其中不相关或不重要的知识。因此，可以使用基于粗糙集理论[52]的属性约简方法对重大水利工程项目评标指标进行筛选，删除掉其中不相关或不重要的评标指标，进而建立精简的评标指标体系。基于粗糙集理论的属性约简方法的基本原理是：将所要筛选的初步设计的评标指标集[53]作为评标结果的属性，在此基础上，建立起各种属性的二维属性约简矩阵，并构建关系差别矩阵，再将属性约简矩阵经过约简后得到的等价矩阵作为最小约简结果，约去初步设计的评标指标集中不相关或不重要的属性。经过属性约简后的评标指标体系与初步设计的评标指标体系具有相同的功能，在约简后的评标指标体系中属性更少。

　　粗糙集理论认为，信息系统 S 可表示为有序四元组：

$$S = \{U, A, V, F\} \tag{2-1}$$

式中，$U = \{x_1, x_2, \cdots, x_n\}$ 为全体样本集；$A = \{a_1, a_2, \cdots, a_m\}$ 为有限属性的非空集合，可进一步分为两个互相独立的子集，即 $A = C \cup D, C \cup D = \varnothing$，其中，反映对象的特征条件属性集为 C，反映对象类别的决策属性集为 D。设 $V = \cup p \in AV_p$，V_p 表示属性 $P \in A$ 的属性值的范围，即属性 P 的值域；$f : U \times A \to V$ 称为用于确定 U 中任一个对象 x 的属性值信息函数，即 $\forall q \in A, x \in U, f(x_i, q) \in V_q; \forall B \subseteq A, R(B)$ 称为不可分辨关系（等价类）。

$$R(B) = \{(x_i, x_j) \in U \times U \mid \forall a \in B, f(x_i, a) = f(x_j, a)\} \tag{2-2}$$

　　属性子集 B 将全体样本集 U 划分为若干等价类，称 B 为基本元素。对 B 来说，各等价类内的样本集皆是不可分辨的，表明知识是有粒度的。

　　假设 R 为非空有限样本的集合 B 上的一个等价关系族，存在 $r \in R$，如果 $\mathrm{ind}(R) = \mathrm{ind}(R - \{r\})$，则称 r 为 R 中可省略的，否则称 r 为 R 中不可省略的。其中，$\mathrm{ind}(R)$ 表示集合中元素关于 R 的不可分辨关系 (indiscernibility relation)。

　　假设 P、Q 为非空有限样本的集合 U 上的两个等价关系族，对于属性子集 $p \subseteq R$，若存在 $Q = p - r, Q \subseteq p$，使得 $\mathrm{ind}(Q) = \mathrm{ind}(P)$，且 Q 是最小子集，则称 r 为 R 中可省略的，并将 Q 称为 P 的简化，记为 $\mathrm{red}(P)$，P 的所有简化属性集中包含不可省略关系的集合，即简化集 $\mathrm{red}(P)$ 的交称为 P 的核，$\mathrm{core}(P) = \cap \mathrm{red}(P)$，记为 $\mathrm{core}(P)$。

　　令 P 和 S 为 U 中的两个等价关系，$U/S = \{X_1, X_2, \cdots, X_n\}$，$S$ 的 P 正域记为 $\mathrm{pos}_p(S)$，即 $\mathrm{pos}_p(S) = \bigcup_{i=1}^{n} P - (X_i)$。

　　若存在 $r \subseteq R$，有 $\mathrm{pos}_p(S) = \mathrm{pos}_{p-r}(S)$，则称 r 为 P 中可省略的，$P - \{r\}$ 为 P 的 S 相对简化。

$a(x)$ 是基本对象 x 在属性 a 上的值，差别矩阵 M 是 $n \times n$ 维度的，其中 n 表示基本对象的数目，差别矩阵中的元素则定义为所有可识别基本对象 x_i 与 x_j 属性的集合。若决策属性 D 不同且条件属性 C 也不相同，则元素值是互不相同的属性组合；若决策属性 D 相同，则元素值为 $\varnothing$；若决策属性 D 不同而条件属性却完全相同，则意味着此时提供条件属性不足或数据有误，在进行属性约简时则不予考虑，即

$$c = \begin{cases} a \in A, a(x_i) \neq a(x_j), D(x_i) \neq D(x_j) \\ \varnothing \end{cases} \tag{2-3}$$

2) 方法适用性分析

指标体系的设计对重大水利工程项目评标的开展非常重要，选取的指标是否合理将会直接影响到重大水利工程项目评标结果的有效性和可靠性。由重大水利工程项目的特征可知，对其进行评标时，资料搜集难度大，这将给评标工作造成很大的困难。因此，如何通过科学的指标筛选来筛选掉不必要或冗余的指标，又不失去人们需要的基本信息，提高评标工作的效率，最终保证评标结果的有效性和可靠性将是一个难题。

基于粗糙集的属性约简法不需要预先知道其他额外的信息或条件，算法相对来说比较简单，并且易于操作。除此之外，在保持数据信息分类和决策水平不变的条件下，通过约简法来筛选掉不必要或冗余的信息，同时又能保留人们所需要的基本信息，进而缩小搜索空间，提高效率。经该方法处理得到的决策规则和推理过程相对于理论工具的代表，如神经网络等，更易于被证实和检测。综上所述，这种方法正是本书在筛选指标时适用的一种方法。

3) 建立基于粗糙集属性约简模型的基本步骤

在上述理论介绍和分析的基础上，针对重大水利工程项目的特征，给出建立基于粗糙集属性约简模型的基本思路：

步骤 1　明确属性集 A。深入分析所有的搜集到的相关资料和研究成果，确定初始评标指标集，又称为条件属性，同时明确决策属性。

步骤 2　收集数据。首先根据自身所拥有的条件分析已有的历史数据。若现有的数据样本还缺少或不够多，在条件许可的情况下，可以通过各种方法来收集数据，如问卷调查法等。

步骤 3　属性值语义的界定。对每个属性进行分级，每个等级的赋值要根据各属性的实际情况而定，并界定所有属性值。

步骤 4　建立属性约简决策表。属性约简决策表中每一项数据都是论域中的一个元素，每一行代表一个属性，决策属性列在最后一行。搜集 r 个样本的信息，

并由这些信息构成样本集，并在步骤 3 的基础上，明确各样本所对应的属性值，以此构成决策表。

步骤 5 属性约简。

步骤 6 建立差别矩阵 M。依据差别矩阵原理，若决策属性 D 不同且条件属性 C 也不相同，则元素值为互不相同的属性组合；若决策属性 D 相同，则元素取 $\phi(\varphi)$；若决策属性 D 不同而条件属性 C 相同，则表示此时提供条件属性 C 不足或数据有误，不予考虑。差别矩阵 M 的每一个元素的取值按照式 (2-3) 来确定。

步骤 7 筛选指标。在 M 的基础上，根据式 (2-4) 计算各指标的重要性和累计百分比，然后根据已确定的累计重要性的阈值，进行指标筛选。

$$f(x) = \sum_{i=1}^{r} \sum_{j=1}^{r} \frac{\lambda_{ij}}{|m_{ij}|} \tag{2-4}$$

式中，$\lambda_{ij} = \begin{cases} 0, x \notin m_{ij} \\ 1, x \in m_{ij} \end{cases}$，$|m_{ij}|$ 表示 m_{ij} 包含指标的个数。

2.2.4 基于粗糙集的重大水利工程项目评标指标筛选

1) 指标筛选过程

本书将基于粗糙集的属性约简模型应用于重大水利工程项目评标的指标筛选，实现指标集的简化和优化。具体操作步骤如下：

步骤 1 确定属性集 A。属性集 $A = C \cup D$，其中，条件属性集 $E = \{$ 重大水利工程项目评标的初始评标指标 $\}$，对其进行编号，记 $C = \{A_a, A_b, \cdots, C_e\}$；决策属性集 $D = \{$ 评标的结果 $\}$，记 $D = \{a\}$。因此，属性集 $A = \{$ 用款计划，总报价，$\cdots$，企业财务状况，评标结果 $\}$。

步骤 2 界定属性值语义。即为步骤 1 中所确定属性 A 进行赋值，采用 1，2，3，4 级，根据各属性的实际情况进行赋值。比如对于用款计划，可以设定 1，2，3，4 四个值，分别对应：用款计划不合理，不利于重大水利工程项目开展；用款计划较合理，对重大水利工程项目开展没有太大影响；用款计划合理，对重大水利工程项目开展有一定的促进作用；用款计划很合理，对重大水利工程项目开展有很大促进作用。

步骤 3 针对上述属性，由搜集的 10 个不同类型的重大水利工程项目评标的信息构成样本集 U，记 $U = \{y_1, y_2, \cdots, y_{10}\}$，在步骤 2 的基础上，明确各样本所对应的属性值，以此构成属性约简决策表，如表 2-3 所示。

步骤 4 在属性约简决策表的基础上，应用式 (2-3) 建立差别矩阵，如表 2-4 所示。

表 2-3　属性约简决策表

属性集 A	样本集 U									
	1	2	3	4	5	6	7	8	9	10
用款计划 A_a	2	3	3	3	2	2	2	2	3	3
总报价 A_b	3	3	3	4	3	3	2	4	3	2
单价评审 A_c	3	2	3	2	3	2	4	2	2	3
施工总体规划 B_a	3	4	3	2	3	2	2	3	4	3
施工进度计划 B_b	3	3	3	3	3	3	3	3	3	3
主要施工方案 B_c	4	3	3	4	3	2	1	3	2	3
主要人员配置 B_d	2	3	3	3	2	2	2	2	3	3
施工资源配置计划 B_e	4	3	4	3	3	4	2	3	3	4
分包商管理 B_f	3	3	3	2	2	2	3	3	3	3
质量保证措施 B_g	2	3	1	2	4	3	2	4	3	3
安全文明施工 B_h	3	4	4	3	3	4	2	3	3	2
技术建议及替代方案 B_i	2	3	2	3	3	3	3	3	3	3
类似工程施工经验 C_a	3	3	3	3	4	3	3	3	3	2
企业资质 C_b	2	3	3	3	3	2	2	2	3	3
企业经营业绩 C_c	2	4	4	3	3	3	3	2	3	2
合同履行情况 C_d	3	3	3	3	2	3	3	3	3	2
企业财务状况 C_e	3	3	3	4	3	3	2	4	2	3

表 2-4　差别矩阵

项目	1	2	3	4	5	6	7	8	9	10
1	φ									
2	φ	φ								
3	Q_{31}	Q_{32}	φ							
4	Q_{41}	Q_{42}	φ	φ						
5	Q_{51}	Q_{52}	φ	φ	φ					
6	Q_{61}	Q_{62}	φ	φ	φ	φ				
7	φ	φ	Q_{73}	Q_{74}	Q_{75}	Q_{76}	φ			
8	φ	φ	Q_{83}	Q_{84}	Q_{85}	Q_{86}	φ	φ		
9	Q_{91}	Q_{92}	φ	φ	φ	φ	Q_{97}	Q_{98}	φ	
10	Q_{101}	Q_{102}	φ	φ	φ	φ	Q_{107}	Q_{108}	φ	φ

$Q_{31} = \{A_a, B_c, B_d, B_g, C_h, C_b, C_c\}$; $Q_{32} = \{A_c, B_a, B_e, B_g, B_i\}$;

$Q_{41} = \{A_a, A_b, A_c, B_a, B_b, B_d, B_e, B_i, C_b, C_c, C_e\}$;

$Q_{42} = \{A_b, B_a, B_b, B_c, B_g, B_h, C_c, C_e\}$;

$Q_{51} = \{B_c, B_e, B_f, B_i, C_a, C_b, C_c, C_d\}$;

$Q_{52} = \{A_a, A_c, B_a, B_d, B_f, B_g, B_h, C_a, C_d\}$;

$Q_{61} = \{A_c, B_a, B_c, B_f, C_i, C_c\}$; $Q_{62} = \{A_a, B_a, B_c, B_d, B_f, B_g, B_h, C_b, C_c\}$;

$Q_{73} = \{A_a, A_b, A_c, B_a, B_c, B_d, B_e, B_g, B_i, C_b, C_c, C_e\}$;

$$Q_{74} = \{A_a, A_b, A_c, B_b, B_c, B_d, B_e, B_h, C_b, C_e\}$$

$$Q_{75} = \{A_b, A_c, B_a, B_c, B_e, B_f, B_g, C_h, C_a, C_b, C_d, C_e\}$$

$$Q_{76} = \{A_b, A_c, B_c, B_e, B_f, B_g, B_h, C_e\}$$

$$Q_{83} = \{A_a, A_b, A_c, B_d, B_e, B_g, B_h, B_i, C_b, C_c, C_e\}$$

$$Q_{84} = \{A_a, A_b, B_a, B_b, B_c, B_d, B_e, B_h, C_b, C_c\}$$

$$Q_{85} = \{A_b, A_c, B_f, B_h, C_a, C_b, C_c, C_d, C_c\};$$

$$Q_{86} = \{A_b, B_a, B_c, B_e, B_f, B_g, B_h, C_c, C_e\};$$

$$Q_{91} = \{A_a, A_c, B_a, B_b, B_c, B_d, B_e, B_g, B_i, C_b, C_c, C_e\};$$

$$Q_{92} = \{A_b, B_b, B_c, B_h, C_c, C_e\};$$

$$Q_{97} = \{A_a, A_b, A_c, B_a, B_b, B_c, B_d, B_e, B_g, B_h, C_b\};$$

$$Q_{98} = \{A_a, A_b, B_a, B_b, B_d, B_g, B_h, C_b, C_c, C_e\};$$

$$Q_{101} = \{A_a, A_b, B_c, B_d, B_g, B_h, B_i, C_a, C_b, C_d\};$$

$$Q_{102} = \{A_b, A_c, B_a, B_e, B_h, C_a, C_c, C_d\};$$

$$Q_{107} = \{A_a, A_c, B_a, B_c, B_d, B_e, B_g, B_h, C_a, C_b, C_c, C_d, C_e\};$$

$$Q_{108} = \{A_a, A_b, A_c, B_a, B_b, B_g, C_a, C_d, C_e\};$$

步骤 5 依据式 (2-4) 计算各指标的重要性及累计百分比，如表 2-5 所示。

表 2-5　各指标重要性及累计百分比

指标	重要性	修正重要性	累计百分比/%
质量保证措施 B_g	0.9071	0.0378	19.84
安全文明施工 B_h	0.9052	0.0377	23.61
企业经营业绩 C_c	0.8855	0.0369	27.30
主要施工方案 B_c	0.8728	0.0364	34.58
企业资质 C_b	0.7780	0.0324	48.26
单价评审 A_c	0.7535	0.0314	51.40
施工资源配置计划 B_e	0.7388	0.0308	60.71
施工总体规划 B_a	0.7333	0.0306	66.84
企业财务状况 C_e	0.6973	0.0291	72.80
总报价 A_b	0.6877	0.0287	74.67
主要人员配置 B_d	0.6850	0.0285	78.52
用款计划 A_a	0.6850	0.0285	81.38
施工进度计划 B_b	0.4247	0.0177	90.17
分包商管理 B_f	0.4149	0.0173	91.90
技术建议及替代方案 B_i	0.3999	0.0167	93.56
类似工程施工经验 C_a	0.3913	0.0163	96.86
合同履行情况 C_d	0.3913	0.0163	98.49

依据表 2-5，根据相关专家经验，将累计百分比达到 80% 以上的指标筛选掉，选取剩余的 11 项指标作为重大水利工程项目评标的指标体系。

　　综合考虑各方面因素，依据筛选原则，根据基于粗糙集的属性约简法，最终建立一套自上而下的多层次多属性的重大水利工程项目评标指标体系，如图 2-2 所示。

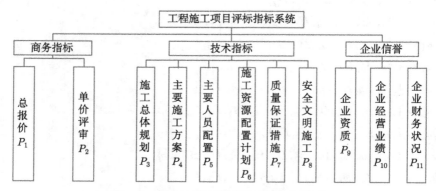

图 2-2　重大水利工程项目评标指标体系

2) 筛选结果分析

　　对比初步筛选后的重大水利工程项目评标指标体系和最终的指标体系，商务指标中的用款计划，技术指标中的施工进度计划、分包商管理、技术建议及替代方案，企业信誉中的类似工程施工经验和合同履行情况被筛选掉了。

　　分析可知，从招标人的角度出发，重大水利工程项目的招标在商务指标准则下最重视的是总报价和单价评审的报价，至于投标人的用款计划细节，应该是投标人中标后为了资金的使用效率更高和为自身创造更多的经济利益要考虑的，并不是招标人角度要考虑的商务指标因素，因而是不必要的指标。

　　从逻辑上来分析，技术指标层面的施工总体规划包含了施工平面布置和施工进度计划，因为施工进度计划作为信息冗余的指标，通过该粗糙集属性约简模型得到了有效地删除。本部分研究的角度是招标方，因而分包商管理理论上也是投标人中标后作为总包方自身内部管理应该更加考虑的因素。从招标方的角度来看，对于最终的指标体系也是不必要的指标，至于技术建议及替代方案，一方面通过其他诸如主要施工方案、施工总体规划等指标可以有效体现投标人的技术实力；另一方面该指标更多是作为招标文件中的补充性说明文件，因此也可以被筛选掉。

　　企业信誉准则下的企业经营业绩评价包括对企业类似工程施工经验、已完工程获奖情况和施工合同履行情况等方面的评价，因而类似工程施工经验和合同履行情况没必要再被单独列为最终的评价指标。

　　综上所述，这种基于粗糙集属性约简方法的筛选是符合重大水利工程项目评标实际情况的，对信息是无损的，仅筛掉了信息冗余或不必要的指标。

2.3 基于模糊区间数的重大水利工程项目评标模型构建

在重大水利工程项目评标指标体系建立完成之后，该部分的核心内容为重大水利工程项目评标群决策方法改进的第二部分，即构建合理可行的重大水利工程项目评标群决策模型。重大水利工程项目评标是模糊多属性群决策问题，因此从群决策的视角来说，包含三个问题的解决方案，分别为评标专家权重的确定问题、评标指标权重的确定问题和评标专家群体偏好的集结问题，并且上述三个问题的模型指导思想皆为最大化保证评标决策的合理、公平效果。由于重大水利工程项目评标指标体系是建立在普遍适用的基础上，指标存在较高的不确定性和模糊性，因此该部分在群决策方法中结合模糊数学的运用，力求消除模糊信息不确定性的影响，构建客观、实用且便捷的基于模糊区间数的重大水利工程项目评标群决策的模型。

2.3.1 模糊数理论

1) 模糊数的概念

定义 2-1　若论域 U 上给定映射 $u(x) : U \to [0,1]$，满足：$x \in U \to u(x) \in [0,1]$ 那么就称 $u(x)$ 确定了论域 U 上的一个模糊集 X。称 $u(x)$ 为 X 的隶属函数，其值称为 x，属于模糊集 X 的隶属度。

定义 2-2　设模糊集 $x \in R$，则 X 的 α 截集 X_α 是满足 $u_X(x) \geqslant \alpha$，$0 \leqslant \alpha \leqslant 1$ 的所有 $x \in \alpha$ 的集合，记为

$$X_\alpha = \{x \,|\, x \in X, u_X(x) \geqslant \alpha\}$$

X_α 是普通集合函数，即其特征函数（隶属函数）为

$$C_{X_\alpha} = \begin{cases} 1 & u_x(X) \geqslant \alpha \\ 0 & u_x(x) \geqslant \alpha \end{cases}$$

定义 2-3　$A \in X$ 是模糊集，若 A 的隶属函数，$u_A(x), \forall x_1, x_2 \in X, \lambda \in [0,1], u_A(\lambda x_1 + (1-\lambda)x_2) \geqslant \min\{u_a(x_1), u_a(x_2)\}$，就称 A 为凸模糊集。模糊数可看作一种特殊的模糊集，定义表述如下：

定义 2-4[54]　设 X 是 R 上的模糊集，其隶属函数为 $u(x)$。如果 X 满足：$\forall \alpha \in [0,1]$，X 的 α 截集都是凸集；$u(x)$ 是上半连续函数，存在 $x_0 \in X$，满足 $u(x_0) = 1$，就称 X 是一个模糊数。

模糊决策问题中，常用的模糊数有三角模糊数、梯形模糊数和模糊区间数，考虑到重大水利工程项目评标决策的实际和后期处理的方便，本部分研究采用模糊区间数。

2) 模糊区间数的运算法则

设 M, N 是两个模糊数, 对任意二元模糊运算 $(*): R(*)R \to R$, 模糊数 $Z = M(*)N$ 的隶属函数被定义为: $u_{M(*)N}(Z) = \sup\limits_{x,y,z=x(*)y \geqslant 0} \min\{u_M(x), u_N(y)\}$ 就可以得到模糊数的运算法则。

对于模糊区间数 $M = (a_1, b_1)$, $N = (a_2, b_2)$ 和确定数 λ, 对于模糊数的加减乘除以及幂运算分别如下:

$$M + N = (a_1 + a_2, b_1 + b_2)$$

$$M - N = (a_1 - a_2, b_1 - b_2)$$

$$M \times N = (a_1 \times a_2, b_1 \times b_2)$$

$$M \div N = (a_1 \div a_2, b_1 \div b_2)$$

$$M^{\alpha} = (a_1^{\alpha}, b_1^{\alpha})$$

3) 模糊区间数的距离

在模糊数理论中, 通常用两个含义正好相反的概念, 即距离和贴近度, 来反映模糊数之间的差异程度, 本部分研究采用距离来表示, 指的是两个模糊数之间差异程度的度量指标 (贴近度指的是相似程度), 距离越大表示差异越大。

常用的模糊距离有海明距离、闵可夫斯基距离、欧几里得距离 (以下简称欧氏距离) 等, 分别适用于不同的情形, 不再一一介绍。本部分研究采用的是欧氏距离, 定义如下:

$$d_M(A, B) = \left\{ \int (u_A(x) - u_B(x))^q \mathrm{d}x \right\}^{\frac{1}{q}}$$

2.3.2　群决策模型构建的框架

本部分研究构建的重大水利工程项目评标群决策模型是在已知评标专家对方案的模糊区间数打分矩阵和部分偏序 (偏好排序) 的基础上, 确定专家的综合权重以及评标指标的权重, 最后通过专家群体偏好集结模型求得最终的评标群决策结果, 根据这一结果对参与评标的方案进行优劣排序。

假设最终共有 m 份备选方案, $S = \{S_1, S_2, \cdots, S_m\}(m \geqslant 2)$ 为备选方案集合, 每份方案有 n 个评标指标, 记为评标指标集合 $P, P = \{p_1, p_2, \cdots, p_n\}(n \geqslant 2)$, 由 s 个评标专家组成的决策群体集合 $E, E = \{e_1, e_2, \cdots, e_s\}(s \geqslant 2)$, 对备选方案进行评标决策, 根据决策者的模糊区间数打分矩阵, 可得到一个信息系统 J, $J = \langle E, I, S \times P, V_{S \times P}, g \rangle$。其中 E 为决策群体集合, I 为决策群体对方案集的部分偏序集合, S 为备选方案集合, P 为评标指标集合。$S \times P = \{\langle s_i, p_j \rangle : i = 1, 2, \cdots, m; j = $

$1, 2, \cdots, n\}$，其中 $\langle s_i, p_j \rangle$ 表示评标专家对备选方案 s_i 中的指标 p_j 的评价，$V_{s \times p}$ 是评标专家对评标方案的所有指标的评分值的集合。函数映射 $g : E \times (S \times P) \to V_{s \times p}$ 表示：$\forall e_k \in E, \forall \langle s_i, p_j \rangle \in S \times P$，都有 $g(e_k \langle s_i, p_j \rangle) \in V_{s \times p}$

所建立的重大水利工程项目评标指标体系中，11 个指标均有较强的模糊性，此外，评标专家的能力水平、专业领域以及偏好、判断习惯不尽相同直接影响着判断估计的精确性。因此，采用模糊数的评价形式[55]来传递专家的评判信息具有更细致的颗粒度和准确性，也更能保留专家最原始的评判意图。结合本部分所梳理的重大水利工程项目评标指标特征，以及专家在评标实际中力求操作简洁、便捷与实用。本部分研究选取模糊区间数对不确定指标信息的处理方法。

继而可知，在上述建立的评标决策模型基本框架中，通过得到专家对备选方案集 11 个指标的模糊区间数打分矩阵，评分值采用 $V_{ij}^k = [V_{ij}^{-(k)}, V_{ij}^{+(k)}]$ 的形式，其中 $V_{ij}^{+(k)}$ 表示专家 e_k 给出的最高评价值，$V_{ij}^{-(k)}$ 表示最低评价值，$V_{s \times p}$ 为所有专家对评标方案的所有指标评价的模糊区间数集合。

2.3.3 基于相对偏差距离的专家权重确定

1) 专家权重确定模型的基本思路

重大水利工程项目评标的决策群体是随机从专家库里抽取的，人数必须是 5 人及以上单数，考虑到各个专家在决策经验、知识结构等方面的差异性，以及保证专家群决策的公平性，同时提高评标群决策的科学性和准确性，除了上文提到的采用模糊区间数来表达专家的评价意图之外，在本节的专家权重确定阶段，决定采用主观和客观相结合的方法来确定专家的综合权重值。

定义 2-5 σ_k 表示专家 e_k 的主观权重，满足 $\sigma_k \geqslant 0, \sum\limits_{k-1}^{s} \sigma_k = 1$；$\rho_k$ 表示专家 e_k 的客观权重，满足 $\rho_k \geqslant 0, \sum\limits_{k-1}^{s} \rho_k = 1$。

令 η_k 表示专家的综合权重：

$$\eta_k = \sigma_k^\alpha \times \rho_k^\beta \tag{2-5}$$

α, β 为专家主观权重和客观权重的加权几何系数，可由重大水利工程项目的性质和评标专家的组成情况自适应调整，只要满足 $\alpha + \beta = 1, \alpha > 0, \beta > 0$。

归一化后可得专家综合权重值 u_k：

$$u_k = \frac{\eta_k}{\sum\limits_{k-1}^{s} \eta_k} \tag{2-6}$$

满足 $\eta_k \geqslant 0, u_k \geqslant 0, \sum_{k-1}^{s} u_k = 1$。由此可见，综合权重值 u_k 能反映出专家的决策水平，u_k 越大，专家被赋予的决策权重越大，对决策结果的影响力也越高，但在以往的评标方法中，通常是两种处理方式，一是所有专家赋予相同的权重，即平均赋权模型；二是根据专家的知名度、地位、经验等赋予专家主观权重，但不管是平均赋权还是主观定性地给出专家的权重，都必然对评标结果造成很大影响，同时也忽视了对专家客观权重的确定。

因此，专家客观权重的求解是关键的步骤。综合群决策理论中决策者客观权重的各类求解方法，结合利用一致性的判断思想以及迭代调整方法，得到本部分研究对专家客观权重的求解思路：第一根据专家的个体决策矩阵得到群体决策矩阵；第二运用欧氏距离方法计算出专家个体决策矩阵与群体决策矩阵的相对偏差距离；第三通过比较相对偏差距离，得出专家的客观权重；第四通过主观和客观权重的加权得到专家综合权重，并进行多次迭代，最终得到稳定的专家权重值。

2) 评标专家权重确定模型的建立

为避免指标的量纲和指标类型对决策结果的影响，首先对指标评分值进行规范化处理。

定义 2-6　设 $V_k = (V_{ij}^k)_{m \times n}$ 为专家 e_k 的模糊区间数决策矩阵，其中 $V_{ij}^k = [V_{ij}^{-(k)}, V_{ij}^{+(k)}], \forall i \in \{1, 2, \cdots, x\}, \forall j \in \{1, 2, \cdots, y\}$。当指标均为效益性指标时，运用极差变换法将其规范化，可得到规范化决策矩阵 $V_k' = (V_{ij}'^k)_{x \times y}$。转换方法如下：

$$V_{ij}^{-(k)} = \frac{V_{ij}^{-(k)} - \min\limits_{i=1,2,\cdots,x}(V_{ij}^{-(k)})}{\max\limits_{j=1,2,\cdots,x}(V_{ij}^{+(k)}) - \min\limits_{i=1,2,\cdots,x}(V_{ij}^{-(k)})} \tag{2-7}$$

$$V_{ij}^{+(k)} = \frac{V_{ij}^{+(k)} - \min\limits_{i=1,2,\cdots,x}(V_{ij}^{-(k)})}{\max\limits_{j=1,2,\cdots,x}(V_{ij}^{+(k)}) - \min\limits_{i=1,2,\cdots,x}(V_{ij}^{-(k)})} \tag{2-8}$$

定义 2-7　设 $V_k = (V_{ij}'^k)_{m \times n}$ 为专家 e_k 的模糊区间数规范化决策矩阵，称 $V° = (V_{ij}°)_{m \times n}$ 为决策矩阵 $V_1, V_2, \cdots, V_s$ 的决策群体判断矩阵，如下：

$$V_{ij}° = \sum_{k-1}^{s} u_k V_{ij}'^k \tag{2-9}$$

对于代表专家 e_k 的模糊区间数决策矩阵 $V_k = (V_{ij}'^k)_{m \times n}$ 和决策群体判断矩阵 $V° = (V_{ij}°)_{m \times n}$，如有 $\forall i \in \{1, 2, \cdots, m\}, \forall j \in \{1, 2, \cdots, n\}, V_{ij}'^k = V_{ij}°$ 那么就认为矩阵 V' 和矩阵 $V°$ 是完全一致的。

群决策理论中普遍认可的观点是：个体的评价只有和群体评价趋同，才能被赋予较高的权重。本部分研究用一致性的概念来表示趋同，对于一致性的测度，采用欧氏距离公式计算。

定义 2-8 设 $V_k = (V_{ij}'^k)_{m \times n}$ 和 $V^\circ = (V_{ij}^\circ)_{m \times n}$ 分别为专家 e_k 与决策群体判断的模糊区间数决策矩阵，其中 $V_{ij}'^k = [V_{ij}'^{-(k)}, V_{ij}'^{+(k)}]$，$V_{ij}^\circ = [V_{ij}^{-(\circ)}, V_{ij}^{+(\circ)}]$，设 $\theta(V_{ij}'^k, V_{ij}^\circ)$ 表示 $V_{ij}'^k$ 与 V_{ij}° 的相对偏差，使用欧氏距离公式计算：

$$\theta(V_{ij}'^k, V_{ij}^\circ) = \sqrt{(V_{ij}'^{-(k)} - V_{ij}^{-(\circ)})^2 + (V_{ij}'^{+(k)} - V_{ij}^{+(\circ)})^2} \tag{2-10}$$

如果 $\theta(V_{ij}'^k, V_{ij}^\circ) = 0$ 那么就判定 $V_{ij}'^k$ 与 V_{ij}° 是完全一致的。为了计算两者之间的整体相对偏差，利用式 (2-10) 并且将整个矩阵累加，可得到定义 2-9：

定义 2-9 令 $\Delta\theta_k^{(r)}$ 表示第 r 次迭代后两者之间的整体相对偏差：

$$\Delta\theta_k^{(r)} = \sum_{i=1}^m \sum_{j=1}^n \theta(V_{ij}'^k, V_{ij}^\circ) \tag{2-11}$$

$\Delta\theta_k^{(r)}$ 越小说明专家 e_k 的决策与群体决策越一致，客观权重就越高，继而得到归化的客观权重，用定义 2-10 表示。

定义 2-10 经过 r 次迭代，最终的客观权重向量 $\rho^{(r)} = \rho_1^{(r)}, \rho_2^{(r)}, \cdots, \rho_s^{(r)}$，其中第 k 个专家最终的客观权重 $\rho_k^{(r)}$ 为

$$\rho_k^{(r)} = \frac{1 - \dfrac{\Delta\theta_k^{(r)}}{\sum\limits_{i=1}^s \Delta\theta_i^{(r)}}}{\sum\limits_{i=1}^s \left(1 - \dfrac{\Delta\theta_k^{(r)}}{\sum\limits_{i=1}^s \Delta\theta_i^{(r)}}\right)} \tag{2-12}$$

通过上述迭代算法，并根据式 (2-5) 与式 (2-6)，得到专家客观权重值的稳定解。算法的结束条件如定义 2-11 表示。

定义 2-11 通过范数定义来衡量第 r 次与第 $r-1$ 次迭代之间的距离差 $\Delta\rho$：

$$\Delta\rho = \left\| \rho^{(r)} - \rho^{(r-1)} \right\| = \sqrt{\sum_{i=1}^s (\rho_i^r - \rho_i^{r-1})^2} \tag{2-13}$$

当 $\Delta\rho \leqslant \varepsilon$ 时，算法终止，ε 称为误差容限（足够小，如 $\varepsilon = 10^{-8}$）。

3) 专家权重确定的迭代算法流程

利用上文介绍的专家客观权重的确定方法与专家综合权重的确定方法, 本节提出了利用专家的模糊区间数打分矩阵来求解各专家权重的闭环迭代算法, 具体步骤如下:

步骤 1　　设置迭代数初始值 $r = 1$, 专家主观权重为 σ_k, 设置 α, β 初始值。

步骤 2　　如果 $r = 1$, 则自动设置专家客观权重 $\rho_k = 1/s$ 进行下一步计算; 若 $r > 1$, 则将上一次迭代结果的 ρ_k 代入计算, 根据式 (2-5) 与式 (2-6), 可求得决策者综合权重 u_k。

步骤 3　　根据式 (2-9), 代入 u_k, 计算得到加权的专家群体打分矩阵 V_{ij}°。

步骤 4　　根据式 (2-10), 计算专家 e_k 对于第 i 个方案的第 j 个指标的评标模糊区间数 $V_{ij}^{\prime k}$ 与 V_{ij}° 的相对偏差 $\theta(V_{ij}^{\prime k}, V_{ij}^{\circ})$。

步骤 5　　根据式 (2-11), 计算专家 e_k 的偏差和 $\Delta\theta_k^{(r)}$。

步骤 6　　根据式 (2-12), 计算专家 e_k, 第 r 次迭代后的客观权重 $\rho^{(r)}$。

步骤 7　　根据式 (2-13), 计算第 r 次迭代与第 $r-1$ 次迭代专家客观权重的距离差 $\Delta\rho$。若 $\Delta\rho$ 小于或等于误差容限 ε, 则迭代终止, 并得到第 r 次迭代的专家客观权重值与综合权重值 $u_k = u_k^{(r)}$; 若 $\Delta\rho$ 未达到误差容限的要求, 则重新返回步骤 2 进行计算。

2.3.4　基于群体偏好最大一致性的指标权重确定

1) 指标权重确定的基本思路

在评标群决策问题中, 专家在开标前不可能看到可能多达数十万字的方案, 但是评标又必须在有限的时间内完成, 同时, 环境的不确定性和专家认知、判断能力的差异化, 上文已经提到过, 通过模糊区间数对方案的指标给予评判是合适的。但还有一个实际问题不可忽视, 那就是专家对所有方案的偏好排序往往是难以给出绝对的全排序列, 因此在现实中偏好结构往往不完整。基于上述情况, 本部分研究评标群决策的设定环境为已知专家对方案集的模糊区间数打分矩阵和对方案的部分偏好排序, 试图求解最优的评标指标权重, 其应最大化满足所有评标专家的个人偏好。以最大化满足专家群体偏好为目标, 评标指标的权重可定性描述为指标的折中权重。即该折中权重并非是指标对重大水利工程项目本身的重要度的量化表示, 而是为了满足专家群体偏好最大一致性时而经过协商、妥协得到的折中量化权重。

根据 Qwe 和 Hyan 等提出的基于个人偏好的群决策问题的折中权重方法, 以及指标赋权的线性规划法和交互式算法, 并结合重大水利工程项目评标的客观环境, 提出对评标指标折中权重的求解思路: 通过专家群体的偏序偏好集合和对方案集的打分矩阵, 构建符合合理性的成对方案的偏序集; 通过线性规划模型构建偏序集中方案期望效用差值的若干个约束方程, 将折中权重作为未知变量进行求解; 最终通过交互式的算法来寻求最优即满足专家群体偏好最大一致性的评标指标折中权重。

2) 指标权重确定模型的建立

指标权重求解问题可以表述为：方案集和 $S = \{S_1, S_2, \cdots, S_m\}(m \geq 2)$，评标指标集合 $P = \{p_1, p_2, \cdots, p_n\}(n \geq 2)$，评标专家集合 $E = \{e_1, e_2, \cdots, e_s\}(s \geq 2)$，$V_{s \times p}$ 是所有评标专家对方案的所有指标的评分值的集合，专家 e_k 的模糊区间数决策矩阵 $V_k = (V_{ij}^k)_{m \times n}$，以及专家对方案的部分偏序集合 $I = \{I_1, I_2, \cdots, I_n\}$，目标为求解评标指标的折中权重集合 $\omega = \{\omega_1, \omega_2, \cdots, \omega_n\}$。

为了简化模糊区间数的烦琐计算，由文献可得模糊区间数 $V_{ij}^k = [V_{ij}^{-(k)}, V_{ij}^{+(k)}]$ 的解模糊值为 $\dfrac{V_{ij}^{-(k)}, V_{ij}^{+(k)}}{2}$，并将该值作为专家群决策矩阵的效用值。通过对决策矩阵规范化后，可得到标准化的期望决策矩阵 $D^k = (u_{ij}^k)_{m \times n}$，$\forall i, j, k$ 有 $0 \leq u_{ij}^k \leq 1$。根据文献，可以得到定义 2-12 所表述的评标决策中方案偏好关系。

定义 2-12 如果 $\forall \xi \in R, \xi \geq 0$，并且指标权重向量 $\omega, \omega = \{\omega_1, \omega_2, \cdots, \omega_n\}^{\mathrm{T}}$，满足 $\sum\limits_{j=1}^n \omega_j u_{rj}^k \geq \sum\limits_{j=1}^n \omega_j u_{gj}^k + \xi$，则专家 e_k 认为方案 S_r 与方案 S_g 存在一个偏好关系，即 S_r 优于方案 S_g，记为 $S_r \succ S_g$；若满足 $0 \leq \sum\limits_{j=1}^n \omega_j u_{rj}^k - \sum\limits_{j=1}^n \omega_j u_{gj}^k \leq \xi$，则认为方案 S_r 与方案 S_g 无差异，记为 $S_r \sim S_g$。其中 $1 \leq r, g \leq m, r \neq g, e = (1, 1, \cdots, 1)^{\mathrm{T}} \in R^n$，而 ξ 反映了 S_r 优于方案 S_r 的程度，ξ 越大，则偏好关系存在的可能性越大。

本部分研究设定的评标决策环境是专家均给出了方案集的部分或全部排序，$I = \{I_1, I_2, \cdots, I_s\}$ 表示偏序（部分偏好排序）集合。设 I_k 为专家 e_k 给出的偏序集合，T_k 为专家 e_k 给出的方案两两成对排序的数量，专家 e_k 的方案排序集合偏好为：$S_{k(1)} \succ S_{k'(1)}, S_{k(2)} \succ S_{k'(2)}, \cdots, S_{k(T_k)} \succ S_{k'(T_k)}$ 则可得到专家 e_k 对成对方案中所有指标的期望效用差值，用式 (2-14) 表示为

$$u_g^r = u_{r1}^k - u_{g1}^k, u_{r2}^k - u_{g2}^k, \cdots, u_{rn}^k - u_{gn}^k \tag{2-14}$$

式中，$(r, g) \in \bigcup_{k=1}^s I_k$。

定义 2-13 令 $\xi \geq 0, \omega = \{\omega_1, \omega_2, \cdots, \omega_n\}^{\mathrm{T}} \in W$，则本部分研究所定义的评标指标的折中权重应满足的条件为

$$u_g^r \omega \geq \xi, (r, g) \in \bigcup_{k=1}^s I_k$$

$$S_r \succ S_g, u_g^r \omega \leq \xi, (r, g) \in \bigcup_{k=1}^s I_k$$

$$S_r \sim S_g, e^{\mathrm{T}}\omega = 1, \omega \geqslant 0$$

于是可以将该指标折中权重的求解问题转化为下面的线性规划问题，其线性规划模型LP1 如式 (2-15) 所示：

$$\text{LP1}\begin{cases} \max \xi \\ u_g^r \omega \geqslant \xi, S_r \succ S_g \\ \text{s.t.} \ u_g^r \omega \leqslant \xi, S_r \sim S_g \\ e^{\mathrm{T}}\omega = 1 \\ (r,g) \in \bigcup_{k=1}^{s} I_k \end{cases} \tag{2-15}$$

令上述线性规划模型 LP1 的最优解为 ξ 和 $\hat{\omega}$，就有：①若 $\xi \geqslant 0$，则 $\omega \in W$ 是满足所有偏好序的权重，即 $\hat{\omega}$ 为评标指标的折中权重；②若 $\xi < 0$，则 $W = \varnothing$。

因此，$\xi \geqslant 0$ 时为符合所有专家偏好序的指标折中权重提供了必要和足够的条件；$\xi < 0$ 时，则表示专家全体的冲突偏好对指标的任意权重集合不能被综合，那么专家群体就应该调整部分偏好。应调整的偏好序的集合可以用定义 2-14 表述：

定义 2-14　LP1 的最优解为 $\hat{\xi}$ 和 $\hat{\omega}$，若 $\hat{\omega} \geqslant 0$，则专家 e_k 最差偏好序的集合为

$$\hat{I}_k = \{(r.g)|u_g^r \hat{\omega} = \hat{\xi}_g^r = \hat{\xi} u_g^r \hat{\omega} = \hat{\xi}_g^r = \hat{\xi}\}, (r,g) \in \bigcup_{k=1}^{s} I_k$$

若存在这样的最差偏好序集合，应在协商过程中将其否定或拒绝。于是，原线性规划模型LP1 可转变为下面的 4 个线性规划问题之一。

$$\text{LP2}\begin{cases} \max \xi \\ u_g^r \omega \geqslant \xi, S_r \succ S_g \text{且}(r,g) \in \bigcup_{k=1}^{s} I_k \backslash \bigcup_{k=1}^{s} \hat{I}_k \\ -u_g^r \omega \geqslant \xi, S_r \succ S_g \text{且}(r,g) \in \bigcup_{k=1}^{s} I_k \\ u_g^r \omega \leqslant \xi, S_r \sim S_g \text{且}(r,g) \in \bigcup_{k=1}^{s} I_k \backslash \bigcup_{k=1}^{s} \hat{I}_k \\ -u_g^r \omega \leqslant \xi, S_r \sim S_g \text{且}(r,g) \in \bigcup_{k=1}^{s} I_k \\ e^{\mathrm{T}}\omega = 1, \omega \geqslant 0 \end{cases} \tag{2-16}$$

$$
\text{LP3} \begin{cases}
\max \xi \\
u_g^r \omega \geqslant \xi, S_r \succ S_g \text{且}(r,g) \in \bigcup_{k=1}^{s} I_k \setminus \bigcup_{k=1}^{s} \hat{I}_k \\
-u_g^r \omega \geqslant \xi, S_r \succ S_g \text{且}(r,g) \in \bigcup_{k=1}^{s} I_k \\
u_g^r \omega \leqslant \xi, S_r \sim S_g \text{且}(r,g) \in \bigcup_{k=1}^{s} I_k \setminus \bigcup_{k=1}^{s} \hat{I}_k \\
e^{\mathrm{T}} \omega = 1, \omega \geqslant 0
\end{cases} \tag{2-17}
$$

$$
\text{LP4} \begin{cases}
\max \xi \\
u_g^r \omega \geqslant \xi, S_r \succ S_g \text{且}(r,g) \in \bigcup_{k=1}^{s} I_k \setminus \bigcup_{k=1}^{s} \hat{I}_k \\
-u_g^r \omega \geqslant \xi, S_r \succ S_g \text{且}(r,g) \in \bigcup_{k=1}^{s} I_k \\
-u_g^r \omega \leqslant \xi, S_r \sim S_g \text{且}(r,g) \in \bigcup_{k=1}^{s} I_k \setminus \bigcup_{k=1}^{s} \hat{I}_k \\
e^{\mathrm{T}} \omega = 1, \omega \geqslant 0
\end{cases} \tag{2-18}
$$

$$
\text{LP5} \begin{cases}
\max \xi \\
u_g^r \omega \geqslant \xi, S_r \succ S_g \text{且}(r,g) \in \bigcup_{k=1}^{s} I_k \setminus \bigcup_{k=1}^{s} \hat{I}_k \\
-u_g^r \omega \geqslant \xi, S_r \succ S_g \text{且}(r,g) \in \bigcup_{k=1}^{s} I_k \\
e^{\mathrm{T}} \omega = 1, \omega \geqslant 0
\end{cases} \tag{2-19}
$$

上述的模型LP2、LP3、LP4、LP5 所求出的解值更优，经过有限次变换最终可得到最优的 $\hat{\omega}$ 解值，也就求得了指标的折中权重。

3) 指标权重确定的交互式算法流程

利用上文评标指标综合权重的确定方法，本节提出了利用线性规划模型求解评标指标权重分配的交互式算法，具体步骤如下：

步骤 1 通过专家群体提供的方案集的部分偏好顺序和对方案指标打分的评标矩阵，由此得到 I_k 和 u_{ij}^k。

步骤 2 检查所有专家的排序偏好，若两个方案之间的偏好关系明显不合理，则收回这一排序。之后根据式 (2-14)，代入 I_k 和 u_{ij}^k，求得 u_g^r。

步骤 3　将 u_g^r 代入线性规划模型LP1 中，解出其最优解 $\hat{\xi}$ 和 $\hat{\omega}$。若 $\hat{\xi} \geqslant 0$，表明专家群体的偏好都得到了满足，并得到指标的折中权重。若 $\hat{\xi} \leqslant 0$，则转到步骤 4。

步骤 4　$\hat{\xi} \leqslant 0$ 表明已求出的 $\hat{\omega}$ 解值不满足所有专家的偏好。应对 $\hat{I}_k$ 中成对方案的偏好关系进行拒绝或否定，运用模型LP2、LP3、LP4 或者LP5 求解，经过有限次地变换，最终可得到评标指标的折中权重最优值。

2.3.5　基于相对熵的专家群体偏好集结

1) 专家群体偏好集结的基本思路

在群决策偏好集结的众多理论与方法中，相对熵方法是一种既简单快捷又能有效集结不同决策者偏好的途径，即极小化最终的群决策结果与决策者个人偏好的不一致的可能性，从而对备选方案进行排序择优。通过上述分析可以得到专家的权重与评标指标的权重，由此可以依据线性加权法与相对熵的方法，将专家群体中不同专家的偏好信息集结为群体一致或妥协的偏好，从而对方案做出合理的优劣排序。模型建立的基本思路为：根据期望效用理论，运用群决策集结的线性加权法，得到每个方案的效用值；根据相对熵的原理与性质，使群效用值相对于每个专家个体效用值的相对熵最小，从而保证最大化决策群体偏好的一致性，最终得到方案的排序。

2) 专家群体偏好集结模型的建立

在本节中，评标群决策专家意见集结求解方案排序问题可表述为：已知重大水利工程项目备选方案集合为 $S = \{S_1, S_2, \cdots, S_m\}(m \geqslant 2)$，评标指标集合为 $P = \{p_1, p_2, \cdots, p_n\}(n \geqslant 2)$，评标专家集合为 $E = \{e_1, e_2, \cdots, e_s\}(s \geqslant 2)$，专家的综合权重集合为 $u = \{u_1, u_2, \cdots, u_s\}$，评标指标的折中权重集合为 $W = \{\omega_1, \omega_2, \cdots, \omega_n\}$，专家 e_k 的标准化期望决策矩阵 $D^k = (u_{ij}^k)_{m \times n}$。

首先，将专家对各方案的效用函数作为重大水利工程项目评标决策问题的目标函数，假设每个评标指标的边际效用函数独立。根据期望效用理论，应用线性加权法可得方案 S_i 的多属性效用值 $V_{(S_i)}$：

$$V_{(S_i)} = \sum_{k=1}^{s} u_k \sum_{j=1}^{n} \omega j u_{ij}^k \tag{2-20}$$

若用 $V_{(ki)}$ 表示专家 e_k 关于方案 S_i 的效用值，就有：

$$V_{(k_i)} = \sum_{j=1}^{n} \omega j u_{ij}^k \tag{2-21}$$

根据 Shannon 的信息熵理论[56]，得到相对熵离散形式的概念和性质如下。

定义 2-15 $\Omega = \{0, 1, 2, \cdots, n\}$，$x_i$ 和 y_i 是 Ω 上的两个概率测度，且 $x_i, y_i \geqslant 0, i = 1, 2, \cdots, n$，且 $\sum\limits_{i=1}^{n} x_i \sum\limits_{i=1}^{n} y_i$，称 $h(X, Y) = \sum\limits_{i=1}^{n} x_i \log \dfrac{x_i}{y} \geqslant 0$ 为 X 相对于 Y 的相对熵，其中 $X = (x_1, x_2, \cdots, x_n)^{\mathrm{T}}, Y = (y_1, y_2, \cdots, y_n)^{\mathrm{T}}$。由此可见，$X, Y$ 的相对熵满足下列性质：

① $h(X, Y) = \sum\limits_{i=1}^{n} x_i \log \dfrac{x_i}{y} \geqslant 0$；② $h(X, Y) = \sum\limits_{i=1}^{n} x_i \log \dfrac{x_i}{y} = 0, x_i = y_i, \forall i$。

由上述性质可知，当 X 为两个离散分布时，相对熵可用于度量二者符合程度，且 X, Y 的分布相同时，其相对熵值最小。因此，本部分研究采用相对熵来定量衡量重大水利工程项目评标群决策中专家偏好一致的程度：相对熵值为 0 时，表示专家意见达到完全共识，无分歧意见；相对熵值为 1 时，表示专家没有达成一致共识，意见分歧较大。

假设专家都是在相互独立的情况下评判各个方案的指标值，将专家 e_k 对方案集和 $S = \{S_1, S_2, \cdots, S_m\}(m \geqslant 2)$ 中各方案的效用值作为对方案偏好效用的概率测度，各专家对方案集中所有方案的离散概率测度构成方案集和 $S = \{S_i\}, i = 1, 2, \cdots, m$ 的一个独立概率分布。

令 $V_g = \{V_{gi}\}, i = 1, 2, \cdots, m$ 为专家对于各个评标方案的偏好向量，其中 V_{gi} 表示方案 S_i 的群效用值。根据相对熵的性质，可知专家偏好一致性的最大化等价于群效用值对于各专家个体效用值的相对熵最小，可表述为以下优化问题：

$$\min Q(V_g) = \sum_{k=1}^{s} u_k \sum_{i=1}^{m} V_{gi} \log \frac{V_{gi}}{V_{ki}}$$

$$\text{s.t.} \quad \sum_{i=1}^{m} V_{gi} \log V_{gi} > 0$$

文献已经得到上述优化问题的最优解为 $V_g^* = \{V_{gi}^*\}, i = 1, 2, \cdots, m$，其中

$$V_g^* = \prod_{k=1}^{s} (V_{ki})^{u_k} \Big/ \sum_{i=1}^{m} \prod_{k=1}^{s} (V_{ki})^{u_k} \tag{2-22}$$

根据上述 V_g^* 的解值，即可得到各个专家均可接受认可的方案排序。

2.4 案 例 分 析

为了更清晰的论证本部分所研究的内容，该部分运用已经建立的重大水利工程项目评标指标体系以及评标群决策模型，通过案例来展示整个重大水利工程项

目评标方案评选的决策流程，以验证本部分所研究的重大水利工程项目评标群决策方法的适用性和可操作性。

2.4.1 项目背景

位于南方某省西部的某水利水电二期（灌区）工程 XX 枢纽是 3 个梯级规划的水电站中最下游的一个梯级。该水电站为具有日调节性能的低水头河床式电站。该水电站的调节库容为 0.49 亿 m^3。百年一遇的设计洪水位为 56.00m，混凝土坝千年一遇校核洪水位为 59.12m，总库容为 1.91 亿 m^3。该枢纽电站采用两台单机容量 50MW 的 ZZ-LH-515 轴流转桨机组，总装机容量为 100MW，其保证出力 4.34MW，多年平均发电量为 1.401 亿 kW·h。该水利枢纽工程的主要建筑物有电站进水口、挡水建筑物、泄水建筑物及厂房等。

以该工程的厂房施工重大水利工程项目为例，建设工期为 18 个月，招标方式为公开招标。有 6 份投标方案通过资格预审进入初评，评标委员会通过对 6 份投标文件及投标报价的算术性进行评标和校核，结果发现其中一份方案无法通过符合性评标，另一份方案的投标报价超出了招标控制价的范围，因此能够进入详细评标的有效方案只有 4 家，分别记为方案 1、方案 2、方案 3、方案 4，参与评标的专家有 7 人。

2.4.2 基于粗糙集和模糊区间数的群决策方法的应用

1) 基于粗糙集的评标指标体系建立

该部分节的评标指标体系运用第三章所建立的基于粗糙集的重大水利工程项目评标指标体系，并依据指标体系形成了专家对各个方案的 11 个评标指标和方案的偏序偏好的评价打分表，如表 2-6 所示，以此为基础进行评标。

2) 评标群决策模型的建立

7 位专家分别对 4 份方案的 11 个指标打分，打分采用模糊区间数的形式，分值在 0～10 分之间，分值越高，表示指标效果越好。此外，由各专家分别给出对各方案的部分偏序。

在此基础上，构建该重大水利工程项目的评标群决策模型：共有 4 个方案，$S = \{S_1, S_2, S_3, S_4\}$ 为备选方案集合，每个方案有 11 个指标，评标指标集 $P = \{p_1, p_2, \cdots, p_7\}$；由 7 个专家组成的评标委员会决策群体 $E = \{e_1, e_2, \cdots, e_7\}$ 对备选方案进行评标，根据每位专家对各方案所有指标的评价打分，得到评价集合 $V_{S \times P}$，以及专家对方案集的部分偏序集合 $I = \{I_1, I_2, \cdots, I_g\}$，其中，$S \times P = \{\langle s_i, p_j \rangle : i = 1, 2, 3, 4; j = 1, 2, \cdots, 11\}$，其中 $\langle s_i, p_j \rangle$ 表示评标专家对备选方案 s_i 中的指标 p_j 的评价，专家 $e_k \forall (e_k \in E)$ 的模糊区间数决策矩阵 $V_k = (V_{ij}^k)_{4 \times 11}$。设专家的综合权重集合 $u = \{u_1, u_2, \cdots, u_g\}$，评标指标的折中权重集合 $W = \{\omega_1, \omega_2, \cdots, \omega_{11}\}$。

表 2-6　评价打分表

评标指标		各方案评价分值			
		方案 1	方案 2	方案 3	方案 4
商务指标	总报价 (p_1)				
	单价评审 (p_2)				
技术指标	施工总体规划 (p_3)				
	主要施工方案 (p_4)				
	主要人员配置 (p_5)				
	施工资源配置计划 (p_6)				
	质量保证措施 (p_7)				
	安全文明施工 (p_8)				
企业信誉	企业资质 (p_9)				
	企业经营业绩 (p_{10})				
	企业财务状况 (p_{11})				
对方案的偏序偏好					

　　根据选取的 7 位评标专家的知识结构、能力水平和经验情况，设定 7 位专家的主观权重集合 $\sigma = \{0.18, 0.17, 0.17, 0.12, 0.12, 0.12, 0.12\}$，主观权重和客观权重的加权几何系数 $\alpha = \beta = 0.5$。

　　7 位专家根据指标体系对 4 个方案所给予的模糊区间数决策矩阵见表 2-7～表 2-13。

表 2-7　专家 e_1 的模糊区间数决策矩阵

s_i	p_1	p_2	p_3	p_4	p_5	p_6	p_7	p_8	p_9	p_{10}	p_{11}
s_1	[6.5,7.0]	[6.8,7.2]	[6.2,6.4]	[6.5,6.9]	[7.1,7.5]	[6.6,7.0]	[6.8,7.0]	[5.8,6.2]	[5.5,5.9]	[6.8,7.3]	[7.0,7.4]
s_2	[7.5,7.8]	[7.0,7.5]	[6.2,6.4]	[6.6,6.8]	[6.8,7.2]	[6.8,7.2]	[6.5,6.9]	[6.2,6.5]	[6.1,6.5]	[6.5,7.2]	[6.8,7.2]
s_3	[6.2,6.6]	[7.2,7.7]	[6.8,7.2]	[6.9,7.3]	[6.5,6.9]	[7.1,7.5]	[7.1,7.3]	[6.6,7.0]	[6.3,6.6]	[6.2,6.5]	[6.3,6.8]
s_4	[6.8,7.3]	[7.3,7.8]	[6.5,7.0]	[6.9,7.5]	[7.0,7.3]	[7.1,7.4]	[6.8,7.2]	[6.3,6.6]	[6.2,6.4]	[6.3,6.7]	[6.4,6.7]

　　注：专家 e_1 的方案偏序为 $s_4 \succ s_1, s_3 \succ s_2$

表 2-8　专家 e_2 的模糊区间数决策矩阵

s_i	p_1	p_2	p_3	p_4	p_5	p_6	p_7	p_8	p_9	p_{10}	p_{11}
s_1	[5.0,5.5]	[5.2,5.6]	[5.1,5.3]	[5.0,5.3]	[5.5,5.9]	[5.6,5.9]	[5.2,5.6]	[5.3,5.6]	[5.7,5.9]	[5.1,5.3]	[5.2,5.5]
s_2	[5.8,6.2]	[5.4,5.8]	[5.2,5.6]	[5.2,5.4]	[5.7,5.9]	[5.3,5.7]	[5.5,5.7]	[5.5,5.7]	[5.5,5.9]	[5.3,5.6]	[5.3,5.6]
s_3	[5.7,6.3]	[5.8,6.0]	[5.3,5.8]	[5.5,5.9]	[5.1,5.3]	[5.7,6.0]	[5.5,5.7]	[5.4,5.6]	[5.4,5.7]	[5.4,5.6]	[5.4,5.7]
s_4	[5.9,6.4]	[5.5,5.7]	[5.3,5.5]	[5.4,5.8]	[5.2,5.6]	[5.6,6.0]	[5.1,5.3]	[5.3,5.6]	[5.4,5.8]	[5.4,5.7]	[5.0,5.2]

　　注：专家 e_2 的方案偏序为 $s_3 \succ s_1, s_2 \succ s_4$

表 2-9　专家 e_3 的模糊区间数决策矩阵

s_i	p_1	p_2	p_3	p_4	p_5	p_6	p_7	p_8	p_9	p_{10}	p_{11}
s_1	[7.1,7.4]	[7.5,7.8]	[7.1,7.3]	[7.0,7.2]	[7.4,7.6]	[7.5,7.8]	[7.2,7.5]	[7.1,7.3]	[7.0,7.3]	[7.2,7.4]	[7.2,7.4]
s_2	[7.4,7.8]	[7.6,7.9]	[7.3,7.5]	[7.3,7.6]	[7.3,7.6]	[7.3,7.6]	[7.2,7.6]	[7.3,7.5]	[7.4,7.8]	[7.2,7.5]	[7.1,7.3]
s_3	[7.3,7.5]	[7.3,7.5]	[7,4,7.7]	[7.2,7.5]	[7.2,7.4]	[7.4,7.7]	[7.4,7.7]	[7.5,7.8]	[7.3,7.7]	[7.3,7.5]	[7.3,7.6]
s_4	[7.3,7.6]	[7.4,7.6]	[7.4,7.8]	[7.6,7.9]	[7.5,7.8]	[7.6,7.8]	[7.4,7.6]	[7.6,7.9]	[7.4,7.7]	[7.4,7.8]	[7.2,7.4]

注：专家 e_3 的方案偏序为 $s_4 \succ s_3 \succ s_1$

表 2-10　专家 e_4 的模糊区间数决策矩阵

s_i	p_1	p_2	p_3	p_4	p_5	p_6	p_7	p_8	p_9	p_{10}	p_{11}
s_1	[5.1,5.6]	[5.3,5.8]	[5.5,5.9]	[5.1,5.4]	[5.3,5.6]	[5.5,5.8]	[5.2,5.5]	[5.3,5.5]	[5.1,5.3]	[5.1,5.3]	[5.2,5.4]
s_2	[6.0,6.3]	[6.1,6.4]	[57,6.2]	[5.4,5.8]	[5.3,5.5]	[5.4,5.7]	[5.3,5.7]	[5.3,5.5]	[5.4,5.9]	[5.4,5.8]	[5.1,5.4]
s_3	[5.5,5.8]	[6.3,6.6]	[5.8,6.3]	[5.3,5.6]	[5.1,5.4]	[5.5,5.7]	[5.4,5.9]	[5.4,5.8]	[5.3,5.6]	[5.5,5.9]	[5.3,5.6]
s_4	[6.1,6.5]	[6.4,6.8]	[6.0,6.5]	[5.6,5.9]	[5.4,5.8]	[5.5,5.8]	[5.3,5.8]	[5.3,5.7]	[5.3,5.8]	[5.4,5.8]	[5.2,5.5]

注：专家 e_4 的方案偏序为 $s_4 \succ s_3$

表 2-11　专家 e_5 的模糊区间数决策矩阵

s_i	p_1	p_2	p_3	p_4	p_5	p_6	p_7	p_8	p_9	p_{10}	p_{11}
s_1	[8.1,8.3]	[8.3,8.5]	[8.3,8.5]	[8.2,8.5]	[8.4,8.8]	[8.3,8.7]	[8.1,8.4]	[8.2,8.4]	[8.0,8.2]	[8.1,8.3]	[8.3,8.6]
s_2	[8.4,8.8]	[8.4,8.8]	[8.4,8.8]	[8.4,8.6]	[8.2,8.6]	[8.2,8.5]	[8.2,8.5]	[8.1,8.3]	[8.4,8.7]	[8.4,8.6]	[8.2,8.4]
s_3	[8.2,8.4]	[8.4,8.7]	[8.4,8.8]	[8.5,8.8]	[8.2,8.6]	[8.3,8.6]	[8.3,8.7]	[8.5,8.8]	[8.4,8.8]	[8.5,8.7]	[8.4,8.7]
s_4	[8.3,8.6]	[8.5,8.7]	[8.5,8.8]	[8.4,8.7]	[8.2,8.5]	[8.2,8.6]	[8.3,8.6]	[8.3,8.6]	[8.6,8.9]	[8.4,8.7]	[8.3,8.7]

注：专家 e_5 的方案偏序为 $s_4 \succ s_1$

表 2-12　专家 e_6 的模糊区间数决策矩阵

s_i	p_1	p_2	p_3	p_4	p_5	p_6	p_7	p_8	p_9	p_{10}	p_{11}
s_1	[7.9,8.3]	[8.2,8.5]	[7.8,8.3]	[8.0,8.5]	[7.8,8.2]	[8.4,8.6]	[8.2,8.6]	[8.2,8.7]	[7.6,7.8]	[8.1,8.4]	[7.6,8.2]
s_2	[8.2,8.6]	[8.0,8.3]	[8.2,8.6]	[8.5,8.9]	[8.0,8.5]	[8.5,9.0]	[8.0,8.5]	[8.4,8.8]	[8.0,8.5]	[8.0,8.5]	[7.0,7.5]
s_3	[7.8,8.2]	[7.8,8.4]	[8.0,8.5]	[8.3,8.8]	[7.5,7.9]	[8.2,8.6]	[8.6,8.9]	[8.3,8.5]	[7.5,8.0]	[7.8,8.2]	[8.0,8.5]
s_4	[8.0,8.4]	[8.0,8.3]	[8.2,8.5]	[8.5,8.9]	[7.8,8.3]	[8.3,8.7]	[8.4,8.7]	[8.4,8.6]	[7.8,8.1]	[7.9,8.3]	[7.5,8.0]

注：专家 e_6 的方案偏序为 $s_2 \succ s_3, s_1 \succ s_4$

表 2-13　专家 e_7 的模糊区间数决策矩阵

s_i	p_1	p_2	p_3	p_4	p_5	p_6	p_7	p_8	p_9	p_{10}	p_{11}
s_1	[5.5,6.0]	[7.5,8.0]	[7.5,7.9]	[6.5,7.0]	[8.2,8.6]	[8.0,8.5]	[7.0,7.4]	[6.5,7.0]	[6.0,6.5]	[6.5,7.0]	[7.1,7.4]
s_2	[7.0,7.5]	[7.7,8.2]	[7.5,8.0]	[7.5,8.0]	[8.0,8.5]	[8.3,8.6]	[7.5,7.9]	[7.5,8.0]	[7.1,7.5]	[6.8,7.2]	[5.5,6.0]
s_3	[6.5,7.0]	[8,.2,8.6]	[7.8,8.2]	[8.5,9.0]	[7.6,7.9]	[8.5,9.0]	[8.0,8.5]	[8.5,9.0]	[7.3,7.6]	[7.3,7.8]	[8.0,8.5]
s_4	[6.8,7.3]	[8.0,8.4]	[7.6,8.2]	[8.0,8.5]	[7.8,8.3]	[8.4,8.7]	[7.8,8.2]	[8.2,8.7]	[7.2,7.5]	[7.0,7.5]	[7.5,7.9]

注：专家 e_7 的方案偏序为 $s_3 \succ s_2$

2.4.3 评标群决策模型求解

本部分所建立的评标群决策模型涉及迭代算法以及包含多个未知数的线性规划求解，步骤复杂，计算量较大。因此使用 MATLAB 进行仿真运算，将以上案例中已知条件和评分信息输入程序。

1) 基于相对偏差距离的专家权重求解

(1) 根据式 (2-7) 与式 (2-8)，将决策矩阵规范化。专家 e_1 的模糊区间数决策矩阵经过规范化计算可得，如表 2-14 所示。

表 2-14 专家 e_1 的规范化模糊区间数决策矩阵

s_i	p_1	p_2	p_3	p_4	p_5
s_1	[0.188,0..500]	[0.000,0.400]	[0.000,0.200]	[0.000,0.400]	[0.600,1.000]
s_2	[0.813,1.000]	[0.200,0.700]	[0.399,0.600]	[0.099,0.700]	[0.300,0.700]
s_3	[0.000,0.250]	[0.400,0.900]	[0.600,1.000]	[0.400,0.800]	[0.000,0.400]
s_4	[0.375,0.688]	[0.500,1.000]	[0.300,0.800]	[0.400,1.000]	[0.500,0.500]

s_i	p_6	p_7	p_8	p_9	p_{10}
s_1	[0.000,0.444]	[0.000,1.000]	[0.000,0.333]	[0.000,0.364]	[0.545,1.000]
s_2	[0.222,0.667]	[0.250,0.450]	[0.333,0.583]	[0.545,0.909]	[0.273,0.909]
s_3	[0.556,1.000]	[0.550,0.650]	[0.667,1.000]	[0727,1.000]	[0.000,0.273]
s_4	[0.556,0.889]	[0.400,0.600]	[0.417,0.667]	[0636,0.818]	[0.091,0.455]

同理可得专家 $e_2 \sim e_7$ 的规范化决策矩阵，在此省略。

(2) 已知专家主观权重集合 $\sigma = \{0.18, 0.17, 0.17, 0.12, 0.12, 0.12, 0.12\}$，主观权重和客观权重的加权几何系数 $\alpha = \beta = 0.5$。为公平起见，假设专家初始客观权重均为 $\rho_k = 17$，迭代次数初始值 $r = 1$，根据式 (2-5) 与式 (2-6)，可求得各个专家综合权重 u_k 的初始值为

$$u_1 = 0.162, u_2 = 0.157, u_3 = 0.157, u_4 = 0.131, u_5 = 0.131, u_6 = 0.131, u_7 = 0.131$$

(3) 根据式 (2-9)，计算加权的专家群体评分矩阵 $(V_{ij}^\circ)_{4 \times 11}$，见表 2-15 所示。

(4) 根据式 (2-10)，计算专家 e_k 对于第 i 个方案的第 j 个评标指标的评价模糊区间数 $V_{ij}'^k$ 与 V_{ij}° 的相对偏差 $\theta(V_{ij}'^k, V_{ij}^\circ)$，并根据式 (2-11)，计算专家 e_k 的偏差和 $\Delta\theta_k^{(1)}$。

$$\Delta\theta_1^{(1)} = 11.4533, \Delta\theta_2^{(1)} = 11.5951, \Delta\theta_3^{(1)} = 8.2674$$

$$\Delta\theta_4^{(1)} = 9.1891, \Delta\theta_5^{(1)} = 8.7963, \Delta\theta_6^{(1)} = 13.5205, \Delta\theta_7^{(1)} = 15.8734$$

(5) 根据式 (2-12)，计算专家 e_k 第一次迭代后的客观权重 $\rho_k^{(1)}$。

$$\rho_1^{(1)} = 0.142531, \rho_2^{(1)} = 0.142304, \rho_3^{(1)} = 0.147629$$

$$\rho_4^{(1)} = 0.146154, \rho_5^{(1)} = 0.146882, \rho_6^{(1)} = 0.139223, \rho_7^{(1)} = 0.135559$$

表 2-15　专家群体评分矩阵

s_i	p_1	p_2	p_3	p_4	p_5
s_1	[0.039,0.391]	[0.110,0.554]	[0.000,0.389]	[0.000,0.397]	[0.375,0.810]
s_2	[0.613,0.961]	[0.309,0.825]	[0.236,0.741]	[0.259,0.600]	[0.293,0.719]
s_3	[0.246,0.559]	[0.385,0.826]	[0.353,0.939]	[0.399,0.748]	[0.010,0.430]
s_4	[0.454,0.820]	[0.446,0.825]	[0.358,0.867]	[0.467,0.832]	[0.321,0.738]

s_i	p_6	p_7	p_8	p_9	p_{10}
s_1	[0.140,0.727]	[0.048,0.487]	[0.078,0.496]	[0.094,0.397]	[0.1234,0.475]
s_2	[0.178,0.715]	[0.179,0.673]	[0.232,0.585]	[0.466,0.941]	[0.292,0.773]
s_3	[0.314,0.859]	[0.512,0.952]	[0.458,0.867]	[0.417,0.807]	[0,391,0.760]
s_4	[0.315,0.861]	[0.330,0.710]	[0.370,0.809]	[0.459,0.876]	[0.363,0.832]

(6) 计算第 2 次迭代与第 1 次迭代专家客观权重的距离差 $\Delta\rho$。在本部分研究中设定误差容限 $\varepsilon = 10^{-8}$，经计算，$\Delta\rho > \varepsilon$，即 $\Delta\rho$ 未达到误差容限的要求。重新返回第二步计算，直到 $\Delta\rho \leqslant \varepsilon$，并得到第 r 次迭代后专家客观权重值 $\rho_k = \rho_k^{(r)}$ 和综合权重值 $u_k = u_k^{(r)}$。

最终，经过 12 次迭代后，$\Delta\rho \leqslant \varepsilon$，迭代终止，得到专家客观权重值和综合权重值。

$$\rho_1^{(12)} = 0.142515, \quad \rho_2^{(12)} = 0.142310, \quad \rho_3^{(12)} = 0.147678$$
$$\rho_4^{(12)} = 0.146224, \quad \rho_5^{(12)} = 0.146983, \quad \rho_6^{(12)} = 0.139193, \quad \rho_7^{(12)} = 0.135334$$
$$u_1 = u_1^{(12)} = 0.1613, \quad u_2 = u_2^{(12)} = 0.1497, \quad u_3 = u_3^{(12)} = 0.1523$$
$$u_4 = u_4^{(12)} = 0.1386, \quad u_5 = u_5^{(12)} = 0.1390, \quad u_6 = u_6^{(12)} = 0.1351, \quad u_7 = u_7^{(12)} = $$
0.1332

综上所述，从专家的客观权重来看，$\rho_3^{(12)} > \rho_5^{(12)} > \rho_4^{(12)} > \rho_1^{(12)} > \rho_2^{(12)} > \rho_6^{(12)} > \rho_7^{(12)}$，这表明专家 e_3 的决策和群体决策的一致性程度最高，e_5 和 e_4 紧随其后，与群体决策偏差较大的是 e_6 和 e_7，直观地从各位专家的初始模糊区间打分矩阵来看，e_3 对各项指标的打分比较稳定，e_6 和 e_7 起伏较大，因而 e_3 在决策中更加受到群体的欢迎，应该赋予更高的权重。从专家的综合权重来看，$u_1 > u_2 = u_3 = u_4 = u_5 = u_6 = u_7$，而最终稳定的专家综合权重 $u_1^{(12)} > u_3^{(12)} > u_2^{(12)} > u_5^{(12)} > u_4^{(12)} > u_6^{(12)} > u_7^{(12)}$，说明经过迭代后的专家综合权重分配更加符合群体一致性最大化的要求，是基于群决策视角下，更加科学合理的重大水利工程项目评标专家权重确定的方法。

2) 基于群体偏好最大一致性的指标权重求解

(1) 计算每位专家的各自期望决策矩阵 $D_k = (u_{ij}^k)_{4\times11}$。专家 e_1 的期望决策矩阵经过计算可得，如表 2-16 所示。

表 2-16 专家 e_1 的期望决策矩阵

s_i	p_1	p_2	p_3	p_4	p_5	p_6	p_7	p_8	p_9	p_{10}	p_{11}
s_1	0.2424	0.2393	0.2355	0.2401	0.2475	0.2399	0.3344	0.2344	0.2303	0.2636	0.2637
s_2	0.2747	0.2479	0.2505	0.2473	0.2373	0.2469	0.2134	0.2480	0.2545	0.2561	0.2564
s_3	0.2298	0.2547	0.2617	0.2545	0.2271	0.2575	0.2293	0.2656	0.2606	0.2374	0.2400
s_4	0.2531	0.2581	0.2523	0.2580	0.2881	0.2557	0.2229	0.2520	0.2545	0.2430	0.2399

同理可得专家 $e_2 \sim e_7$ 的期望决策矩阵, 在此省略。

(2) 根据专家提供的方案集的部分偏好偏序, 可得到专家的群体偏好集合 I_k。

$$I_1 = \{(4,1),(3,2)\}, I_2 = \{(3,1),(2,4)\}, I_3 = \{(4,3),(3,1)\}$$

$$I_4 = \{(4,3)\}, I_5 = \{(4,1)\}, I_6 = \{(2,3),(1,4)\}, I_7 = \{(3,2)\}$$

根据式 (2-14), 求得 u_g^r。

$I_1:$

$u_1^4 = (0.0108, 0.0188, 0.0168, 0.0179, 0.0407, 0.0159, -0.1115, 0.0176, 0.0242,$
$\quad - 0.0206, -0.0238)$

$u_2^3 = (-0.0449, 0.0068, 0.0112, 0.0072, -0.0102, 0.0106, 0.0159, 0.0176, 0.0061,$
$\quad - 0.0187, 0.0165)$

$I_2:$

$u_1^3 = (0.0321, 0.0222, 0.0162, 0.0252, -0.023, 0.0043, 0.0092, 0.0023, -0.0110,$
$\quad 0.0138, 0.0093)$

$u_4^2 = (-0.0064, 0, 0, -0.0092, -0.0046, 0, 00138, 0.0068, 0.0044, -0.0046, 0.0163)$

$I_3:$

$u_3^4 = (0.0017, 0.0033, 0.0017, 0.0135, 0.0177, 0.0049, -0.0017, 0.0033, 0.0017,$
$\quad 0.0067, -0.0051)$

$u_1^3 = (0.0051, -0.0083, 0.0118, 0.0084, -0.0067, -0.0033, 0.0067, 0.0150, 0.0117,$
$\quad 0.0034, 0.0051)$

$I_4:$

$u_3^4 = (0.0277, 0.0060, 0.0084, 0.0136, 0.0161, 0.0022, -0, 0041, -0.0046, 0.0046,$
$\quad - 0.0045, -0.0047)$

I_5 :

$$u_1^4 = (0.0075, 0.0059, 0.0073, 0.0059, -0.0074, -0.0030, 0.0060, 0.0045, 0.0191,$$
$$0.0103, 0.0015)$$

I_6 :

$$u_3^2 = (0.0122, 0.0046, 0.0045, 0.0021, 0.0172, 0.0102, -0.0133, 0.0059, 0.0157,$$
$$0.0077, -0.0321)$$

$$u_4^1 = (-0.0031, 0.0061, -0.0091, 0.5217, -0.0061, -0.0044, -0.0015, -0.0110,$$
$$0.0046, 0.0048)$$

I_7 :

$$u_2^3 = (-0.0187, 0.0407, 0.0080, 0.0317, -0.0154, 0.0088, 0.01777, 0.0135, 0.0053,$$
$$0.0193, 0.0864)$$

(3) 将 u_g^r 代入线性规划模型 LP1 中，解出其最优解 $\hat{\xi}$ 和 $\hat{\omega}$。$\hat{\xi} = 0.004623 > 0$，表明专家的偏好都得到了满足，并得到指标的折中权重。

$$\omega_1 = 0.2396, \omega_2 = 0.0129, \omega_3 = 0.1805, \omega_4 = 0.2236, \omega_5 = 0.089 \times 10^{-6}, \omega_6 = 0.0701$$

$$\omega_7 = 0.013 \times 10^{-5}, \omega_8 = 0.019 \times 10^{-5}, \omega_9 = 0.1771, \omega_{10} = 0.0962, \omega_{11} = 0.042 \times 10^{-6}$$

在其他重大水利工程项目评标实际问题中，若 $\hat{\xi} < 0$，则表明上步求出的 $\hat{\omega}$ 解值不满足所有专家的偏好。应对 $\hat{I}_k$ 中成对方案的偏好关系进行拒绝或否定，然后运用模型LP2、LP3、LP4 或者LP5 求解，经过有限次变换，最终可得到指标折中权重的最优值。

3) 基于相对熵的专家群体偏好集结

(1) 根据式 (2-21)，计算每个专家 e_k 关于方案 S_i 的效用值 V_{ki}:

$$V_{11} = 0.2404, V_{12} = 0.2467, V_{13} = 0.2527, V_{14} = 0.2593$$

$$V_{21} = 0.2476, V_{22} = 0.2506, V_{23} = 0.2524, V_{24} = 0.2496$$

$$V_{31} = 0.2453, V_{32} = 0.2501, V_{33} = 0.2503, V_{34} = 0.2549$$

$$V_{41} = 0.2397, V_{42} = 0.2497, V_{43} = 0.2528, V_{44} = 0.2579$$

$$V_{51} = 0.2468, V_{52} = 0.2492, V_{53} = 0.2526, V_{54} = 0.2514$$

$$V_{61} = 0.2538, V_{62} = 0.2527, V_{63} = 0.2443, V_{64} = 0.2493$$

$$V_{71} = 0.2351, V_{72} = 0.2472, V_{73} = 0.2635, V_{74} = 0.2545$$

(2) 根据式 (2-22)，计算专家对各个方案的偏好向量，求得 V_{ij}^* 的解值。

$$V_{g1}^* = 0.2437, \quad V_{g2}^* = 0.2489, \quad V_{g3}^* = 0.2528, \quad V_{g4}^* = 0.2546$$

根据上述 V_{ij}^* 的解值，即可得到方案集的最终排序关系为

$$S_4 > S_3 > S_2 > S_1$$

则最终该重大水利工程项目最优中标人应该是方案 4 的投标人，方案 3 的投标人可作为候选。

2.4.4 结果分析

从该部分的案例分析可知，专家的偏好不同，会导致最终优选出不同的评标方案，而更多专家共同参与评标决策，从而反映出不同的偏好，通过相应的群决策模型，从而使评标结果更趋于群体一致或折中偏好，因此更加体现了在重大水利工程项目评标中的公平化和民主化。

从案例中专家权重、指标权重和专家群体偏好集结的求解过程和结果来看，本部分研究尝试运用的重大水利工程项目评标群决策方法是科学和有效的。专家的主客观权重综合求解既充分反映了各专家的重要性，也体现了各自的决策水平，指标权重的确定也同样反映了不同指标在评标过程中的影响程度，从而使二者的赋权更加客观合理和定量化，避免了主观赋权的不足。在专家群体偏好集结中运用了相对熵的度量原理[57]，使最终的专家群体偏好与个人偏好的不一致的可能性最小，有效协调了不同专家之间存在的矛盾和冲突关系，从而提高了评标的科学性和准确性。

3 基于协同工作平台的跨流域调水工程组织界面管理方法

跨流域调水工程作为重大水利工程的典型代表,具有规模庞大、技术复杂、专业分工细、参与方众多等特点,很容易产生众多组织界面问题。而当前组织界面协调与管理一般采用协调会议、电话或邮件的方式,造成了大量人财物资源的浪费,增加工程成本,降低了项目管理效率。因此,急需构建一种更有效的解决跨流域调水工程组织界面管理问题的科学方法。基于此,本书提出运用协同工作平台来进行跨流域调水工程项目建设阶段的组织界面管理的思路,以确保各组织界面的无缝衔接和高效实现项目管理目标。

3.1 研究方法、主要内容及技术路线图

3.1.1 研究方法

该部分研究方法主要有以下三种,分别为:

1) 文献调查法

通过阅读大量有关界面和协同工作平台的图书及相关文献资料[58],熟悉国内外研究状况和问题,以及目前跨流域调水工程项目组织界面问题管理现状和国内工程项目管理软件的使用情况,运用这些文献调查总结跨流域调水工程项目组织界面问题形成的原因。

2) 比较研究方法

通过研究目前由项目管理软件构建的协同工作平台的运用情况,从多种多样的项目管理软件中择取一个最优的、最适合解决本部分研究问题的协同平台,并结合跨流域调水工程项目组织界面问题的特点及项目管理的思想,对其进行改善,设计本部分研究所需要的跨流域调水工程项目组织界面管理协同工作平台。

3) 模糊综合评价方法

为了对跨流域调水工程项目组织界面管理水平进行评价,本部分采用模糊综合评价的方法,使效果评价的结果更加客观化。

3.1.2 主要内容及技术路线图

在了解工程项目组织界面理论的基础上,本部分重点对跨流域调水工程项目

组织间界面管理进行研究，实现项目管理效率的进一步提高，其主要内容包括：

(1) 跨流域调水工程项目协同工作平台的设计。该部分主要根据跨流域调水工程项目组织界面及组织界面问题的特点，利用协同工作平台 Buzzsaw 软件，对本部分研究要求的协同工作平台进行设计，主要包括总体模型设计、模块功能结构设计、资料科目和权限设置及平台的管理流程，以解决组织界面问题，提高项目管理的效率。

(2) 基于协同工作平台的跨流域调水工程项目组织界面管理实施的配套保障机制。该部分主要探讨了基于协同工作平台的跨流域调水工程项目组织界面管理实施的管理机制及保障措施，以保证平台的顺利运行，有效解决跨流域调水工程项目组织界面问题。

(3) 案例分析。该部分结合案例，采用模糊综合评价的方法进一步验证了运用协同工作平台解决跨流域调水工程项目组织界面问题的有效性和可行性，以提高项目管理的效率和效益。技术路线图见图 3-1。

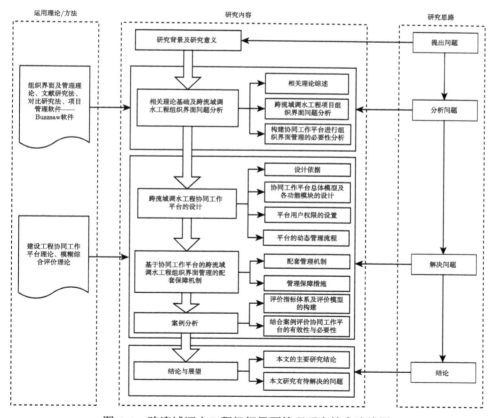

图 3-1 跨流域调水工程组织界面管理研究技术路线图

3.2 跨流域调水工程项目协同工作平台的设计

3.2.1 跨流域调水工程协同工作平台的设计依据

1) 设计基础

一般的协同工作平台[59]都包括简单的总体架构模型和功能结构模型，且功能结构模型中一般包括三大管理模块：项目管理模块、项目资源管理模块与项目资料管理模块。

项目管理模块见图 3-2，具体包括项目管理过程中各个管理内容。最重要的还是对其三大目标及其安全的管理，相关人员可以通过该模块实时查看了解项目的进展情况，该模块还会根据项目的相关信息，对其项目管理内容进行跟踪、分析，并做出相应的总结。发现问题及时解决，提高项目管理目标实现的概率。

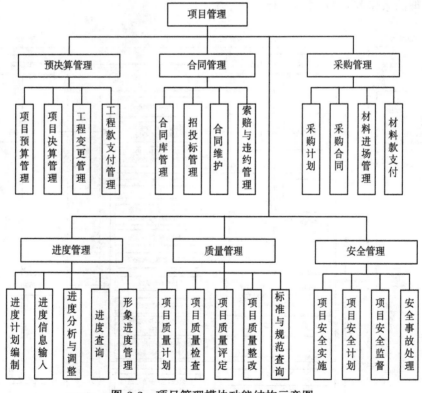

图 3-2 项目管理模块功能结构示意图

工程项目资源包括其利益相关方、固定资产和资金等，其相应的项目资源管理模块见图 3-3，对利益相关方的管理包括对其基本信息的登记管理，根据项目需要对相关利益方进行调度,实现各组织的协同工作,还根据项目需要对各利益相关方的出勤及绩效进行考核,为后期的效益分配提供依据;在工程项目建设过程中,要做好机械设备等固定资产的进场登记工作,并对其使用效果进行监督,并根据项目需要对其进行调配,以提高机械设备的利用效率;投资管理就是根据跨流域调水工程的投资计划,实时对资金的运用情况进行跟踪、分析,并根据资金的实际运用情况,对其进行统计分析,如果与投资计划偏差较大时,应采取相应的措施进行控制管理。

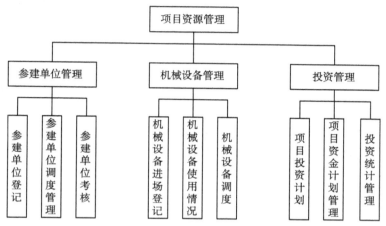

图 3-3 项目资源管理模块功能结构示意图

　　工程项目的资料各种各样,且极其复杂,要想得到准确、完整的项目资料必须对其进行管理,其项目资料模块见图 3-4。由于其功能简单明了,管理过程与一般

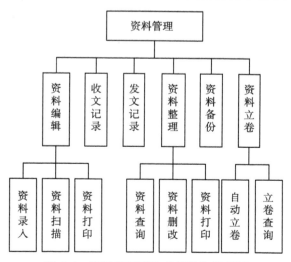

图 3-4 资料管理模块功能结构示意图

的项目资料管理过程相同，这里就不再做详细的分析。

项目资料管理模块为了让整个平台能够为工程项目各参与方提供一个有效的沟通交流与协同工作环境的必要模块，该模块对跨流域调水工程项目资料进行规范，保证项目信息的正确性及各参与方之间信息交流的正确性与有效性，为解决组织界面问题提供一定的保障。

2) 设计思路

协同工作平台的设计思路为：在通用协同工作平台基本模块的基础上，根据跨流域调水工程项目组织界面问题及协同工作的理念，设计出更能满足跨流域调水工程项目组织界面管理需求的功能模块，以提高项目管理工作的效率及效益。

具体思路为：首先，结合一般的协同工作平台总体模型及跨流域调水工程项目组织界面问题设计出本部分需要的协同工作平台总体模型，包括总体架构模型和功能结构模型；其次，对设计的功能结构模型进行分析，在平台基础功能模块的基础上对新增的模块功能结构进行详细的设计，包括信息处理管理模块、信息交流管理模块和协同合作管理模块；然后，针对上述设计的总体模型及模块功能结构的相关操作人员进行权限设置，以保证项目信息的安全性；最后，对其整个平台的管理流程进行设计，以确保平台运行的完善性与可靠性。具体见图 3-5。

3) 设计愿景

系统设计的总体目标是为跨流域调水工程各个参与方提供一个统一协同工作平台，解决由于信息沟通障碍导致的组织界面问题，从而实现项目组织界面的有效管理。具体来说，本系统的设计目标是：

(1) 为跨流域调水工程项目参与方提供一个有效的信息交流平台，保证电子资料（包括办公文档、工程图纸、项目资料等）的实时传递、共享，并可以利用项目变更的自动通知的功能，确保信息有效地在项目各参与方之间传递。

(2) 设置进度、成本、质量等专业的信息化模块，协助项目管理，合理计划工作，合理分配任务，对项目进展情况进行监督和追踪，从而实现项目的有效协同管理。

(3) 建立工程建设经验和知识专家库，完成项目过程中遇到问题和获得经验的积累及收集其他项目工程经验知识，实现对当前正在实施的工程环节进行基于数据库的提醒，避免重复犯相同的错误，并进行专家知识及工程建设的经验等知识的交叉学习。

(4) 在项目进行过程中，对各类工程项目电子资料进行集中整理与归档，满足项目质量等管理"事事留有痕迹"和成果积累与知识管理的要求，同时可以对各类基础资料进行灵活的查询、统计分析和报表打印等。

(5) 相关部门领导对于项目情况的在线查看，为领导完成决策起到辅助作用。使不同级别的领导正确及时地掌握项目最新的情况，包括项目质量、进度、成本等，并及时更新领导关注的文档、报表，以便其查找与审核。

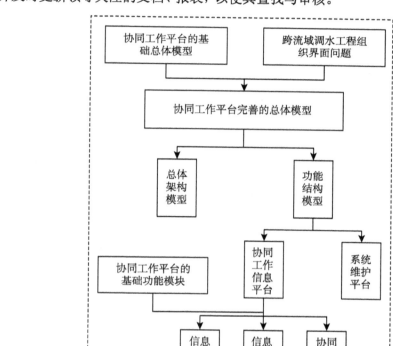

图 3-5 跨流域调水工程协同工作平台的设计思路示意图

(6) 建立标准的审批流程和自定义的表单，将跨流域调水工程的各参与方通过一定的审批流程，实现项目各管理环节的报批，严谨便捷的在线办公模式。

3.2.2 协同工作平台的总体模型设计

1) 总体架构模型

据上述跨流域调水工程项目组织界面管理工作对协同工作平台的功能要求及相关平台系统构建与运行的基本理论知识，对适用于跨流域调水工程项目组织界面管理的协同工作平台的总体模型进行设计，本部分将其协同工作平台的总体模型分为两个系统[60]，分别为总体架构模型系统和功能结构模型系统。

该平台的总体架构模型的设计如图 3-6 所示。本部分研究将总体架构模型分为四个层级，这四个层级结构是相辅相成的，但也具有一定的相对独立性。这样设计的好处在于：如果一个项目成员由于工作需求需要对相关的结构进行调整或完善，那么不需要对整个系统进行调整或完善，只需在相应的层级上进行调整与完善就可以了。这样不但可以更方便地为各利益相关方提供服务，还可以让各利益相关方参与到对协同工作平台的调整与完善的工作中。

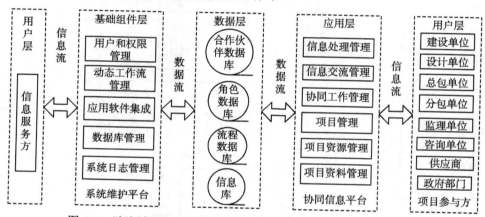

图 3-6　跨流域调水工程项目协同工作平台的总体架构模型示意图

其中，用户层的信息服务方一般是项目管理软件公司，也是提供这种工作平台的主体，主要负责整个系统的畅通运行，在必要时对系统进行调整与完善，始终为平台的使用者进行服务。

基础组件层主要是信息服务方对整个系统进行维护与设置的具体服务对象和内容，可称为是一个独立的系统维护平台，其作用包括用户和权限设置管理、动态工作流管理、应用软件集成、数据库管理、系统日志管理等。

数据层的主要设置目的是为跨流域调水工程项目资料信息的储存与共享提供一个技术支持，可储存的数据包括跨流域调水工程项目本身的项目资料信息、项目各利益相关方成员信息以及和跨流域调水工程建设管理有关的其他相关信息等，通过该层级结构的功能可自动形成相应的合作伙伴数据库、角色数据库、流程数据库和项目信息库，为跨流域调水工程项目相关管理工作提供依据与决策支持。

应用层是对上述数据层的相关信息进行处理及管理的一个协同信息平台，该平台可以对相关项目数据信息进行管理与分析，并能以某种方式把分析的结果共享给项目各参与方，为项目管理者做出项目决策提供依据，有利于项目管理工作的进行。

最后一个层级结构是用户层，但此用户层的主体是跨流域调水工程的项目参与方，包括建设单位、设计单位、勘察单位、监理单位、总承包商、分包商、供应商等，这些参与方也是使用这个平台的主要主体，整个平台的构建就是为了满足他们的工作需求。他们通过该平台可以进行顺畅的沟通交流，且不受时间与地域的限制，并可根据自己的权限在平台上进行一系列操作，增加了项目管理工作的方便性与快捷性。

这四个层级结构是连通的，而不是绝对独立的。该平台的用户层根据项目信息可以根据自己的权限在系统内进行一些操作，然后以信息流的形式把信息传递到基础组件层与应用层，经过层级结构的处理再以数据流的形式传向其他层级结构，但最终还是以信息流的形式反馈给用户层的主体。

由上述设计的协同工作平台的总体架构模型可知，设计的协同工作平台可以为跨流域调水工程项目各参与方提供一个能够有效沟通交流和协同工作的环境，可以缓解或解决项目各参与方因沟通不畅或不充分、工作的不协同等带来的组织界面问题。

2) 功能结构模型

通过对上述协同平台的总体模型的了解，根据本部分研究设计协同工作平台的目的以及跨流域调水工程项目组织界面管理的特点，可将跨流域调水工程项目组织界面管理协同工作平台的功能结构模型设计成两个不同的子系统，分别为协同工作信息平台系统和系统维护系统，如图 3-7 和图 3-8 所示。

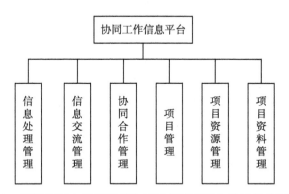

图 3-7 跨流域调水工程项目协同工作信息平台功能结构示意图

其中信息平台系统[61]的主要功能是对跨流域调水工程的相关资料信息进行储存与处理，包括信息处理管理、信息交流管理、协同工作管理、项目管理、项目资源管理项目资料管理等，以便于各利益相关方的使用。在这里暂不对各项功能进行解释，将会在下文的协同工作平台的模块功能结构设计中做具体的阐述。

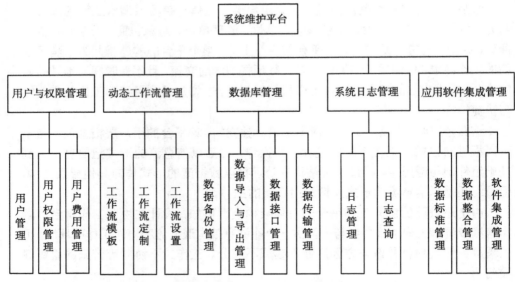

图 3-8　跨流域调水工程项目系统维护的功能结构示意图

系统维护系统是就是上述用户层的项目管理软件公司对跨流域调水工程项目组织界面管理协同工作平台进行维护、调整与完善的后台操作系统,以保证该平台的有效运行,满足使用方的工作需求。具体功能包括用户与权限管理、动态工作流管理、数据库管理、系统日志管理以及应用软件集成管理。用户与权限管理具体包括用户管理、用户权限管理和用户费用管理;动态工作流管理包括工作流模板、工作流定制和工作流设置;数据库管理包括数据备份管理、数据导入与导出管理、数据接口管理和数据传输管理;系统日志管理包括日志管理和日志查询;应用软件集成管理包括数据标准管理、数据整合管理和软件集成管理。

由协同工作信息平台功能结构和系统维护功能结构可知,这两个功能结构模型是跨流域调水工程项目各参与方能够在此平台上进行沟通交流与协同工作的基础条件,只有这两个功能结构模型充分发挥本身的作用,才能使整个平台更好地、更有效地为项目各参与方服务,才能进一步解决跨流域调水工程项目的组织界面问题。

3.2.3　协同工作平台的模块功能结构设计

跨流域调水工程项目组织界面分为有合同的组织界面与无合同的组织界面,这些组织界面一旦产生矛盾,有合同的组织可通过合同进行解决或调解,对于无合同的组织界面矛盾处理起来就比较麻烦。而无合同的组织界面矛盾产生的主要原因就是这些组织没有足够的项目交流机会,对彼此缺乏充分的了解。

基于上述问题，除了上述介绍的三个基本模块外，这里将对信息处理管理模块、信息交流管理模块和协同工作管理模块进行详细的设计，具体如下：

1) 信息处理管理模块设计

根据跨流域调水工程项目组织界面矛盾的特性分析以及本平台设计的目的，该模块的功能结构见图 3-9，并将其功能细分为工作任务管理和知识管理。

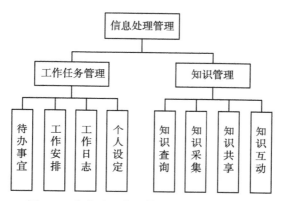

图 3-9 信息处理管理模块功能结构示意图

工作任务管理部分就是对系统中的基本功能进行管理。主要包括跨流域调水工程建设过程中待办事宜的通知及提醒，包括各种需要处理但还未处理的事项；项目相关人员工作安排计划的制定与保存，主要是项目人员为了更好地进行工作，在平台上制定相关的工作计划与日常活动安排，这部分内容主要储存在个人的信息系统空间里，便于以后的查看与运用；项目成员如果有记录日常工作情况的习惯，可以在自己的私人空间里利用相关功能模块写工作日志，并可以运用检索的功能对其惊醒查看与修改；每个用户在此系统中都有一个唯一的个人登录账号和登录密码，通过个人设定这一项功能可以对自己的账号和密码进行相应的更新和设置，为信息的安全性提供保证。

跨流域调水工程项目的知识包括跨流域调水工程的相关过程资产、研究报告、标准规范、程序文档和数据等显性知识，具体包括由项目信息组成的各种数据库、项目人员信息数据库、各种有关工程项目的经验总结等，还包括隐藏在各组织成员的大脑中的经验，和隐藏在项目管理中还没有被发现的知识或经验。因此，跨流域调水工程项目的知识管理，就是在协同工作平台的知识系统，在该系统内让各组织中的资信与知识，透过获得、创造、分享、整合、记录、存取、更新、创新等过程，不断地回馈到知识系统内，形成永不间断的累积。个人与组织的知识成为组织智慧的循环，成为各组织进行项目管理与应用的智慧资本，有助于各组织做出正确的项目决策，以满足跨流域调水工程项目管理的需求。因此在该平台上跨流域调水工程项目知识管理的工作包括：首先，采用一定的方法对其知识进行搜集；然后，由知识管理专业人员对这些搜集的知识进行识别；最后，被识别的知识经整理归类后建立相关知识库，并在该平台上进行知识分享。知识分享主要是通过平台向相关人员发邮件或直接在平台的公告栏上进行宣传，知识进行分享后相关人员可以通过平台的论坛进行讨论学习，不但有利于开发存在于这些知识内的隐性知识，还可以增加项目人员的交流，减少各组织间的文化差异；增加对项目信息的了解，减少各组织目标的差异，进而促进组织界面问题的解决或淡化。

2) 信息交流管理模块设计

根据对跨流域调水工程项目组织界面矛盾成因信息沟通管理的分析以及在平台上相关人员进行信息交流的功能要求，该模块设计见图3-10。其中，对电子公告的管理就是利用电子公告的方法准确及时地发布一些项目信息的通知，以便项目相关方及时进行处理，并可以通过论坛进行讨论；即时通信就是利用手机、邮件等进行相关事宜的通知，手机和邮件在该系统中都有详细的设置，有时候人们很难知道自己是否有新邮件，可以通过手机与邮件绑定的方法进行解决，一有新邮件产生，就会自动通过手机短信的形式进行通知；对邮件系统的管理除了上述可以与手机进行绑定，还可以无限制地接收和发送邮件，包括系统内部邮件和系统外部邮件，以及一些邮件的基本功能，比如可以进行群发与抄送收件人等。

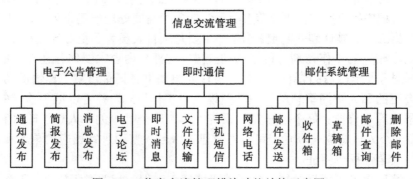

图 3-10　信息交流管理模块功能结构示意图

因此，通过协同工作平台的信息处理及信息管理模块功能可以为跨流域调水工程项目各组织提供一个完善的信息处理与交流管理平台。项目各参与方通过该平台的项目信息管理功能模块，可以进行充分的项目信息沟通交流，包括工程内部信息的交流和外部信息功能的交流，跨流域调水工程项目各组织在顺畅沟通的环境下可以进行充分的沟通交流，通过平台的协同信息平台可以实现信息的共享，信息传递方式的多样化、信息的标准化，保证了项目信息的及时性、准确性和规范性，从而可以缓解或解决由于项目信息沟通不畅导致的组织界面矛盾问题。

3) 协同合作管理模块设计

根据对跨流域调水工程协同合作管理的具体分析,其功能结构见图 3-11,建立互信机制的目标就是为了使各参与方相互信任。本部分研究讨论的互信管理就是相关管理软件公司与平台的各用户通过签订协议的方式建立起彼此的互信关系,通过协议项目管理软件公司对相关用户的权限进行了设置,用户在协议的基础上进行平台的操作使用;工作流的管理就是通过设置流程分类,查询相关的工作流,并可以对其按设定好的格式标准进行编辑,并可以对其工作流的运行效果进行监控等;会议管理就是对会议的召开方式及其召开实施进行管理的过程;对报表系统的管理就是对各种报表的格式、命名方法和打印处理方式等进行设置,以便后期的制定、查询、使用和打印。

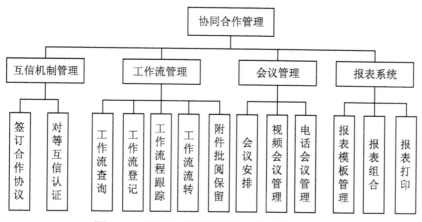

图 3-11 协同工作管理模块功能结构示意图

协同工作平台的协同合作管理模块可以使跨流域调水工程项目各组织通过签订合作承诺协议的形式明确各组织的工作目标,从而建立一种共赢的合作关系;协同工作信息平台的项目信息的数字化管理功能可以使跨流域调水工程的项目信息更加公开化,有助于加强各组织之间的信任程度,促进了各组织工作目标的一致性,从而可以缓解或解决由于组织目标差异而带来的组织界面矛盾问题。其跨流域调水工程项目各组织间签订的合作承诺协议示意图如图 3-12 所示。

在三个模块的共同作用下,不仅可以为各组织提供一个沟通交流顺畅和协同工作的环境,还有利于对各组织文化进行整合,建设跨流域调水工程项目的核心文化,从而实现各组织的协同工作;并可以通过加强信息的沟通与文化的宣传,实现项目核心文化的塑造,减少各组织间的组织文化差异,从而可以缓解或解决由于组织文化差异导致的项目沟通问题。其跨流域调水工程项目文化示意图如图 3-13 所示。

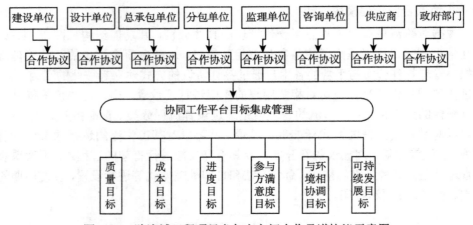

图 3-12　跨流域工程项目参与方之间合作承诺协议示意图

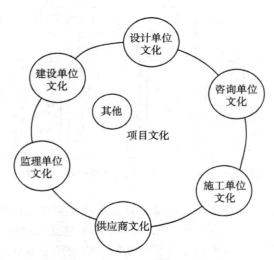

图 3-13　跨流域调水工程项目文化示意图

综上所述,在整个平台的正常运行下,跨流域调水工程组织界面问题能够得到很好的解决。

对于有合同的组织界面问题,通过平台可以加强有合同约束的组织间的沟通与交流,对项目的进展情况及各项资料信息更加了解,并可以进行相关文件的修改、审批等工作,有利于降低组织间界面矛盾产生的概率。例如,这些组织在进行某项合作时,可以提前通过平台的聊天工具或视频会议对某些细节进行商议,确定后再具体实施,这样在具体的工作中可大大避免一些不必要的争执或分歧。

对于无合同约束的组织，他们可以通过平台的信息处理管理模块和信息交流管理模块对项目信息进行充分的了解，也可以通过平台的相关论坛或聊天工具进行充分的交流，这有利于减少他们的组织文化差异及对项目目标的分歧；这些组织还可以通过协同工作管理模块处在一个共同的协同工作环境中，并可以签订合作承诺协议明确各组织的工作目标，建立一种合作关系。在此环境下，项目信息更加公开化，能够加强这些组织间的信任度，有利于促进工作目标的一致，从而减少组织界面矛盾。

3.2.4 协同工作资料科目及权限设置

根据跨流域调水工程项目各组织及项目各成员的工作任务，基于本部分研究所建立的协同工作平台，对其资料科目及操作权限进行设置，保证项目资料的标准化、规范化和安全性，实现跨流域调水工程项目资料合理、有效的管理，为项目管理人员决策提供依据，从而减少甚至避免因信息管理不善而带来的组织界面矛盾问题。

1) 协同工作平台资料科目设置

在了解 Buzzsaw 软件的实际功能的基础上，根据跨流域调水工程项目业务流程、运作方式以及工程建设的实际情况，对进入 Buzzsaw 系统的信息进行归类和编码，以便资料信息的正确输入和查阅，具体设置如下：

(1) 项目工程信息分类采用树状结构进行划分：① 按参与方单位进行划分；② 对建设单位资料按共用信息和部门信息进行划分，设计资料按设计单位进行划分，施工资料、材料设备资料等按工程标段划分，依此类推；③ 将各单位资料再按其合理类别进行划分。

(2) 上传文件名称要求。为了便于资料的管理与查询，上传的资料文件必须起一个电子文件名，电子文件名与文件的标题一致；无标题或者图像时，根据其主体内容进行概述命名。上传的文件名统一格式为"日期 + 标题性文件名"。

(3) 跨流域调水工程项目资料具体分类及编码，与一般大型工程项目分类与编码的方式一致。

2) 协同工作平台操作权限设置

协同工作平台操作权限设置的目的是为了使跨流域调水工程项目各参与人员能够顺畅、安全地在平台上进行相关操作，以实现项目成员的沟通交流及方便快捷的进行项目管理工作。

(1) 权限规定。① 参与本平台运行的各有关单位及其管理人员，必须按照"工程信息处理权限的规定"，在信息管理平台上对项目中运行的文件进行上传、编辑、查看、下载或修改。② 建设单位的工程部设"站点管理员"，各标段项目工程部现场资料管理员是"项目管理员"。③ 参与工程建设的各有关单位及其管理员，按其权限级别划分为若干"项目成员",享有各自的操作权限。④"项目成员"的操作权限由建设单位的工程部根据参与单位的工作需求赋予或终止其相应范围的操作权限。⑤参与项目的各有关单位组织及其管理员,按其在跨流域调水工程信息化平台上的权限级别划分其操作权限。

(2) 项目成员级别和操作权限 (表 3-1)。

表 3-1　项目成员级别和操作权限

权限 成员	增加 项目	增加/删除站点成员	增加/删除项目成员	设定成员或组的权限等级	增加/删除文件	编辑 文件	查看 文件	加入/编辑批注、便签和注释	只能查看项目资料夹列表
站点管理员	●	●	●	●	●	●	●	●	
项目管理员			●	●	●	●	●	●	
编辑					●	●	●	●	
更新						●	●	●	
审阅							●	●	
查看							●		
列表									●
存放					●	●	●	●	

由表 3-1 可了解跨流域调水工程的各参与方的相关人员在平台上的权限设置,相关人员只能进行权限内的操作,权限外的操作却无法进行。

综上,合理的协同工作平台总体架构模型和功能结构模型的构建,加上全面的系统维护功能和协同信息功能的设计才能满足跨流域调水工程项目组织界面管理中平台各用户的工作需求,才能实现协同平台的真正价值,为跨流域调水工程项目各参与方提供一个不受地域和时间限制的沟通交流和协同工作的环境。

在跨流域调水工程项目建设过程中,该协同工作平台可以给各参与方的工作带来了很大的帮助,协同工作平台最大的一个总体功能就是便于用户的沟通交流和协同工作。例如该平台的各模块的功能及能够提供充分沟通交流环境的功能可以为跨流域调水工程项目的管理工作带来方便性与快捷性,避免那些繁杂的办事流程及业务流程直接在线进行相关文件的审批及其他操作,体现了其项目结构组织扁平化的优点,解决了组织流程繁杂和权责设置不合理的问题,并可以明确各组织的工作职责,重要的是可以明确组织间界面上的工作任务,从而缓解甚至解决由于组织结构不合理而带来的组织界面矛盾问题。

综上,根据跨流域调水工程项目组织界面矛盾的特点及组织界面管理理论对跨流域调水工程项目组织界面管理的协同工作平台进行了详细的设计。

3.2.5 协同工作平台的管理流程

构建协同工作平台进行跨流域调水工程项目组织界面管理是很有必要的，但本部分初步设计的协同工作平台在实际的运用过程中可能存在一些不完善的地方，这就需要对其工作平台的使用进行管理[62]，才能不断得到完善，满足实际工作中的功能需求，达到平台真正的设计效果，保证其平台的高效运行。

因此，协同工作平台的管理是一个动态的管理流程，平台的用户包括建设公司、勘察设计公司、项目管理公司、相关承包商及政府部门等，在使用的过程中，这些相关用户肯定会发现平台的一些缺陷，如设计的相关功能不能满足工作的要求，就是功能设计的不完善问题；一些功能的操作流程过于繁杂，增加了工作量，就是操作流程设计不当的问题；一些功能虽然可以满足工作的要求，但是使用效率不佳（构建的论坛模块，使用起来不方便，不能及时显示对方输入的信息，反应的时间较长），就是系统设计不佳的问题；一些功能使用的概率很小，却占有大量的空间，给整个系统的运行带来了负担，就是平台功能模块重点设计的问题等。这些问题是每个系统平台初次使用过程中经常会遇到的问题，并且这些问题不是在同一时间内能够被发现的，是在不断使用的过程中逐步发现的，这也是协同工作平台能够不断得到完善的必要基础。

因此，要想让设计的平台真正运用到项目管理中，必须要进行调整与完善。基于上述问题，本部分研究提出针对上述协同工作平台可能会出现的问题，采用每2个月对其相关使用方进行询问与统计，包括在使用过程中遇到的问题及对协同平台构建的一些对策建议等；经整理把反应的相关问题进行归类分析，如果是自己内部可以解决的问题尽量自己解决，不能解决的再把具体的问题情况告诉给相关项目管理软件公司；与项目管理软件公司进行沟通交流后，最终确定需要解决的问题，并委托项目管理软件公司进行调整与完善；把问题是否可以解决的情况通过邮件或电话的形式告知提出问题的相关人员，并给出相应的解释；项目管理软件公司进行调整与完善后及时通知相关人员，并在平台的公告栏上进行通知；相关问题解决后的一个月后，通过电话回访了解平台调整与完善的效果，如果效果不佳，继续与相关项目管理软件公司进行沟通，在一定条件下，争取做到满足每个平台用户工作的需求。按照这样的平台管理流程进行管理，随着时间的推移与平台的深入运用，初步构建的协同工作平台将会得到不断地完善，能充分发挥平台的作用。

协同工作平台的管理是一个动态的管理过程，本部分的设计只是对其进行一个初步的设计，需要在使用过程中不断对其进行调整与完善，不断提高平台的功能及平台的使用效率，才能设计出真正符合实际工作要求的平台系统。

综上，协同工作平台的管理流程图如图3-14所示：

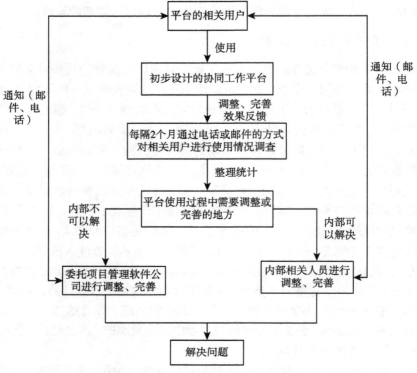

图 3-14　协同工作平台的管理流程示意图

3.3　基于协同工作平台的跨流域调水工程组织界面
管理配套保障机制

3.3.1　配套管理机制

由上述基于协同工作平台的跨流域调水工程项目组织界面管理的具体实施办法可知，保障其实施成功的两大关键点为：一是要保证平台的高效运行，二是要想保证实施的顺利进行，必须对其实施过程进行管理和控制，制定相关的管理机制作为支撑，也就是要根据造成跨流域调水工程项目组织界面问题的因素及平台高效运行的要求制定相关的组织界面管理机制。

根据上述跨流域调水工程项目组织界面问题的主要成因、构建的协同工作平台的功能以及平台的管理流程，针对基于协同工作平台的跨流域调水工程项目组织界面管理可以建立以下几种管理机制，即契约机制、信任机制、协同机制、学习机制和反馈机制，它们共同作用，以解决或缓解组织界面问题，提高项目管理的效率。

1) 契约机制

跨流域调水工程项目各参与方建立的合作关系需要进行维护才能达到预期的效果，这种维护可以通过有效的契约机制来实现。契约是各参与方之间进行合作的法律式条约。契约机制的建立是维护各参与方进行合作交流的前提。根据委托代理理论，为了确保合作各方的利益均衡，合理的契约机制是避免由于信息不对称带来的逆向选择和道德风险的重要措施，也有利于协同工作平台相关功能的发挥。其核心是要建立一种一致性的信息机制，使各组织间界面关系中的各方避免信息不平衡因素的干扰，取得目标上的一致和利益的共享。进而避免跨流域调水工程各参与方由于信息不对称而损害自身利益现象的产生，合理的契约机制是需要设计一种既能达到目的，各参与方又自愿接受的契约，因此，跨流域调水工程办可组织相关人员进行商议决策，进而设计符合跨流域调水工程建设的契约机制。

2) 信任机制

避免各组织信息独占的现象可以依靠建立信任机制来实现。跨流域调水工程建设不同阶段的工作任务需要不同的组织进行合作才能完成，因此，各组织往往采取临时合作的方式。然而在此基础上建立的合作界面是临时的、不稳定的，这种不稳定性也会给各参与方之间建立相互信任关系带来了巨大的挑战。各参与方对关于自己核心能力的信息具有独占性，致使信息流在各参与方之间的界面间不能顺畅地传递。因此，为了保障信息的传递，应根据合作关系与信任关系的特点，通过恰当的方式来建立和发展信任机制。跨流域调水工程各参与方以契约机制为依托，在通过协同工作平台充分理解信息共享、资源共用的前提下，相互信任，整合自身的组织文化与流程，实现各参与方间资源流的有效对接，形成一条流畅的价值链，最终实现共赢的目的。

3) 协同机制

协同机制是解决跨流域调水工程项目组织界面问题的最核心的保障机制，协同也是维护组织界面关系、保障资源流顺畅交互的最终目的。协同机制可以有效克服各参与方工作流程的冲突，减少资源流在组织界面中流动的障碍，提高资金流、物料流及信息流等在各参与方之间的组织界面交互空间中的流动速度和效率。协同机制的设计原则一般有以下几种方法：

(1) 缩短组织界面的长度，就是缩短各参与方之间的距离，建立信息交互平台，及时更新与掌握各参与方的发展信息；通过信息平台的建设来保障和维护各参与方工作流程的衔接统一。同时也可以减少合作中代理层级，建立直接的面对面对话；建立利益系统保障机制，缩短双方利益保障壁垒。

(2) 扩大组织界面的宽度，即扩大各参与方的合作范围与合作频率。虽然跨流域调水工程建设的各个阶段的目标不同，合作的组织也不同，工作内容一旦变化，所合作的组织也就随着变化，但良好的合作经验可以为以后的合作需要打下良好的基础。这样可以提高各参与方之间的黏结度，同时结合契约机制的激励，进而提高组织界面各方沟通交流的积极性，促进资源流的传递。为扩大组织界面中资源流的交互途径，可以通过互联网、物流网和生产技术人员的交换和培训等，实现项目信息的共享。

(3) 融合组织界面各方对项目目标的接受和理解程度。跨流域调水工程项目各参与方的整体目的是为了使跨流域调水工程建设工作顺利地开展，实现项目管理效率和效益的最大化。虽然每个参与方的工作内容和目标不同，但每个参与方要充分理解自身目标和整体目标的关系，组织与其他参与方的合作关系，这样才能达到各参与方价值创造的融合，达到共赢的目的。

综上，协同机制也是协同工作平台有效实施的重要保障。

4) 学习机制

学习机制主要用来解决组织文化方面的问题。建立有效的学习机制就是要建立学习型组织，打造项目核心文化。第一，提高各组织的学习能力，打破因文化冲突而形成的交流壁垒；第二，以沟通为前提，拟定跨流域调水工程项目各组织的共同愿景。跨流域调水工程项目的各参与方要明确合作的项目目标，要建立敏捷、柔性、高效的组织；第三，建立技术培训、高管交流、及时沟通的知识互换平台。各参与方在跨流域调水工程项目建设过程中，要有实现项目目标的愿景，要主动学习和理解其他参与方的组织文化，学会站在全局的角度看待自身与其他参与方之间的合作关系，以总体目标来谋求自身目标的实现。学习机制有助于提高通过协同工作平台解决组织文化差异造成的组织界面问题的效率。

5) 反馈机制

建立的协同工作平台只有在长期不断进行改进和完善的过程中才能充分发挥其功能作用，而要想对其平台进行改进和完善，就需要对其平台进行管理，从上述的协同工作平台的管理流程来看，平台的管理是一个动态管理的过程，在管理过程中最重要的就是搜集整理各用户的问题反馈信息，然后提出相应的解决措施。因此，建立一套对应的反馈机制极其重要，跨流域调水工程建设单位可根据项目的具体情况组织专业人员建立流动的信息反馈和监督机制，提高协同工作平台完善的速度，确保项目管理的效率。

综上，五项机制是相互影响、相互联系、共同发挥作用的。如协同机制离不开信任机制、契约机制及反馈机制。反之，信任机制和契约机制可以进一步强化协同机制；学习机制和反馈机制则是相辅相成，缺一不可的；契约机制一定能强化信任机制，而信任机制不一定必须建立在契约机制基础之上。因此，单项机制的建立无法达到预期的效果，只有在其他机制共同的影响下，才能充分发挥其作用。

3.3.2 管理保障措施

随着跨流域调水工程建设的形势高涨，跨流域调水工程的信息化管理愈加突出，但是，目前工程信息化管理还存在很大的问题，达不到预期的管理目标，一是项目管理软件本身的问题，如软件不完善；二是项目管理相关人员自身的问题，如有些项目管理者排斥协同工作平台或不具有使用的能力。为了保障上述设计的跨流域调水工程项目组织界面管理协同工作平台的运行，除了尽快组织专业人员对满足设计的总体模型及各模块功能模型、工作资料科目及权限设置要求的协同工作平台进行构建，还要邀请相关专业的专家对相关参与方进行平台培训。除此之外，针对跨流域调水工程项目组织界面管理的特点，简单提出以下几点对策，以保证协同工作平台的运行效果。

1) 开发第三方接口软件

随着信息化技术的快速发展，项目管理软件的开发在近几年也得到了一定的发展，软件功能更新速度加快，导致原有的项目管理软件很快被淘汰。但跨流域调水工程的工期比较长，规模比较大，对项目管理软件的各项功能要求也很高，当然价格也就不菲。但随着软件的更新换代，如果跨流域调水工程项目管理组因为原有的软件不能满足某几项功能要求就全部进行替换的话，不但会大大提高跨流域调水工程建设管理的成本，还会造成项目资源的浪费。因此，跨流域调水工程项目管理组可以采用开发或购买第三方接口软件的方式进行问题的解决，当某项功能欠缺时，只需要对第三方接口软件采用插槽的方式进行相关功能的补充，而不需要对这个系统进行替换，使项目资源得到充分的利用。

2) 加强项目管理信息化的宣传与推广

跨流域调水工程组织界面管理信息化是必然趋势，由于项目管理软件的价格相对其他项目资源来说较高，但在短期内感觉不到其带来的收益，现实中很多项目管理人员不愿意利用软件进行管理，可能是在成本和效益之间徘徊，也可能对其具体的作用不了解。这就需要在项目管理人员中大力宣传信息化管理的作用与意义，强化项目管理信息化的思想，宣传可采用软件培训的方式使其了解利用项目管理软件进行项目管理的方便性与快捷性；还可以采用讲座的形式，列举运用工程项目信息化管理的成功案例，对其作用与意义结合案例进行详细讲解；也可以采用培训与试用相结合的方式进行推广，这样才能把理论与实际操作联系在一起，增强项目管理者的接受程度；当然对于一些大的项目管理软件公司可以为特定的项目管理人员提供新产品的试用机会，不但可以验证其功能的有效性，还可以从试用方了解该软件功能的缺点与不足之处，以便于对新产品进行调整和完善。

3) 培养复合型信息技术人才

跨流域调水工程建设阶段的各利益相关方是项目管理信息化的主体，他们对信息化知识、项目管理软件、项目管理知识的掌握程度都对工程信息化管理工作的开展起着关键的作用。因此，像跨流域调水这样的工期较长的工程，在建设工作启动前，应培养一些具有复合型技术的人才，比如同时掌握信息化技术、工程项目管理技术、运维与 IT 技术等信息化管理关键技术的人才，为信息化管理工作的开展提供强有力的技术支持。

4) 加快管理流程完善的速度

协同工作平台的管理是一个动态管理的过程，本部分研究只是对跨流域调水工程项目的协同工作平台进行了初步设计，肯定会存在一些不完善的地方，要想平台不断完善就必要采取一定的措施进行管理，让其缺点和不足的地方慢慢地被使用者发现，然后对其进行调整和完善。也就是通过上述介绍的协同工作平台的管理流程进行管理，加快平台完善的进度，进而更好地为跨流域调水工程项目的组织界面管理工作做贡献。

在这些保障措施的共同作用下，协同工作平台能够充分发挥作用，真正做到解决跨流域调水工程项目的组织界面问题，提高项目管理的效率与效益。

3.4　案例分析

3.4.1　L1 跨流域调水工程概况

1) 工程简介

L1 跨流域调水工程是一项较大规模的跨流域调水工程。整个工程总长度约 234km，每年通水约 10 亿 m^3，最大运水能力为 $60 \sim 100m^3/s$。主要工程包括河道整治、提升和加压泵站、大型倒虹吸、进水闸枢纽、明渠、暗渠、暗管、净水厂、平原水库等，以及农田水利配套、供电、通信工程等。该工程的建设不但缓解了相关地区的用水难题，还提高了水的质量，并且具有保护土质的作用，使相关地区地面下沉现象明显降低。不仅能够保证使用水较多的缺水企业顺利进行正常生产，同时还为一些新建企业提供了可靠的水源，提高了投资环境，对相关地区经济和社会的发展发挥着巨大的作用。

但是在该工程一期工程的建设过程中，由于组织界面管理不善的原因，工期延迟了半年左右，成本在预算的基础上增加了很多，质量方面造成的损失更大，和原来预期的效果相比，经相关专家评定其质量远远达不到预定验收标准。经有关建筑专家分析，这些损失主要由项目管理不善引起的，而组织界面管理问题是其主要原因。

经了解，以下两种组织界面矛盾时常发生：

(1) 在 L1 一期工程建设过程中，Ⅰ区和Ⅱ区之间有一段合作施工路段的交界处，当II区总包公司已经进行底部钢筋施工工作时，建设单位还未向两个总包单位指定合作路和II区交界处的方位。因此，由于建设单位没有给予这些组织界面足够的重视，导致工作界面处的责任不明朗，形成较多工程的变更，增加了项目管理上的难度。

(2) I段完成后才可以启动II段，但是分包商之间由于缺乏信息交流沟通，或为了自己的利益不愿配合其他组织的工作，这样就形成了一定的组织矛盾，进而影响工程的工期和成本。

经调查得知，该项目组织界面问题产生的主要原因在于各个地域的组织无法进行顺畅的交流，导致各个地域的工程得不到很好的衔接，并且在工程的实施过程中，组织间由于项目信息沟通交流的缺乏，经常会出现因争执与分歧而停工的现象，导致工期的延迟。而项目管理者对于这些组织界面问题主要采用的解决方法为：电话调解、会议协调或邮件说明等，但 L1 跨流域调水工程的各组织方由于地域和时间的限制，这些解决方法已远远无法达到预期的效果，以致给项目带来巨大的损失。

2) 基于协同工作平台的组织界面管理的实施

鉴于 L1 跨流域调水工程一期工程建设过程中由于组织界面问题而引起的工程工期延长、成本过高、各分部工程衔接不佳等问题，该工程项目二期工程的组织界面管理改用设计的协同工作平台进行管理，采取第 3.3 节介绍的实施方法进行组织界面管理：

首先，平台的构建及培训。在 L1 跨流域调水工程项目开展前，组织专业人员建立一个总体设计及各模块功能设计、工作资料科目及权限设置的协同工作平台。并对相关参与方进行宣传利用平台沟通交流的思想及开展一些专业培训工作，以保证后期平台的正确使用，达到预期的效果。

其次，各参与方按照规定的标准对项目信息进行分类和组织，确保信息的规范性、真实性和及时性，再传输到平台上，根据自己的权限各参与方对这些信息进行查看、修改等，进而解决由信息管理不当导致的组织界面矛盾。

再次，利用协同工作平台，综合各个参与方的长远利益、项目的最终目标建立工程项目的核心文化，并通过平台加强各参与方信息的沟通，提高项目文化塑造的进度，加快解决组织文化差异带来的沟通不畅的组织界面矛盾。通过协同工作平台的协同合作管理模块为各利益相关方建立统一目标，并对相关的项目信息进行公开化，加强组织之间的信任程度，强化目标统一的理念，从而消除由于工作目标不统一导致的组织不信任引起的界面矛盾。

最后，利用项目协同工作平台功能实现 L1 跨流域调水工程二期工程项目组织结构的扁平化，缩短信息传递的路径，使各组织的工作内容及范围更加明确，消除由于组织结构的不合理而导致的组织界面矛盾。

综上所述，采用协同工作平台进行组织界面信息化管理可有效降低组织界面问题给项目带来的损失，但协同工作平台的方法和传统的方法相比哪种方法更优越，还需进一步的验证，以保证管理方法选择的科学性和合理性。

3.4.2　效果评价

3.4.2.1　评价指标体系

由上文可知，造成跨流域调水工程项目组织界面问题出现的原因主要是各组织间的沟通不畅，本部分所设计的协同工作平台的各项功能也是为了解决这个问题而设计的，所以基于协同工作平台的跨流域调水工程项目组织界面管理的主要评价指标可通过以下几个方面的分析得出：

一是，目前跨流域调水工程各组织大多只是在意自身的情况，很容易导致信息"黏滞"的现象，影响信息的传递及反馈。同时，由于跨流域调水工程参与方多，信息传递经过的层次较多，导致信息传递渠道过长、传递效率更低，信息"黏滞"现象经常发生。跨流域调水工程项目组织界面的管理最重要的就是要注重信息的管理，使项目资料信息能够及时地、正确地、具有一定标准的进行传递和接收，这样才有利于项目管理者真正做到了解项目的进展情况，有利于项目管理工作的开展。因此，影响信息沟通管理的因素可细分为：信息沟通及时性、信息沟通准确性、信息沟通全面性和信息共享度。

二是，跨流域调水工程建设和运行过程中，专业分工较细，分布地域较广，各参与方之间进行资源、技术的共享及交流学习的机会很少，很容易导致组织间文化的差异。如果各组织不进行沟通交流，对其他组织的文化不够了解，就会影响彼此的合作。协同工作平台能够提高组织间的和谐，增强各组织相互信任的心理及组织制度的标准化。因此，这方面的因素可细分为：组织氛围和谐度、组织之间信任度和组织制度规范度。

三是，在跨流域调水工程项目的建设过程中，由于专业分工较细，各组织的工作内容和目标不同，各组织往往为了争取自己的利益而产生大量的矛盾。而协同工作平台的协同工作管理模块可以为各组织方建立统一的目标，并在平台上进行公布，提高了各组织目标的透明性。因此，这方面的因素可细分为：组织目标明确性、组织目标整体性、组织目标分解合理性和组织目标冲突严重度。

四是，组织结构的缺陷往往导致组织对自己的责任不清楚、利益分配得不合理和组织流程不够精简等现象的产生。协同工作平台使跨流域调水工程项目组织结构的扁平化，明确了利益相关方的工作职责与任务范围，有利于减少组织间因界面任务而发生的分歧与争执。因此，该方面的因素可细分为：管理跨度合理性、各组织指挥统一性、责权利平衡度、分工协作性、授权分权合理性和执行与监督的合理性。

综上所述,并根据指标体系建立原则,利用文献调查法及向有关专家及相关工程人员调查的方法),最终确定了影响利用协同工作平台进行跨流域调水工程项目组织界面管理的主要因素。主要概括为四类,并对此建立目标层、一级指标和二级指标三个层次的指标体系。具体如表 3-2 所示。

表 3-2   跨流域调水工程项目组织界面管理评价指标体系

目标层	一级指标(准则层)	二级指标(指标层)
跨流域调水工程项目组织界面管理综合评价 A	信息沟通管理 A_1	信息沟通及时性 A_{11}
		信息沟通准确性 A_{12}
		信息沟通全面性 A_{13}
		信息共享度 A_{14}
	组织文化 A_2	组织氛围和谐度 A_{21}
		组织之间信任度 A_{22}
		组织制度规范度 A_{23}
	工作目标 A_3	组织目标明确性 A_{31}
		组织目标整体性 A_{32}
		组织目标分解合理性 A_{33}
		组织目标冲突严重度 A_{34}
	项目组织结构 A_4	管理跨度合理性 A_{41}
		各组织指挥统一性 A_{42}
		责权利平衡度 A_{43}
		分工协作性 A_{44}
		授权分权合理性 A_{45}
		执行与监督的合理性 A_{46}

3.4.2.2   评价模型

1. 评价模型原理概述

模糊综合评价的方法[63]是结合模糊理论建立的一种评价方法,是对评价对象综合评价隶属度的多指标评价方法。可以从客观角度解决一些模糊且定性的问题,使用该方法时可以确定隶属度函数,方法有很多种:F 统计方法,F 分布等。当然,也可以邀请一些有相关经验的专家进行评价。但该方法中权重的确定具有很大的主观性,缺乏科学性,因此本部分研究采用专家调查法和 AHP 相结合的方法来计算各指标的权重,有效地解决了模糊综合评价的缺点。

2. 模型评价步骤

1) 建立评价指标集和评语集

评价因素集是综合评价指标组成的集合。其中,一级指标表示为 $U = (u_1, u_2, \cdots, u_n)$;二级指标表示为 $U_i = (u_{1i}, u_{2i}, \cdots, u_{ni})$。

根据跨流域调水工程组织界面管理评价指标标准化的方法，组织界面管理方法评分值在 0~10 之间，并分为 4 个等级，其集合为 V ={满意，较满意，一般，差 }={8,6,4,2}。

2) 模糊判断矩阵的构建

按照评语集，邀请一些从事相关工作的专家或具有丰富经验的相关人员进行打分，根据原始数据和 $r_{ij} = \dfrac{x_{ij} - \min\{x_{kj} \,|\, k=1,2,\cdots,m\}}{\max\{x_{kj} \,|\, k=1,2,\cdots,m\} - \min\{x_{kj} \,|\, k=1,2,\cdots,m\}}$ $i=1,2,\cdots,m; j=1,2,\cdots,n$ 计算得到模糊判断矩阵。

3) 评价指标权重的确定

在模糊判断矩阵的基础上，采用问卷调查法和 AHP 方法，确定相关指标的权重值。

4) 模糊理想解 V^+ 和模糊逆理想解 V^- 的求解

根据 $Z = (z_{ij})_{m \times n} = (w_j r_{ij})$ 计算加权规范化矩阵，根据 $V^+ = \{z_j^+ \,|\, j=1, 2,\cdots,n\} = \left\{\max\limits_i z_{ij} \,|\, j=1,2,\cdots,n\right\}$ 和 $V^- = \left\{z_j^- \,|\, j=1,2,\cdots,n\right\} = \left\{\min\limits_i z_{ij} \,|\, j= 1,2,\cdots,n\right\}$ 确定模糊理想解 V^+ 和模糊逆理想解 V^-。理想解是一个假设值，实际中很难达到，只是为了提供参考价值。

5) 相对贴进度的求解

根据，

$$\begin{cases} D_i^+ = \sqrt{\sum\limits_{j=1}^{n} (z_{ij} - z_j^+)^2} \\[2ex] D_i^- = \sqrt{\sum\limits_{j=1}^{n} (z_{ij} - z_j^-)^2} \quad , i=1,2,\cdots,m \\[2ex] D_i = \dfrac{D_i^-}{D_i^+ + D_i^-} \end{cases}$$

计算各评价方案评价指标值向量到模糊理想解的距离 D_i^+ 和到模糊逆理想解的距离 D_i^-，以及各评价方案评价指标值与模糊理想解 V^+ 的相对贴进度 D_i。D_i^+ 越小越好，表示结果与理想解很近，D_i^- 越大越好，表示结果与逆理想解差距很大。因此，求出的 D_i 越大越好，表示实际的评价结果越靠近理想的结果。

6) 综合评价

根据 D_i 的大小来选取较优的组织界面管理方式，D_i 值越大表示方案越优，因此 D_i 值最大的方案就是最终选择的最优方案。

3.4.2.3 效果评价及分析

为了验证 L1 跨流域调水工程运用协同工作平台解决其组织界面问题的效果，邀请相关专家组成一个评价小组，采用上述的模糊综合评价方法对 L1 跨流域调水工程传统的组织界面管理方式和协同工作平台方式进行评价，并把协同工作平台看作方案 1，传统的管理方式（邮件、电话及协调会议等）做方案 2，以验证该方法的有效性及可行性。

本例采用表 3-2 所示的评价指标体系，本书采用的评语分为 4 级，为 $V =\{$满意，较满意，一般，差 $\}=\{8,6,4,2\}$，按照评语集，经相关专家的问卷调查，对其评价原始数据进行统计分析，按照上述评价步骤，经过一系列运算得出相应的模糊判断矩阵，见表 3-3。

表 3-3 模糊判断矩阵

方案	r_{11}	r_{12}	r_{13}	r_{14}	r_{21}	r_{22}	r_{23}	r_{31}	r_{32}	r_{33}	r_{34}	r_{41}	r_{42}	r_{43}	r_{44}	r_{45}	r_{46}
1	1	1	1	0.5	1	1	1	1	0.6	1	1	1	1	1	0	1	1
2	0.6	0.5	0	1	0	0	0	1	1	0	1	0	0	1	1	0	0

根据上述原理，经过专家调查（附录 5 调查问卷的第二部分及第四部分）确定一级指标和二级指标的权重，并得到它们的组合权重，见表 3-4。

表 3-4 一级指标权重、二级指标权重及组合权重的确定

目标	A_1 0.30	A_2 0.26	A_3 0.24	A_4 0.20	组合权重
A_{11}	0.20				0.01
A_{12}	0.39				0.08
A_{13}	0.27				0.06
A_{14}	0.14				0.03
A_{21}		0.12			0.03
A_{22}		0.27			0.08
A_{23}		0.61			0.15
A_{31}			0.16		0.06
A_{32}			0.13		0.04
A_{33}			0.36		0.12
A_{34}			0.35		0.09
A_{41}				0.05	0.01
A_{42}				0.21	0.04
A_{43}				0.20	0.04
A_{44}				0.33	0.07
A_{45}				0.12	0.3
A_{46}				0.09	0.02

由上述原理可以计算出模糊理想解 V^+ 和模糊逆理想解 V^-，具体为

$V^+ = (0.15, 0.08, 0.05, 0.11, 0.05, 0.07, 0.09, 0.03, 0.05, 0.04, 0.04, 0.03, 0.02, 0.17,$
$0.06, 0.14, 0.03)$

$V^- = (0, 0, 0, 0, 0, 0, 0, 0, 0, 0, 0, 0, 0, 0, 0, 0, 0)$

各指标值向量到模糊理想解的距离为 D_i^+，分别为 $D_1^+ = 0.07190, D_2^+ = 0.15000$；各指标值向量到模糊理想解的距离为 V_i^-，分别为

$$V_1^- = 0.28373, V_2^- = 0.24087;$$

各待评价方案评价指标值与模糊理想解的相对贴进度 D_i，分别为

$$D_1 = 0.79782, D_2 = 0.61624.$$

由上述综合评价的结果看出，$D_1 > D_2$，因此，L1 跨流域调水工程项目组织界面管理方案中方案 1 最优，即采用协同工作平台的方法进行 L1 跨流域调水工程二期工程项目组织界面管理的效果比传统的方式要有效。其中，经整理得出跨流域调水工程项目组织界面两种管理方式对应的各评价指标的平均分值，具体见表 3-5。

表 3-5　两种管理方式下各评价指标的平均分值对比

项目	指标	分值	
		传统方式	协同工作平台
信息沟通管理	信息沟通及时性	4	8
	信息沟通准确性	6	8
	信息沟通全面性	4	8
	信息共享度	4	8
组织文化	组织氛围和谐度	4	8
	组织之间信任度	4	6
	组织制度规范度	4	8
工作目标	组织目标明确性	4	6
	组织目标整体性	4	6
	组织目标分解合理性	4	6
	组织目标冲突严重度	8	2
项目组织结构	管理跨度合理性	4	6
	各组织指挥统一性	4	8
	责权利平衡度	4	6
	分工协作性	4	6
	授权分权合理性	4	6
	执行与监督合理性	4	6

由表 3-5 中数据可知，采用协同工作平台进行跨流域调水工程项目组织界面管理各指标的评价分值较高，进一步表明协同工作平台可以缓解甚至解决跨流域调水工程项目组织界面问题（分值越高表示越能促进各指标的实现）。

最后，经统计得出：二期工程与一期工程在同工程量情况下，工程成本节约了约 2.1%，且工程质量有了明显的提高，工程工期也达到了预期的工期要求。同时，在访问相关管理者时，他们对其他组织的了解程度明显有了很大的提高，并且对 L1 整个工程的项目信息有了全面的了解。有些组织在没有第三方介入的情况下，因项目上的某些问题或技术上的问题通过平台互相沟通交流，甚至在工作中达成了一定的协议，他们通过平台互相分享各自拥有的项目信息或技术知识，大家互相学习，提高了各自的工作水平及技术水平。借助这个自由交流平台，还挖掘了一些项目管理专家及技术高手，这些专家和高手可通过视频讲座向其他用户传授经验和知识。可见，运用协同工作平台不仅可以达到解决组织界面问题的目的，在运用期间还会发挥意想不到的作用，进一步验证了运用协同工作平台解决跨流域调水工程项目组织界面问题的有效性。

4 基于熵权 ANP 模型的重大水利工程施工联合体的风险分担机制

工程施工联合体作为重大水利工程建设的重要承建方，是以一个企业为主导、通过契约方式联合其他企业所组建的工程施工合作联盟。特别是对于紧密型的工程施工联合体，由于各参与方需协作并统一开展项目的施工管理，所以科学的风险分担策略有助于明确各方风险承担比例及权责，实现优势互补，从而最大限度地控制项目风险，使工程顺利完工。鉴于此，有必要立足工程施工联合体，研究制定合理的联合体风险分担比例以此作为联合体风险控制成本分摊、风险损失补偿、风险收益分配的依据，这对于该类建设项目风险的有效控制及项目最终成果的实现有着重要意义。

4.1 主要内容、研究方法及技术路线

4.1.1 主要内容

1) 重大水利工程施工联合体风险分担基础理论选择及框架制定

根据资料查阅及实证调查，进一步解析重大水利工程施工联合体的基本内涵、组织模式及管理特点，梳理并总结施工联合体的风险分担现状，为后续联合体风险分担研究提供依据。选择采用利益相关者理论、风险管理理论、不完全契约理论等作为联合体风险分担研究的基础指导理论，将相关理论的核心思想、基本理念融入联合体风险分担及管理过程，提高联合体风险控制的理论及实践价值。此外，研究制定联合体风险分担基础框架，明确联合体分担广义含义、基本原则、核心内容及主要流程。

2) 重大水利工程施工联合体风险分担影响因素体系梳理及构建

通过广泛文献阅读分析，统计工程建设过程中的风险分担影响因素，结合工程施工联合体运作管理及风险分担实际需求，梳理并提炼联合体风险分担影响因素，并在系统分类的基础上构建重大水利工程施工联合体风险分担影响因素体系。为进一步明确联合体风险分担影响因素之间的相互作用关系，实施影响因素之间的关联性分析及论述，从而更好地掌握各类影响因素对风险分担策略的作用方式及途径。

3) 基于 ANP 及熵权的重大水利工程施工联合体风险分担模型建立及求解

立足重大水利工程施工联合体风险分担影响因素体系，利用 ANP 方法构建联合体风险分担模型，结合三角模糊理论求解各类因素对联合体风险分担的主观影响权重。建立联合体风险分担比例的评语集并开展联合体风险分担比例的模糊评判，利用所得出的模糊评判隶属矩阵结合信息熵方法求解 ANP 模型影响因素客观权重，从而实现对影响因素主观权重的修正。最后，利用 ANP 模型综合权重及分担比例的模糊评判矩阵，求解重大水利工程施工联合体最终的最优风险分担比例。

4) 重大水利工程施工联合体风险动态分担过程及合作应对机制设计

明确重大水利工程施工联合体风险合作应对的主体及协作关系，并基于不完全契约视角，设计联合体风险动态分担管理过程，将联合体合作协议与联合体风险动态分担过程结合起来，以合作协议为纽带实施联合体全过程的风险动态分担。为保障风险分担比例能够落实到联合体的风险管理过程，配套设计了基于风险分担比例的重大水利工程施工联合体风险合作应对机制，从协调管理、激励补偿、约束保障三个方面促使联合体相关参与方更好地围绕风险分担比例开展系统协作与沟通，从而合作应对风险。

4.1.2 研究方法

"基于 ANP 及熵权的重大水利工程施工联合体风险分担研究"中关注了多种研究方法的综合应用，已获得较好的研究效果。其采用的研究方法主要包括：

1) 文献阅读及对比研究法

鉴于国内外直接关于重大水利工程施工联合体风险分担的研究较为有限，所以必须广泛阅读相关文献，确定其他领域风险分担及管理的研究成果，梳理重大水利工程施工联合体风险分担的特点及要求，并通过对比分析将其他领域相关研究方法及成果借鉴到联合体风险分担研究过程中。

2) 网络分析法 (ANP)

重大水利工程施工联合体风险分担是一个系统且复杂的过程，涉及影响因素众多。为充分反映各类影响因素对联合体风险分担策略的影响，体现各类影响因素的相互作用关系，可以通过网络分析法 (ANP) 强大的关系表达能力，求解出各类影响因素综合作用下的联合体合理分担策略。

3) 信息熵权法

考虑到利用网络分析法 (ANP) 求解工程施工联合体风险分担策略过程中的模型权重过于主观，不利于客观反映各类影响因素的实际作用程度，所以通过信息熵权法求解模型客观权重而对模型主观权重予以修正，从而确保联合体风险分担策略求解过程的科学性及合理性。

4) 模糊综合评判法

重大水利工程施工联合体风险分担是一个定性与定量相结合的过程，根据模

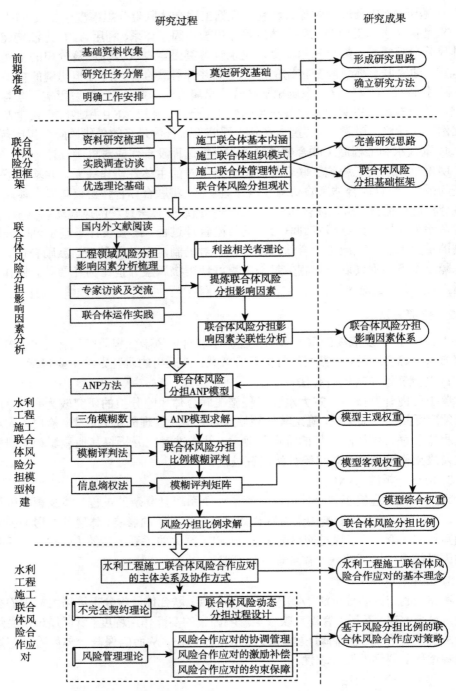

图 4-1   重大水利工程施工联合体风险分担机制研究技术路线图

糊综合评判法的隶属度理论把定性评价转化为定量评价，从而科学开展工程施工联合体风险分担比例的综合评判。此外，利用模糊综合评判法也可以为信息熵权法的使用提供信息基础，确保客观权重计算的理论依据性，同时为最优风险分担比例求解提供评价依据。

5) 定性与定量研究相结合的方法

重大水利工程施工联合体风险分担不仅仅是一个分担过程，更是一个围绕风险分担的系统管理过程。基于联合风险分担比例的定量研究，根据重大水利工程施工联合体运作实际、风险管理特点等实践需要，通过分析与论述，从定性角度配套研究联合体的风险动态分担过程及风险合作应对机制，从而更好实施联合体风险管理。

4.1.3 技术路线

技术路线是研究开展的思路及方法的直观展示，"基于 ANP 及熵权的重大水利工程施工联合体风险分担研究"技术路线见图 4-1。

4.2 重大水利工程施工联合体风险分担实践及基础框架

4.2.1 重大水利工程施工联合体解析

1. 施工联合体的基本概念

工程施工联合体是指在工程承包市场中，以一个承包商为主导，通过契约方式联合其他承包商所组建的临时性工程施工合作联盟，其本着利益共享、风险共担及诚挚合作的精神，采用内部分工或共同经营的方式向业主承揽特定工程，同时通过合作契约约定各方权责利分担，并就承接工程对业主负共同及连带责任。

通过组建工程施工联合体，两家及两家以上承包商可以在联合体主导者的统筹安排下，针对特定工程项目投入各自优势资源（包括资本、管理、技术、经验甚至品牌信誉等）以提升整体竞争力，不仅可以显著提升中标可能性，也可以为工程项目顺利施工提供保障。所以，对于规模庞大、技术复杂及耗费资源的大型工程项目，工程施工联合体已成为企业或组织填补资源缺陷、弥补技术缺口、提高整体竞争力、分散和降低风险的一种良好方式，并在众多大型基础设施、大规模群体开发项目中得以成功应用，其中重大水利工程便是其应用较为广泛的领域之一。此外，工程施工联合体也已成为目前工程承包商相互之间增进沟通、合作交流、学习借鉴、资源整合、共谋发展的重要平台。

2. 施工联合体的组织模式

施工联合体根据其合作方式、合作深度及组织管理等可分为不同组织模式，其中以合资公司、松散型联合体及紧密型联合体三种组织模式最为常见。

1) 合资公司

合资公司是施工联合体最具合作深度的合作组织模式。根据项目需要，各承包商共同出资并注册成立独立的公司，最后由合资公司以独立法人地位负责项目的投标及施工。鉴于合资公司具备独立法人资格，其在法律上不算做真正意义上的"联合体"。

合资公司不具备一般合作联盟组织特征，各个承包商组织合作较为薄弱，利益分享及风险分担问题不突出，且不具备临时性，所以合资公司组织模式应用较少，只会在少数特殊情况下会予以采用。

2) 松散型联合体

松散型联合体是指各承包商根据联合体合作协议建立临时性合作联盟关系，并通过联合体合作协议规定各参与方所单独负责的工程范围、权利及义务，其不办理注册手续，不具备独立法人资格。松散型联合体具有两个主要特征：一是各承包商分别就各自负责的工程范围予以独立报价，经施工联合体共同审查后汇总报价，从而以施工联合体名义统一向业主投标报价；二是项目中标后，施工联合体各参与方按照联合体合作协议规定的权限范围，分别实施所负责工程范围内的施工任务，并自负盈亏。

松散型联合体组织模式赋予了施工联合体各参与方较大独立性，具体施工过程中各参与方之间实际合作沟通较少，其一般适用于公路等线性工程投标及施工。松散型联合体组织内部的利益分享及风险分担问题不突出，除少量经济风险外的其他风险均各自承担。

3) 紧密型联合体

紧密型联合体也不办理公司注册手续，不具备独立法人资格，其依靠联合体合作协议规定联合体各参与方的权利及责任，但其合作程度较为紧密、深入，充分实现了联合体各参与方的资源优势整合。紧密型联合体组织模式主要特征包括：一是成立工程项目部以统筹开展中标项目的施工；二是项目中标后，联合体各参与方按照联合体合作协议投入优势资源（包括硬性及软性），通过项目部予以统筹整合；三是由项目部实行统一管理、统一成本测算、统一报价、统一结算，并统一与监理工程师和业主联系；四是项目部是临时性组织而不能独立承担责任，联合体各参与方应按照联合体合作协议对项目投入资源予以分摊，对风险予以分担，并对项目收益予以分享。

紧密型联合体是最为典型的施工联合体形式，其具备合作联盟的一般特征，能够真正实现合作方资源的整合利用；此外，紧密型联合体的特征也决定了其组织管理过程具有一定复杂性。鉴于水利工程为典型的点式工程，所以重大水利工程施工联合体适合采用紧密型联合体组织模式，其通过项目部的统筹调度与协调管理，能够在施工现场各个施工界面之间实现各类资源的配合及优化，同时可以更好利用各个联合体参与方的独有优势（供货渠道、专业技术及公众关系等）保障项目目标实现。当然，紧密型重大水利工程施工联合体若期望发挥出合作联盟的真正效益，还必须具备良好的组织管理及协调机制，如联合体参与方之间的职责分配、风险分担及收益分享等。

本书将着重研究紧密型重大水利工程施工联合体风险分担问题，从而为施工联合体在水利工程中的应用提供科学借鉴。

3. 施工联合体的运作特征

重大水利工程施工联合体是一种以施工任务为导向的合作联盟，其不仅具备一般性合作联盟的基本特征，其作为工程施工领域内的一种特殊合作方式还具备其他特征。分析并梳理水利施工联合体运作特征对于科学制定联合体风险分担策略及风险分担配套制度体系有着重要意义。

1) 重大水利工程施工联合体是临时性及非法人合作组织

重大水利工程施工联合体是针对特定施工任务而组建的施工联盟，其联合投标后未中标时，联合体即解散；若联合投标后成功中标，则联合体各参与方按照联合体合作协议规定的工作计划及职责分配，协作完成中标工程的施工任务后也予以解散。此外，根据合作联盟组建特点及法律规定，严格意义上的施工联合体均不具备独立法人资格。所以，重大水利工程施工联合体作为非法人合作组织是一种以施工任务为导向的临时性组织。

2) 重大水利工程施工联合体内部存在多方共推的主导者

重大水利工程施工联合体与其他合作联盟不同，其内部存在一个由所有联合体参与方共同推举或认可的主导者（亦称牵头公司），且主导者地位由联合体合作协议予以保障而对所有参与方具备约束作用。施工联合体主导者具备内部统筹协调的权利及职责，其对整个联合体的协作沟通、资源整合、权责分配以及风险分担有着重要影响。

3) 重大水利工程施工联合体的运作以联合体合作协议为纽带

联合体合作协议是联合体得以投标报价并承担工程的必备文件，必须报送业主。对于重大水利工程施工联合体内部协作及施工开展，联合体合作协议（广义，包括内部合同文件）明确规定了各参与方的工作职责、内部权限、利益分享及风险分担等内部事宜，其体现了联合体内部诚信互谅、沟通协作、资源整合、利益共享及风险共担的合作精神，其是重大水利工程施工联合体得以成功运作的关系纽带。

4) 重大水利工程施工联合体工作开展以系统最优为目标

理想状态下的重大水利工程施工联合体在具体施工过程中，各方所投入的各类资源在整合过程中，应该以联合体整体利益最大化为目标；工程进度、成本、质量等施工计划、设备材料采购、风险分担策略均应在全面履行承包合同基础上，通过项目部的统筹及协调保障联合体整体利益最大化。当然，重大水利工程施工联合体在系统利益最大化过程中，必须要配备一定的利益贡献机制以实现系统收益在各参与方之间的转移及分享。

4.2.2　重大水利工程施工联合体风险分担现状

1) 施工联合体风险分担的基本内涵

风险分担是在联盟组织内部对相关风险的控制权责、预期损失及收益的予以界定和划分的过程，其具备双重含义：一种是相关风险的直接分配，即风险及其相关权责直接归属于联盟组织某一个参与方；另一种是风险的共同承担，即风险由联盟组织内部若干参与方以一定比例共同承担，风险的应对责任、控制成本、致使损失及预期收益均在多个承担方之间予以分担。所以，在联盟组织风险分担表示风险分别承担时，其表示风险分配的概念，分担过程只需要确定相关风险责权利的独立归属；而在联盟组织风险分担表示共担时，则是指通过一定科学手段确定风险责权利在多方之间的分摊比例。

目前，国内外关于施工联合体风险分担研究中，风险分担仍存在"分配"和"共担"双重概念并存的现象，不同研究中关于风险分担概念有着不同界定。可见，联合体风险分担研究中，风险分担可存在"风险分配""风险共担"和"风险分配 + 共担"三种基本内涵。本书考虑更为丰富的风险分担概念，认为广义的风险分担应同时包括风险分配和风险共担两种概念，风险分担结果可由相关风险在联合体参与方之间的分摊比例代表，而风险分配则可理解为联合体某参与方承担比例为"1"时的特殊情形。

2) 施工联合体风险分担的现状梳理

重大水利工程施工联合体风险分担问题是联合体组织管理中的重要内容，其核心主要在于分担主体的确定、分担比例的确定以及风险的协作应对控制三个方面。目前，施工联合体风险分担管理尚不成熟，主要体现在：

(1) 分担主体的确定。施工联合体风险分担过程中，一般由联合体主导者组织各参与方协商后直接确认相关风险的承担者；或者直接按照风险来源来确认相关风险的承担者，即风险发生主要责任者、风险致使损失主要受害者来承担相关风险；或者仅制定相关风险损失的分担主体，而未明确风险的分担应对主体及相应风险控制职责。施工联合体风险分担是一个复杂系统工作，然而施工联合体在实践操作中仅限于根据若干简单原则实施风险的分担，没有系统考虑所有因素对施工联合体风险分担主体确认的影响。

(2) 分担比例的确定。施工联合体实际运作中，普遍存在以风险分配代替风险分担的做法，即依据一定原则直接将相关风险的控制责任及损失承担交由施工联合体中的某一方承担；或者针对明确需要多方予以分担的风险，直接依据施工联合体各参与方的资源投入比例的确定风险在若干联合体参与方之间的分配比例。目前，施工联合体一方面缺乏开展风险多方分担的理念，另一方面是分担比例确定缺乏科学根据，其不利于发挥施工联合体协作应对风险的综合优势。

(3) 风险应对及控制。组建施工联合体的核心目的之一是通过多方合作以实现风险的分担及协作应对，然而目前组建施工联合体更多的是分散项目风险，而缺乏通过多方协作以主动应对及控制风险的积极性。施工联合体在完成相关风险在系统内部的分配或分担后，仅仅限于乙方风险的积极应对和风险致使损失的分担，而没有充分发挥施工联合体各参与方的资源优势，通过多方合作及资源整合提高风险控制效率。

3) 施工联合体风险分担的问题总结

通过梳理重大水利工程施工联合体风险分担的管理现状，发现施工联合体在风险分担过程中仍存在缺陷与不足，致使施工联合体协作应对风险的优势未能充分发挥，降低了施工联合体的风险控制能力。现阶段下，施工联合体在风险分担过程中尚存在以下几个问题：

(1) 风险承担主体选择不够合理。施工联合体在风险分担过程中，相关风险的分担主体确认过程主观性较强，同时缺乏系统的风险分担影响因素体系，导致风险分担主体的风险控制能力、风险分担意愿、风险损失承担等不能很好地与相关风险相匹配，从而难以使得相关风险得到最合理的分担。

(2) 风险分担比例计算不够科学。风险分担不同于风险分配，实践中存在这样的风险，其更适宜在施工联合体多个参与方之间予以分担。施工联合体直接指定或直接依据资源投入比例确定风险在若干参与方之间的分担比例显然不具备科学性，不利于充分发挥施工联合体系统优势。

(3) 风险协作应对措施不够完善。施工联合体风险分担完毕后，各参与方未能围绕风险分担比例，整合各参与方的风险应对优势能力，通过多方的合作、沟通、协调来制定风险的联合应对措施，这与组建施工联合体的基本目的是相悖的，在一定程度上浪费了组建联合体的优势资源，也不利于施工联合体对相关风险的应对及控制。

(4) 缺乏风险合作应对配套机制。施工联合体关于风险的分担及应对仅靠联合体主导者组织或简单协议约束，未在组织机制层面设计出联合体风险合作应对机制，如风险分担动态管理机制、协调管理机制、激励补偿机制、约束保障机制等，使得联合体内部风险分担及合作应对缺乏组织基础和内在动力。

4.2.3　重大水利工程施工联合体风险分担基础理论

1. 利益相关者理论

20 世纪 60 年代, 美国斯坦福研究院相关学者根据外部控制性公司治理模式的运作实践提出了利益相关者初始定义:"对企业来说存在这样一些利益群体, 如果没有他们的支持, 企业就无法生存", 肯定了利益相关者在企业或组织运行过程中的客观存在及重要地位。至 1984 年, 美国学者弗里曼 (Freeman) 进一步延伸了利益相关者的内涵, 认为利益相关者是指那些能够影响到组织目标实现或被组织目标实现所影响到的个人或群体。20 世纪 90 年代中期以后, 相关学者在前人基础上进一步引入了风险承担的理念, 认为利益相关者在影响组织目标实现或被组织目标实现所影响的过程中, 也进入了组织风险承担的客观事实。

利益相关者理论已成为现代组织管理中的重要内容, 但学界至今仍没有关于其内涵的统一描述。结合国内外关于利益相关者的理论研究及实践情况, 利益相关者理论应具备下述几层基本内涵:

(1) 利益相关者均对组织成功运行予以了专用性投入, 而投入不仅包括经济、人力、技术、资源等物质性投入, 还包括品牌价值、市场声誉及公共关系等有益于组织目标实现的隐形投入。

(2) 利益相关者对组织拥有一定权益, 有权从组织中获得与其投入相匹配的收益, 且会积极措施促使自身利益最大化。

(3) 利益相关者应承担组织运行及目标实现过程中存在的风险, 而风险的承担及控制必须符合利益要求且需要一定机制加以规范。

(4) 利益相关者对组织予以了专用性投入, 按照一定准则分享利益并承担风险, 则利益相关者的行为及态度必然会和组织目标及经营产生相互影响。

所以, 基于利益相关者理论上述基本内涵, 必须科学处理好利益相关者专用性投入、收益分享、风险承担等事宜, 设计配套相关管理机制以保障利益相关者行为及态度与组织目标及运营要求相一致。

在重大水利工程施工联合体中, 相关参与方即为联合体组织的利益相关者, 各参与方在追求自身利益最大化情形下将对联合体合作及项目成功产生重大影响。基于利益相关者理论, 组织必须考虑并保障所有能影响组织又受到组织影响的群体的利益, 组织的目标实现才成为可能。重大水利工程施工过程中, 联合体各方均需要承担巨大风险, 若风险承担和利益追求产生矛盾且无一定机制予以解决, 则联合体参与方便会采取使自身利益最大化、使自身风险最小化而忽略联合体整体利益的行为。所以, 将利益相关者理论引入到施工联合体风险分担决策中, 有助于肯定联合体参与方在项目施工中的利益诉求, 完善风险分担及应对机制, 达到协调联合体参与方之间利益冲突, 实现个体利益并整体利益最大化的效果, 从而调动联合体参与方分担风险、控制风险并协作沟通的目的，最终保障联合体参与方利益及联合体整体效益目标的实现。

2. 项目风险管理理论

开展重大水利工程施工联合体风险分担研究，项目风险管理理论是最为基础性且根本性的指导理论。此处，项目风险管理理论泛指包括风险内涵、风险管理过程、风险管理技术等在内的相关风险管理知识体系。项目风险管理是指根据项目目标及实现过程，对项目风险予以科学的规划、识别、评价和决策，利用高效的应对技术以主动地、有目的地、有计划地控制风险，从而实现最小投入获得满意的风险控制效果。科学风险管理是保障项目目标实现的重要内容，而对于类似于施工联合体的合作性组织而言，合理的风险分担则是落实风险管理的基础。结合施工联合体风险分担需要，本书主要引用的项目风险管理理论包括全面风险管理理论、全过程风险管理理论和动态风险管理理论。

1) 全面风险管理理论

鉴于项目实施是一个复杂的、动态的、进化的过程，需要一种全面系统的、基于战略目标的风险管理思想，即风险管理工作应和其他项目管理活动融合为一体，从而贯穿于项目管理各项阶段、各项活动及各个成员中间，从而推进项目战略目标的实现。在落实全面风险管理框架过程中，应将目标体系、管理要素、组织单元予以全面系统的整合，做到以目标体系为核心、以组织体系为基础、以流程体系为载体及以方法体系为手段，并推进风险的识别、评估、响应和控制四大体系的相互配合及相辅相成，从而整合形成一个科学完整的工程项目风险关系系统。全面风险管理通过实施项目全过程的风险管理、项目全部活动的风险管理、基于战略目标的风险管理、全方位的管理和全面的组织措施，配备项目全面风险管理支持系统，可以更好地统筹风险管理过程中各类资源及因素，实现风险的全方位的有效控制。

2) 全过程风险管理理论

在全过程风险管理理论中，风险管理由风险识别、评估、分析、响应、应对等环节组成，通过计划、组织、协调、监控等管理手段，合理地运用适宜工具或手段对风险进行识别、评估、评价，随时监控项目进展，关注风险动态，妥善处理风险事件所造成的不利后果。风险识别、评估、响应、控制等环节应贯穿于项目风险管理各阶段，各阶段循环嵌套，从而形成一个伴随项目建设全生命周期的、完整系统的风险管理过程。在开展施工联合体风险分担决策研究中，应将风险分担决策行为与风险管理全周期结合起来，综合考虑风险分担与风险全过程管理的影响关系，风险分担结果应以风险识别及评估为基础，以保障风险后期有效监控及应对为目标，从而实现风险科学分担和风险全过程高效控制的融合。

3) 动态风险管理理论

动态风险管理理论是指在项目风险管理过程中，应结合项目总体目标战略和内外部环境变化态势，实时监测和检查项目风险管理过程中的真实状态，并将其及时与预计状态予以对比分析，一旦发现存在偏离现象即采取纠正措施，确保项目风险处于可控理想状态，从而保障项目目标最终实现。动态风险管理理论首先要求对项目实施全过程的风险管理，从项目立项直至结束均需要跟踪开展风险识别、评估、分析及控制工作，实现项目全生命周期的风险跟踪；其次围绕投入于风险管理工作的人员、设备、资金等予以系统统筹；最后则是配备针对性组织措施。在重大水利工程施工联合体风险分担及应对研究中，必须认识到风险分担及控制也具备动态性，初期分担结果及配套管理计划都需要伴随联合体内外部环境变化而做出动态调整，将目的性、层次性、循环性、实效性及柔韧性等动态管理特性予以落实，设计科学合理的联合体风险动态管理机制。

3. 不完全契约理论

契约是指两个或多个单体或组织之间为完成特定目标而设立的规范相互权利及义务的法律强制性协议，是保障目标实现、协调合作关系、实现多方权益的配套性协议。契约规范了相关主体的权利、义务及责任，而责任即意味着一定风险的承担，所以风险分担及控制是契约（或合同）重要组成内容，而契约也必将影响到风险的合理分担及高效控制。

不完全契约理论认为由于人们有限理性、信息不完全性及交易事项不确定性等限制性条件存在，难以通过契约条款明确所有权利义务关系或者明确所有权利义务关系所需的成本过于巨大，所以契约不可避免地存在漏洞而呈现不完全性。基于不完全契约理论，施工联合体风险分担及控制过程中，契约中关于风险管理的权利及责任必然会存在不尽之处，或者对相关工作事宜未做合理规定，或者存在相关契约条款在事后特定情形下已无法被完全履行，所以在风险分担及应对策略制定过程中必须要认识到不完全契约可能会带来的弊端，配备相关的保障机制以降低不完全契约可能造成的弊端。

重大水利工程施工联合体的风险分担结果以及围绕分担结果所制定的联合体风险协作应对策略是联合体合作协议（即契约）中的重要内容，联合体合作协议中关于风险分担及应对条款规定的完善性是保障风险有效控制的基础，所以基于科学的联合体风险分担比例结果，必须设计以联合体合作协议为纽带的多方风险分担及协作应对架构，界定好联合体多方的权利及责任。同时，基于不完全契约理论，联合体多方应协商完成事后洽谈、协商、补充相关条款的机制设计及制度安排，配备联合体风险分担管理的跟踪及协调机制，在避免联合体参与方利益争端基础上实现风险的全过程跟踪控制。

4.2.4　重大水利工程施工联合体风险分担基础框架

1) 施工联合体风险分担广义内涵

本书关于重大水利工程施工联合体风险分担采用广义内涵，风险分担是利用科学手段确定联合体多方关于相关风险的共担比例，而风险分配是风险分担的一种特殊形式，即最终确定的最优风险分担比例是某一参与方承担风险所有权责。通过引入风险分担广义内涵，可将施工联合体风险分配和共担概念予以统一，通过开展风险分担决策即可确定相关风险是否直接独立分配到某参与方，或者确定相关风险由哪些参与方共担及分摊比例。

水利工程具有建设规模大、技术要求高、建设周期长及不确定要素多等特征，使得重大水利工程施工联合体面临着巨大项目风险。成立重大水利工程施工联合体的重要目的之一便是通过多方合作实现风险在系统内部的分散及转移，从而降低单个承包商的风险程度。所以，重大水利工程施工联合体风险分担对于联合体合作目标实现、联合体稳定运作具有重要意义。

重大水利工程施工风险分担即是针对重大水利工程施工及联合体合作过程中的各类风险，依托于各联合体参与方的特有资源及管理优势，实现各类风险在联合体系统内部的最优规避、转移及分散，确定最优的风险分担比例以明确风险控制责任和风险后果承担格局，从而使得各类风险的控制效果最佳及控制成本最低，最终保障重大水利工程施工的顺利开展及目标实现。

2) 施工联合体风险分担基本原则

重大水利工程施工联合体涉及参与方众多，面临的项目实施风险和组织合作风险复杂，导致联合体风险分担成为联合体初期谈判和后期合作过程中的焦点问题。为更好地权衡施工联合体各参与方权责利关系，结合国内外关于风险分担研究成果及实践经验，重大水利工程施工联合体风险分担应遵循以下基本原则：

(1) 有助于降低联合体整体风险控制成本。联合体不同参与方对相关风险具备不同控制优势，风险分担应充分考虑联合体不同参与方风险控制边际成本变化，确保风险分担策略实现联合体整体风险控制成本最低。

(2) 有助于提升联合体整体风险控制能力。联合体参与方对相关风险越具备控制力则其越应承担风险的更大比例，此处风险控制力应包括控制风险的经济、技术、人才等资源和承受风险可能损失的程度。

(3) 有助于匹配风险分担与权责利的关系。联合体参与方均具备获得一定预期收益的合作目标，所以联合体风险分担结果必须要与联合体内部权利设置、责任归属及利益分配等相一致，从而规避联合体参与方消极应对风险。

(4) 有助于促进联合体内部沟通合作关系。联合体风险分担核心目的是通过整合不同参与方管理优势以实现风险有效控制，所以合理风险分担策略必须有利于联合体参与方的任务分工及沟通协作，避免风险分担矛盾对联合体内部合作氛围产生不利影响。

(5) 有助于整合联合体参与方的风险偏好。风险偏好代表了联合体参与方对风险的态度及承担的意愿，联合体作为合作联盟应充分尊重参与方自身风险承担的意愿，否则不利于调动其主动应对风险的积极性。

(6) 有助于设计联合体协作应对风险契约。对于所制定的联合体风险分担策略，必须要在联合体合作协议中通过相关条款明确联合体参与方责任义务，从而确保联合体参与方能够在充分协作基础上实施风险控制，所以风险分担策略应该有助于相关保障性契约条款及风险控制机制设计。

重大水利工程施工联合体风险分担是一个复杂的多属性决策过程，上述六项原则是风险分担必须要予以统筹的优先原则，除此之外还应考虑风险分担与投入程度相匹配、风险来源与优先承担风险等原则。

3) 施工联合体风险分担核心内容

施工联合体风险分担是一个多因素影响的复杂决策问题，其过程涉及前期准备、分担实施、配套保障等众多工作内容，重点把握好风险分担核心内容及相互关系对于科学实施重大水利工程施工联合体风险分担有着重要意义。

(1) 识别并评估联合体项目风险。科学全面地识别施工联合体所面临的项目实施及组织合作风险，可以明确联合体需要予以分担的风险对象；准确分析并评估所识别的风险，可以帮助决策者更好地把握风险来源、概率、损失等特性，从而为风险具体分担提供科学依据。

(2) 提炼并分析联合体风险分担影响因素。作为临时性合作组织，施工联合体风险分担必须要综合并权衡各类因素的影响，所以提炼联合体风险分担影响因素、分析影响因素对风险分担的影响途径及程度、梳理影响因素间的相互作用是联合体风险科学分担的重要基础性工作。

(3) 构建联合体风险分担比例求解模型。联合体风险分担结果是确定相关风险的权责利关系在联合体参与方之间的分摊比例，通过构建模型综合联合体风险分担影响因素以实现风险分担比例量化求解是实现联合体风险科学分担的最核心工作，其可为风险分担提供科学性及实践性的依据。

(4) 设计基于分担比例的联合体合作应对机制。开展风险分担最终目的是实现联合体对相关风险的共同承担及协作应对，而如何围绕所决策的风险分担策略实现风险分担主体的积极合作及协同应对需要一定内部机制予以支持，通过机制设计可利用协议条款和内部制度将风险分担主体的管理行为与联合体整体目标予以统筹，确保风险分担最终带来风险得到有效控制的结果。

鉴于联合体项目风险识别及评估工作较为成熟，同时考虑到篇幅所限，本书假设待分担风险已通过分析及评估，风险基本特性已经为决策者所知，从而重点研究联合体风险分担影响因素、风险分担比例求解模型、配套合作应对机制等核心内容。

4) 施工联合体风险分担主要流程

重大水利工程施工联合体风险分担是一个动态并不断反馈的过程，主要可分为投标前初始分担、中标后再分担、跟踪控制及反馈三个主要阶段。

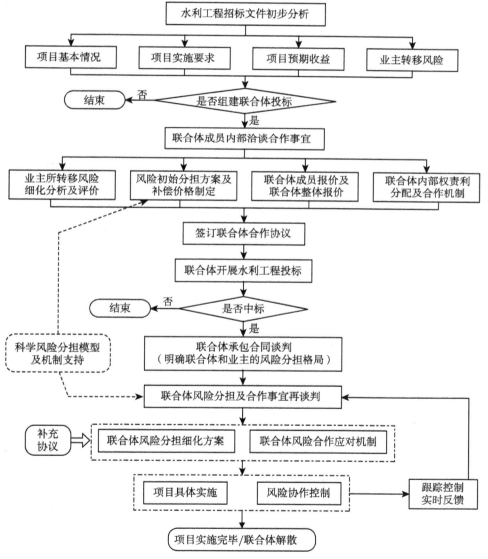

图 4-2　重大水利工程施工联合体风险分担工作流程

(1) 投标前初始分担。联合体根据业主所发布招标文件，通过初步分析拟招标项目的基本情况及施工要求，结合业主转移给承包方的相关风险情况，对联合体需要承担的风险予以分析及评价，初步拟定联合体对风险的分担方案及补偿要求，编制联合体合作协议，最后联合体成员根据权责利分配开展报价并实施联合体投标。

(2) 中标后谈判再分担。联合体中标后与业主就承包合同相关条款予以谈判，进一步明确联合体整体与业主之间的风险分担格局，落实联合体需要承担及应对的项目风险。上述基础上，针对联合体实施项目过程中的相关风险，依据科学的风险分担模型及机制，洽谈确定联合体风险分担方案及配套合作应对机制，并利用联合体补充协议方式予以约束联合体参与方权责利。

(3) 跟踪控制及反馈。在项目实施具体过程中，应对联合体参与方协作应对风险工作予以跟踪及检查，及时发现风险控制过程中存在的不足或疏漏，通过一定反馈机制实现风险分担方案的不断完善，从而最终实现项目风险的有效控制。

重大水利工程施工联合体风险分担是联合体运作过程中的重要环节，风险分担工作与联合体项目实施及目标控制工作也是紧密结合开展的，风险分担工作应在项目实施全过程管理框架下实施。联合体风险分担工作流程详见图 4-2。

4.3　重大水利工程施工联合体风险分担影响因素分析

4.3.1　重大水利工程施工联合体风险因素

1) 水利工程项目实施的一般性风险

工程项目实施的一般性风险是指由于水利工程实施特征所造成，而与是否采用联合体形式承包工程无关的风险。水利工程具备投资规模大、建设周期长、技术要求高及影响范围广等特点，实施过程涉及众多内外部因素，水利工程自身特征给工程实施过程带来巨大风险。根据国内外关于水利工程承包风险的研究成果，结合本书所界定的非联合体合作执行项目所特有的工程项目实施的一般性风险内涵，水利工程实施的一般性风险包括政治风险、自然风险、经贸风险、法律风险、社会文化风险、技术风险、合同风险、组织管理风险、项目目标控制风险及利益相关方风险等 10 类风险。

(1) 政治风险。政治风险是指因水利工程所在国家或地区内政治不稳定、政府丧失信誉、宏微观经济政策变动、政府部门效能低下或者相关特许政策变更等原因形成的项目风险。政治风险一般包括政局不稳风险、政府信誉风险、政策变动风险、政府效能低下风险、战争风险、局部动乱风险及特许政策变更风险等 7 类子风险。

(2) 自然风险。自然风险是指由于水利工程周边区域内所存在的不利自然因素

（项目实施前不可预见或预见成本过高）给工程顺利实施所造成的风险。自然风险一般包括不可抗力风险、恶劣的地质条件风险、恶劣的气候条件风险及现场条件风险等 4 类子风险。

(3) 经贸风险。经贸风险是指项目实施过程中，由于经贸活动相关因素发生不确定性变化而给项目实施造成阻碍的风险。经贸风险一般包括汇率风险、采购价格波动风险、工程物流风险等 3 类子风险。

(4) 法律风险。法律风险是指由于国家或区域性法律体系不完善、法律执行不到位、不同区域法律差异性或法律突然性变更而给工程施工造成不可预见损失的可能性。法律风险一般包括无法可依风险、有法不依或执法不严风险和法律变动风险等 3 类子风险。

(5) 社会文化风险。社会文化风险是指工程所在区域所特有的社会风俗、风貌、信仰、治安等特性可能给水利工程顺利施工所带来的不利影响。社会文化风险一般包括价值观念差异风险、沟通风险、宗教及风俗习惯风险和社会治安风险等 4 类子风险。

(6) 技术风险。技术风险是水利工程投标及施工过程中的重要风险，其是指重大水利工程施工过程中由于采用技术专利或秘密许可不当、工艺技术流程选择不合理、工程技术指标设计不科学、技术标准或规范选择不当等所导致的工程风险。水利工程技术风险一般包括设计规范风险、设计质量风险、设计进度风险、设计接口、技术文件翻译风险、设计变更风险、施工技术风险、材料规格风险、设备应用风险、文件移交风险及试车运行风险等 11 类子风险。

(7) 合同风险。合同风险是指水利工程承包合同缔约及履行过程中由于疏漏或行为不当而对工程顺利实施造成不利影响的风险。合同风险一般包括合同策划阶段风险、投标报价风险、合同谈判风险、条款缺陷风险、合同变更风险、工程结算风险和履行效率风险等 7 类子风险。

(8) 组织管理风险。组织管理风险是指水利工程承包商在组织设置、人员配备及组织运行等组织管理层面所存在的不完善之处给工程实施所造成的风险。组织管理风险一般包括管理组织结构风险、组织机构分工及授权风险、组织内部协调风险、外部协调风险、管理组织人员风险等 5 类子风险。

(9) 项目目标控制风险。项目目标控制风险是指水利工程阶段实施完毕或全部完工后，由于内外部原因而导致项目目标不满足原定计划而影响工程效益的风险。项目目标控制风险一般包括工期控制风险、质量控制风险、成本控制风险、健康安全和环保控制风险等 4 类子风险。

(10) 利益相关方风险。利益相关者风险是指承包商在水利工程实施过程中，由于相关利益方的行为而对承包商利益产生损害的情形。利益相关者风险一般包括业主行为风险、代理人风险、分包商风险及供应商风险等共四类子风险。

2) 施工联合体组织运作的特定风险

联合体组织运作特定风险是指因采用施工联合体形式承包并实施水利工程而导致的特殊风险（非联合体承包项目所没有的风险）。联合体组织运作特定风险一般与项目本身关联性较小，多来源于联合体资源投入、组织合作、协作施工及信息沟通等领域。结合重大水利工程施工联合体（紧密型）实施过程，吸收相关理论研究及实践经验，重大水利工程施工联合体组织运作特定风险一般包括合作伙伴选择风险、恶意磋商风险、联合体组织设置风险、工作界面风险、内部协作风险和连带责任风险等 6 类风险。

(1) 合作伙伴选择风险。组建施工联合体的主要目标是实现资源及优势互补，所有联合体合作伙伴的资质水平、人员配备、行业信誉、实践经验、可投资源及技术优势等必须符合水利工程实施需求和联合体合作目标，从而确保联合体整体效益的可靠实现。所以，合作伙伴选择对于联合体所有参与方而言是极为重要的，一旦联合体合作伙伴相关固有属性或中间行为不符合联合体合作初衷，将给联合体整体效益带来极大风险。

(2) 恶意磋商风险。施工联合体组建初期，拟合作单位会予以相互磋商及谈判，从而形成初步性合作方案，确立联合体合作协议。联合体相互磋商及谈判过程中，彼此会就投入程度、技术方案、初步报价及优势劣势等予以较为深入的了解，此过程较易出现部分承包商假借加入联合体为名恶意开展磋商，从而骗取联合体其他成员技术及报价方案信息，从而给联合体中标带来风险。

(3) 联合体组织设置风险。对于紧密型重大水利工程施工联合体而言，统一设立的工程现场项目部一般由联合体各参与方的管理人员组成，导致组织文化融合、任务分工及协作沟通等事宜存在一定障碍，联合体参与方共同认定的联合体项目经理能否高效组织项目部团队工作也存在不确定性，这些都给项目实施带来了巨大风险。

(4) 工作界面风险。重大水利工程施工过程中，联合体会根据相关参与方具体优势予以施工任务的分工，期间由于工作包分割不科学及联合体成员利益关系冲突等原因，极可能导致联合体成员专业特长优势发挥受限及工程工作界面搭接不合理等现象，给工程实施及配合带来不必要的障碍，从而严重妨碍工程施工的正常秩序及节奏。

(5) 内部协作风险。联合体通过协作沟通而实现各参与方优势互补是实现联合体整体效益的关键，联合体作为一个合作联盟需要充分且深入的内部协作沟通机制方可高效整合优势、科学任务分工、合理界面搭接及保障信息畅通，而由于工程范围变化、利益分配冲突及母公司干涉等原因时常破坏联合体内部协作沟通机制，进而影响到联合体组建初衷的实现和合作优势的发挥。

(6) 连带责任风险。联合体合作协议明确了联合体各参与方的权责利分配情况，同时也包含了联合体各参与方对整个联合体的连带赔偿责任，所以任何联合体参与方在施工过程中的不当行为均会给整个联合体带来经济赔偿责任，进而影响到联合体参与方正常的施工计划及资金计划等，从而最终给联合体整体目标带来影响。

3) 施工联合体风险分担的初步格局

针对所识别的重大水利工程施工联合体风险，联合体和业主一般会在联合体承包合同谈判过程中予以初步分担，界定好联合体整体与业主之间的风险承担格局。通常情况下，政治风险将全部归属于业主承担，自然风险、法律风险将在联合体与业主之间予以共担，而其他水利工程项目实施的一般性风险及联合体组织运作的特定风险均归属到联合体承担。

针对联合体承包合同所界定的联合体所全部承担风险或局部承担风险，根据风险来源、风险发生主要责任者、风险致使损失主要受害者、风险可能受益主要享受者、参与方风险控制能力、参与方风险控制成本等因素，结合联合体参与方风险控制意愿/风险偏好，由联合体主导者组织拟定联合体风险分担初步格局，明确可直接予以分配的联合体风险、应共担的联合体风险以及尚不能确定的联合体风险。一般情况下，依据工程实践操作经验及已有相关研究成果梳理[64-68]，可得重大水利工程施工联合体风险分担初步格局，详见表 4-1。

表 4-1 重大水利工程施工联合体风险分担初步格局

一级风险	二级风险	风险分担基本策略			备注说明
		分配	共担	未明确	
政治风险	—	—	—	—	业主全部承担
自然风险	不可抗力风险	—	—	—	业主全部承担
	恶劣地质条件风险		√		
	恶劣的气候条件风险		√		
	现场条件风险		√		
经贸风险	汇率风险	√			经贸业务范围内独立承担
	采购价格波动风险		√		
	工程物流风险		√		
法律风险	无法可依风险		√		宜通过谈判交由业主承担
	执法不严风险		√		
	法律变动风险		√		
社会文化风险	价值观念差异风险	√			当地社会文化熟悉、公共关系良好的参与方倾向于承担并应对风险
	沟通风险	√			
	宗教及风俗习惯风险		√		
	社会治安风险		√		

续表

一级风险	二级风险	风险分担基本策略			备注说明
		分配	共担	未明确	
技术风险	设计规范风险	✓			设计技术领域风险一般应由联合体参与方对应自身工程范围予以负责，但是对于可能涉及参与方配合合作及界面处理的风险仍适宜共同分担
	设计质量风险			✓	
	设计进度风险		✓		
	设计接口风险		✓		
	技术文件翻译风险	✓			
	设计变更风险		✓		
	施工技术风险		✓		在独立施工过程中，具有技术优势及采购优势的参与方应协助其他参与方
	材料规格风险			✓	
	设备应用风险		✓		
	文件移交风险	✓			
	试车运行风险		✓		
合同风险	合同策划阶段风险		✓		联合体作为整体与发包方签订承包合同，所涉及的合同风险应联合体予以共担
	投标报价风险		✓		
	合同谈判风险		✓		
	条款缺陷风险		✓		
	合同变更风险		✓		
	工程结算风险		✓		
	履行效率风险		✓		
组织管理风险	管理组织结构风险		✓		水利工程紧密型联合体具有统一的组织机构及协调管理，组织管理风险应由联合体参与方共担
	组织机构及授权风险		✓		
	组织内部协调风险		✓		
	外部协调风险		✓		
	管理组织人员风险		✓		
目标控制风险	工期控制风险		✓		
	质量控制风险	✓			
	成本控制风险		✓		
	健康安全控制风险			✓	
	环保控制风险		✓		
利益相关方风险	业主行为风险		✓		
	代理人风险		✓		
	分包商风险	✓			
	供应商风险		✓		
	合作伙伴选择风险		✓		施工联合体组织运作特定风险是伴随联合体合作过程产生的风险，所以要求联合体予以分担
	恶意磋商风险		✓		
	联合体组织设置风险		✓		
	工作界面风险		✓		
	内部协作风险		✓		
	连带责任风险		✓		

注：表中说界定的重大水利工程施工联合体风险分担初步格局为常规情形下的施工联合体需要承担的风险及其在联合体内部分担情况，实践操作中应根据内外部实际情况予以针对性初步分担。施工联合体风险分担初步格局明确了由业主全部承担或可以直接予以内部分配的风险，而对于需要共担或未能明确的风险则是需要模型予以分担求解的。

重大水利工程施工联合体风险分担初步格局界定了联合体所全部承担或部分分担的风险在联合体内部的分担情况,针对需要予以共担或未明确的风险因素,则需要利用一定模型及机制求解共担风险的分担比例、未明确风险的分配共担情况及相应比例,这也是本书着重需要探讨解决的核心问题。

4.3.2　重大水利工程施工联合体风险分担的影响因素确定

1. 工程项目风险分担影响因素的文献梳理

工程项目风险分担决策是一个复杂且受多因素影响的过程,系统识别风险分担影响因素,同时分析影响因素之间相互作用关系及其对风险分担影响决策作用途径是科学实施工程项目风险分担决策的理论基础。

关于工程项目风险分担决策影响因素,国内外学者已做了一定程度探讨,主要涉及工程项目合同双方或多方、PPP 双方、合作联盟双方或多方之间风险分担影响因素。Chege[69]针对基础设施工程项目,认为项目融资方式对于政府与私人部门间风险分担格局具有影响作用;Hartman 等[70]与 Arndt[71]指出风险分担决策是动态过程,而工程风险分担程序及机制则是影响风险分担的重要因素;徐勇戈[72]围绕代建制项目展开研究,认为项目特点、风险类型、风险激励机制、风险态度、国际经验等因素对于风险分担具有显著影响。龙化良[73]通过研究 BOT 高速公路项目风险分担问题,得出风险分担决策受项目参与者在项目中的投资额、对风险的偏好系数以及对风险的期望净收益影响;何卫平等[64]围绕合作创新项目展开研究,得出风险收益、投入程度、风险态度、自有资源影响了风险分担过程;赵华和尹贻林[74]利用 ISM 对工程项目风险分担影响因素予以了分析,认为项目类型、承包商市场结构、发包/融资方式、承发包合同类型、业主风险分担理念、风险分担激励机制、风险分担程序设计、承担者的控制力及承担者的风险偏好是影响风险分担的重要因素。关于工程项目风险分担影响因素的相关研究多数是基于风险分担基本原则予以提炼风险分担影响因素,Abednego 和 Ogunlana[75]围绕 PPP 项目风险分担问题,得出风险分担策略需要对风险控制能力、损失承受能力、风险承担意愿予以综合考虑;张水波和何伯森[66]认为项目风险应在基本原则基础上,结合工程实际情况及合同双方风险偏好进行分担;朱宗乾等[76]基于风险控制角度,研究得出风险承担者的风险控制能力、风险损失承担能力、风险控制成本、风险预期损失、风险承担意愿共 6 个因素影响了 ERP 项目风险分担策略;柯永建等则认为项目总成本、项目参与者收益、风险态度及分担制度安排等对于 PPP 项目风险分担格局具有显著影响;廖秦明和李晓东[77]针对 Partnering 项目合作过程中的风险分担问题展开研究,认为风险承受能力、风险应对能力、风险价值观等影响风险分担格局;范小军等[78]、程述和谢丽芳[79]、刘江华[80]认为风险收益及风险成本是风险分担首要影响因素,并利用博弈模型予以了求解;黄如宝和杨雪针对工程项目合同策划中的风险分担问题，主张围绕风险发生责任、风险认知能力、风险控制能力、风险控制成本、风险预期收益予以解决。此外，Jin 和 Doloi[81]认为工程合作过程中，合作伙伴的合作历史、风险管理程序、管理机制、事前承诺等有助于确定风险分担格局；郑宪强[82]围绕建设工程合同效率展开研究，认为利用合同予以工程风险分担时应综合考虑风险可预见性、风险预防成本及收益、合同效率下的风险归属等几个参数。代春泉[83]、周利安[84]相关研究也分析得出了诸多类似的风险分担影响因素。

　　国内外学者在风险分担研究及其他相关研究中，对项目合作过程中风险分担影响因素予以了较多探讨，梳理得出了不同维度视角下的风险分担影响因素，关于国内外学者所得出的风险分担影响因素详见表 4-2。

表 4-2　工程项目风险分担影响因素文献梳理及总结

研究文献	风险认知能力	风险控制能力	风险损失承受能力	风险控制成本	自有资源	风险发生责任	风险发生概率	风险预期损失	风险预期收益	风险分担激励机制	风险分担及应对程序	主导者风险分担理念	投入程度或投资额度	合作历史及关系	项目特点	项目融资及发包方式	承包商市场结构	承发包合同类型	风险承担意愿
文献 [84]					√				√				√						√
文献 [85]		√	√	√				√											√
文献 [64]		√	√																√
文献 [75]									√	√						√			√
文献 [65]											√				√				
文献 [81]															√				
文献 [66]				√															
文献 [86]	√	√							√		√								
文献 [87]		√							√		√		√		√		√	√	√
文献 [83]		√		√					√										
文献 [77]				√															√
文献 [69]																√			
文献 [70]										√	√								
文献 [71]										√	√								
文献 [72]						√	√	√	√										
文献 [73]									√						√				√
文献 [79]				√					√										
文献 [80]				√					√										
文献 [82]				√															
文献 [74]		√	√						√										√
总计	1	7	4	7	1	2	2	3	10	5	4	1	2	1	5	2	1	1	9

国内外学者基于不同视角所得出风险分担影响因素具有一定的差距，然而仍可以发现风险控制能力、风险损失承担能力、风险控制成本、风险预期收益、风险分担激励机制、风险分担及应对程序、项目自身特点、风险承担意愿等因素是影响风险分担决策的显著因素。国内外学者直接关于联合体风险分担影响因素的研究极少，但关于工程项目合同双方或多方、PPP 双方、合作联盟双方或多方之间风险分担影响因素仍可以为重大水利工程施工联合体风险分担影响因素提炼提供良好基础。

2. 施工联合体风险分担的基本要求及特征

重大水利工程施工联合体风险分担过程与工程项目合同方风险分担、合作联盟内部风险分担具有一定类似性，在寻求合作价值过程中又存在着利益博弈，需要综合多方因素寻求多方满意且有益于集体价值最大的方案。重大水利工程施工联合体作为一个临时性合作联盟，其风险分担目标必须符合施工联合体成立的根本要求，旨在促进联合体风险管理工作有序开展和集体利益实现。对于重大水利工程施工联合体，风险分担过程应结合联盟合作组织管理的基本要求及特征，基于系统最优的视角开展风险分担决策，贯彻实现"风险得以有效控制"的根本目标，从而确保联合体整体利益。风险分担目标"风险得以有效控制"具备以下基本内涵：

(1) 联合体各参与方接受风险分担并予以合作应对。风险分担必须满足联合体各参与方的利益诉求，从而联合体各参与方能够在风险分担格局下，依据一定风险应对机制积极发挥自身优势、密切合作以实现风险的协作应对，充分发挥联合体合作所带来的风险抵抗性和风险控制性优势。

(2) 风险发生概率及致使损失被控制在合理范围内。通过施工联合体对风险的科学分担及协作应对，风险发生概率及致使损失均得到显著下降，风险对施工联合体整体的不利影响得以控制，不仅保障了工程项目的顺利开展，且保障了联合体整体的经济利益。

(3) 施工联合体整体关于风险的控制成本相对最优。联合体各参与方具有不同的组织及资源优势，风险分担应最大程度实现联合体各参与方的优势整合，使得联合体各参与方关于某风险的控制成本总和最优，从而从联合体系统层面降低风险控制成本。

(4) 联合体合作中相关工作的权责利得以界定清晰。通过风险分担应使得联合体关于工程施工任务的权责利分配更加清晰，促使联合体各参与方在自身权责利范围内实施风险联合体控制及收益互享，帮助联合体形成更为科学有序的风险应对程序及机制。

重大水利工程施工联合体风险分担目标必须基于联合体整体价值，促进联合体合作价值的提升及实现，所以重大水利工程施工联合体风险分担必须贯彻联盟系统最优的根本要求，综合考虑影响联合体风险分担目标的核心要素，从而通过联合体风险的合理分担为联合体有序合作及预期目标提供保障。

3. 施工联合体风险分担影响因素的提炼

在重大水利工程施工联合体风险管理过程中，落实相关风险的分担格局旨在通过在合作各方之间合理分担关键风险的控制责任及附属义务，实现关键风险的有效控制。结合重大水利工程施工联合体风险分担目标及运作实际，借鉴国内外已有研究成果所提出风险分担影响因素，提炼得到 6 个维度的联合体风险分担影响因素，包括项目属性，联合体合作机制，风险分担机制，风险自有属性，承担者风险应对能力及承担者风险承担意愿。基于所提炼的联合体风险分担影响维度，进一步细化分解即可得到系统完整的联合体风险分担影响因素体系，共涉及 6 个影响维度及 17 个细化影响因素。

1) 项目属性

项目属性指水利工程项目本身所特有的内在或依附的特征，多数施工联合体所面临的风险因素与项目属性有着紧密联系，从而导致项目属性成为影响风险分担的重要因素。

项目属性主要可细分为：

(1) 项目类型及规模。不同类型及规模的水利工程所对应的风险及其损失必然存在差异，从而最终会影响到相关风险的分担格局。

(2) 项目承包市场结构。特定项目所对应的承包市场结构决定了联合体参与方对于联合体依赖程度及所面临竞争态势，从而影响了联合体参与方风险管理能力和承担风险意愿。

2) 联合体合作机制

联合体合作机制主要涉及重大水利工程施工联合体合作联盟组建结构及工作合作制度安排等要素，其决定了联合体作为一个系统整体的基本特性。作为施工联合体系统的有机构成，联合体各参与方包括风险分担及应对在内的各项工作必将受到联合体合作机制的影响。

联合体合作机制主要可细分为：

(1) 项目参与程度。项目参与程度指联合体各参与方在项目合作过程中所投入人力、财力及物力等资源的总和，项目参与程度越高则实力越强且责任越大，从而倾向于承担更多的风险责任。

(2) 权责利分配结构。施工联合体合作过程中必须围绕项目施工工作予以科学的权责利分配，从而实现有序分工、优势互补及效益互享，而风险分担所对应的风险控制责任、风险控制成本及风险预期收益也必须纳入联合体权责利分配结构予以统筹考虑。

(3) 内部合作关系。作为临时性合作联盟，施工联合体内部合作关系关系到各参与方互助互信，所以联合体内部稳定且亲密的协作关系可提高联合体各参与方承担风险意愿与风险管理能力。

3) 联合体风险分担机制

联合体风险分担机制不仅包括了联合体系统对于关键性风险分担的总体态度，也明确了联合体内部对于所分担的关键性风险因素所采取的协作应对、激励补偿、约束保障等制度安排，良好的联合体风险分担机制可以提升风险在系统内部的有效可控性，吸引有实力的联合体参与方参与风险分担及应对。

联合体风险分担机制可细分为：

(1) 主导者风险分担理念。施工联合体主导者是合作组织内部的统筹协调者，所以在联合体风险分担决策中处于较主动地位，其关于特定风险的分担理念将直接影响风险的合理分担。

(2) 风险分担激励机制。多数情况的风险承担伴随着风险控制资源投入及风险预期损失承担，而联合体内部所设计的风险分担激励机制则可以通过转移补偿、收益分享等手段激励联合体参与方承担风险积极性，从而使得对于特定风险具备足够控制能力的联合体参与方倾向去主动承担风险全部或部分。

(3) 风险分担程序设计。风险分担及应对具有显著的动态性及阶段性，风险分担程序应支持联合体合作协议订立及执行过程中关于风险分担的动态调整及优化，所以风险分担程序影响联合体风险分担及应对效率。

(4) 风险联合应对机制。风险分担并不代表风险承担方独立应对风险，风险分担格局下仍依赖联合体整体协作应对，所以良好的风险联合应对机制将影响联合体各参与方风险应对能力及风险承担意愿。

4) 风险自有属性

风险自有属性特指待分担风险的责任来源、基本内涵、影响范围、发生概率、预期损失及预期收益等内在特性。待分担风险作为联合体风险分担工作所指向的对象，其根本特征与联合体参与方风险应对能力、风险承担意愿以及风险分担应对机制等直接挂钩，在风险分担过程中必须予以考虑。

风险自有属性主要可细分为：

(1) 风险责任来源。风险责任来源界定了待分担风险发生的责任源头，基于风险归咎原则，一般待分担风险的责任来源方更有责任承担风险且也能更好应对风险。

(2) 承担风险预期损失。风险可能导致的承担方预期经济、声誉等损失代表了承担风险可能带来的不利后果，而承担风险预期损失也直接影响了承担方风险损失承受能力，进而影响联合体各参与方对风险承担的意愿。

(3) 承担风险预期收益。风险收益与风险损失是相互对应的，承担风险预期收益包括风险分担可能带来收益和联合体内部转移收益等，承担风险可能所带来的额外风险收益会降低联合体参与方对风险损失的敏感度并提高风险承担积极性。

5) 承担者风险应对能力

承担者风险应对能力是风险分担目标"风险得以有效控制"的核心影响因素，决定了风险分担格局下风险是否可以通过联合体协作应对得以最优控制，其一般指联合体承担方能够很好的承受风险不利后果并能够在自身责任范围内以较低成本实现较好的风险控制效果。

承担者风险应对能力主要可细分为：

(1) 风险控制能力。风险控制能力主要指联合体参与方所具有的有效认知、评估及控制风险的能力及经验，包括联合体参与方对风险发生原因、发生概率及影响范围的认知程度，对风险所采取的风险管理技术及手段的有效性和应对类似风险的管控经验等。

(2) 风险损失承受能力。风险损失承受能力衡量了联合体参与方抵补所分担风险造成损失的能力，其与联合体参与方企业规模、自有资源及风险准备金等关系密切。

(3) 风险控制成本。风险控制成本指联合体参与方控制所分担风险需直接投入或间接投入各种资源费用总和及由此带来的机会损失，一般可细化为直接成本、间接成本和机会成本，其中间接成本包括加强基础管理、动用公共资源、加强品牌信誉等所造成费用。

6) 承担者风险承担意愿

承担者风险承担意愿特指联合体参与方倾向于主动承担待分担风险的主观意愿，考虑承担者风险承担意愿有助于风险分担格局达到联合体多方满意，从而能够促进联合体参与方积极主动地应对风险。承担者风险承担意愿主要受联合体参与方决策团队的风险偏好及决策动机所影响。

承担者风险承担意愿主要可细分为：

(1) 风险偏好程度。联合体参与方的风险偏好程度决定了其对待分担风险的喜好态度，风险决策过程是权衡收益及风险的过程，而风险偏好程度可以很大程度影响风险分担决策。

(2) 风险决策动机。风险决策动机指联合体参与方做出是否有意愿分担风险决策过程中的基本动机，其受决策团队个人经济利益或人际关系影响，并直接影响了项目的风险分担格局和风险分担效果。

重大水利工程施工联合体风险分担影响因素对于保障风险分担决策的科学合理性具备重要意义，重大水利工程施工联合体风险分担影响因素体系详见表 4-3。

表 4-3 重大水利工程施工联合体风险分担影响因素体系

维度	影响因素	影响因素描述
项目属性	项目类型及规模	不同类型及规模的水利工程所对应的风险及其损失必然存在差异，进而影响到风险分担格局
	项目承包市场结构	承包市场结构决定了联合体参与方对于联合体依赖程度及所面临竞争态势，使得风险承担意愿有所变化
联合体合作机制	项目参与程度	项目参与程度越高则实力越强且责任越大，倾向于承担更多的风险责任，风险分担与参与程度应一致
	权责利分配结构	风险分担所对应的风险控制责任、控制成本及预期收益必须纳入联合体权责利分配结构予以统筹考虑
	内部合作关系	联合体内部稳定且亲密的协作关系可提高联合体各参与方承担风险意愿与风险管理能力
联合体风险分担机制	主导者风险分担理念	主导者在联合体风险分担中处于较主动地位，其关于特定风险的分担理念将直接影响风险的合理分担
	风险分担激励机制	联合体内部所设计的风险分担激励机制可以通过转移补偿、收益分享等手段激励参与方承担风险积极性
	风险分担程序设计	风险分担及应对具有显著的动态性及阶段性，风险分担程序影响联合体风险分担及应对效率
	风险联合应对机制	风险有赖于联合应对，良好的风险联合应对机制将影响联合体各参与方风险应对能力及风险承担意愿
风险自有属性	风险责任来源	基于风险归咎原则，一般待分担风险的责任来源方更有责任承担风险且也能更好应对风险
	承担风险预期损失	承担风险所带来的经济、声誉等损失直接影响了承担方风险损失承受能力，进而影响风险承担积极性
	承担风险预期收益	风险分担可能带来收益及联合体内部转移收益会降低联合体参与方对风险损失敏感度并提高积极性
承担者风险应对能力	风险控制能力	联合体参与方越具备有效认知、评估及控制风险的能力及经验则越倾向于承担目标风险
	风险损失承受能力	分享分担应考虑联合体参与方抵补所分担风险造成损失的能力，从而确保联合体运作的稳定安全
	风险控制成本	合理的风险分担应有助于降低联合体整体用于风险控制的直接、间接及机会成本，从而提升经济性
承担者风险承担意愿	风险偏好程度	风险承担者对待分担风险偏好程度大意味着其更倾向去主动承担该风险，风险分担应考虑个体意愿
	风险决策动机	风险决策过程受决策团队个人经济利益或人际关系影响，其基本动机影响项目风险分担格局及分担效果

4.3.3 重大水利工程施工联合体风险分担影响因素的关联性分析

1) 同一维度下属影响因素的关联性分析

针对重大水利工程施工联合体，其风险分担影响因素体系是一个复杂的系统体系，体系内部各项影响因素并不是相互独立而是呈现相互影响及关联的复杂关系。针对所提炼的重大水利工程施工联合体风险分担影响因素体系，同一维度所含影响因素之间、不同维度所含影响因素之间均存在相互依赖及反馈的关系，而分析梳理影响因素之间的作用关系对于重大水利工程施工联合体风险分担及有效控制是十分必要的。

(1) 项目属性维度下，项目类型及规模决定了其对应的承包市场范围，从而也决定了相应的市场竞争程度、工程中标竞争态势及承包商平均实力等因素，所以项目类型及规模很大程度直接影响了项目承包市场结构。

(2) 联合体合作机制维度下，项目参与程度决定了施工联合体权责利分配的基本框架结构，而具体权责利分配结构也必将围绕基本框架予以谈判并明确；权责利分配结构合理性及科学性会影响到施工联合体内部合作关系，而融洽密切的联合体合作关系一般会促使联合体权责利分配结构更加合理；此外，良好的联合体内部合作关系也会影响到联合体参与方的实际投入，联合体参与方在良好的合作氛围下倾向去投入非物质性资源，包括公共关系、品牌信誉及核心技术等。

(3) 联合体风险分担机制维度下，联合体主导者基于其联合体组织内部的绝对话语权不仅影响着联合体风险分担格局，同时对联合体风险分担激励机制、风险分担动态程序、风险联合应对机制等设计过程也有着深刻影响；风险分担激励机制及风险分担动态程序、风险联合应对机制三者之间相互补充与作用，风险分担激励机制和风险联合应对机制均嵌套于风险分担动态程序之中，并最终构成了联合体风险分担机制的核心内容。

(4) 风险自有属性维度下，承担风险预期损失与承担风险预期收益一般是对等匹配的，并且促使风险预期损失降低的措施往往也会导致风险预期收益的降低；风险责任来源决定了风险主要归属的联合体参与方，而联合体参与方所负责的工程部位作为风险作用对象，则又会影响到风险影响范围及后果。

(5) 承担者风险应对能力维度下，风险控制能力、风险损失承受能力及风险控制成本均受到风险承担者企业规模、资金实力、资源状况、技术经验等因素影响，三者紧密结合而形成承担者风险应对能力；此外，风险控制能力提升往往会导致风险控制成本增加，二者是一个不断权衡以寻找系统整体最优，实现风险控制效果最佳。

(6) 承担者风险承担意愿维度下，风险偏好程度与风险决策动机均受到联合体参与方决策团队的本质特性及管理经验影响，而风险决策动机很大程度为风险偏好程度所影响；基于决策团队个人经济利益或人际关系影响，风险偏好程度也会因风险决策动机影响而发生增减。

2) 不同维度下属影响因素的关联性分析

重大水利工程施工联合体风险分担影响维度仅代表了刻画联合体风险分担影响因素的不同角度，其作为风险分担影响因素体系的系统组成必然也存在相互的作用及反馈关系。

　　项目属性界定了工程项目本身所特有的内在或依附的特征，从而影响了围绕工程项目施工而组建的联合体组织构成及责权利分配结构，并影响了联合体风险分担机制维度下的各项影响因素，联合体合作机制及风险分担机制作为施工联合体合作框架重要构成显然必须与项目属性保持匹配。联合体合作机制与联合体风险分担机制存在相互补充及制约关系，二者实现了施工联合体组织内部及运作过程中的投入、权利、责任、利益及风险等要素的均衡，从而保证了联合体的稳定合作及有序运作。风险自有属性显然受到项目类型及规模影响，同时联合体合作机制也对风险责任来源、预期损失及预期收益等产生了影响，须知工程项目及联合体组织为风险发生载体。承担者风险应对能力中风险损失承受能力是相对于风险自有属性维度下的风险预期损失及收益而言的，风险预期收益又收到风险控制能力及风险控制成本影响；虽然承担者风险应对能力主要取决于自身管理水平、拥有资源及技术经验影响，但良好的联合体合作机制所带来的联合体稳定合作及亲密协作、良好的风险分担机制所界定的风险应对程序、协作应对制度及分担激励机制等又都会显著提升其作为联合体组织参与方的实际风险应对能力。最后，承担者风险承担意愿作为联合体参与方组织内部因素，但风险预期损失及收益将影响其风险决策过程，而联合体合作机制、风险分担机制、自身风险应对能力等也会显著影响到其对风险的总体态度。

　　重大水利工程施工联合体不同维度下属影响因素并非完全独立，而在联合体风险分担影响因素体系中呈现复杂的直接或间接关系，在相互影响过程中作用于风险分担格局形成。

　　3) 风险分担影响因素网络联接关系的构建

　　重大水利工程施工联合体风险分担影响因素体系中，所开展的同一维度下属影响因素关联性分析及不同维度下属影响因素关联性分析仅揭示了风险分担影响因素之间最为直接且重要的相互作用关系，而因素体系中实际所存在的相互依赖及反馈关系远复杂于上述关联性分析所展示结果。实际上，施工联合体风险分担因素通过相互依赖、反馈及传递，构成了极为复杂的联接性网络关系，从而共同影响联合体最优风险分担格局。关于重大水利工程施工联合体风险分担影响因素网络联接关系详见图 4-3。

　　重大水利工程施工联合体风险分担影响因素直接关系到风险分担的科学性，系统界定风险分担影响因素网络联接关系有助于风险分担决策工作开展，同时也可以提升风险分担下的合作应对工作效果。限于篇幅，本书基于联合体组织运行及风险分担实践需要，定性探讨了不同维度及层次风险分担影响因素内在联接关系，从而为联合体风险分担模型构建及求解奠定基础。为提升联合体风险分担理论研究及实践应用效果，后续研究可利用结构方程、系统动力学等方法予以定量化探讨。

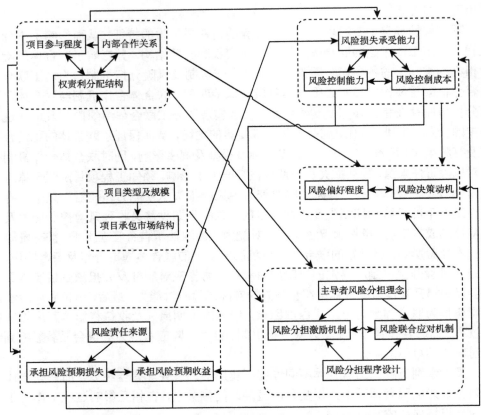

图 4-3 重大水利工程施工联合体风险分担影响因素网络联接关系

4.4 基于熵权的重大水利工程施工联合体风险
分担 ANP 模型

4.4.1 施工联合体风险分担模型的基本思路及方法

1. 联合体风险分担模型的基本思路

针对重大水利工程施工联合体风险分担影响因素间复杂的联接性网络关系,传统方法已难以予以较好的系统综合,所以考虑采用网络分析法 (ANP 法),利用其强大的关系表达及处理能力,整合所识别风险分担影响因素体系对重大水利工程施工联合体风险分担决策的影响。鉴于 ANP 方法应用于施工联合体风险分担决策过程中存在大量的主观及客观信息处理,所以在 ANP 方法基础上可进一步利用信息熵理论的良好信息处理能力,实现风险分担决策信息的科学处理及集成。

针对施工联合体待分担风险 R_x，以 "风险 R_x 得以有效控制" 为目标，利用 ANP 方法及信息熵理论构建重大水利工程施工联合体风险分担模型并实现求解，其基本思路可概括为：

(1) 提升项目风险控制效果是开展风险分担工作的基本目标，利用 ANP 方法所构建的重大水利工程施工联合体风险分担模型以风险得以有效控制为目标，确保了所得风险分担比例有助于风险有效控制，而实现风险有效控制的分担比例可作为风险最优分担比例。

(2) 所构建的重大水利工程施工联合体风险分担 ANP 模型中，将 "风险 R_x 得以有效控制" 设置为控制层（目标层），将所识别的风险分担影响维度及其子因素设置为网络层，将施工联合体参与方（即潜在风险承担者）设置为方案层，从而表达出风险分担过程中相互关联、相互作用的网络关系。

(3) 针对施工联合体待分担风险 R_x，以实现风险 R_x 有效控制为前提，利用三角模糊数构建判断矩阵，并分别求解 ANP 模型无权重超矩阵、权重超矩阵及极限超矩阵，进而获得基于专家主观决策信息的联合体风险分担影响因素主观权重。

(4) 以影响工程施工联合体风险分担的某项因素为基准，利用施工联合体及待分担风险客观信息，对联合体各参与方适宜承担的风险比例予以模糊综合评判，得到联合体参与方相对于不同影响因素的适宜风险分担比例，并汇总得到维度影响下的联合体各参与方对风险适宜分担比例的综合矩阵。

(5) 鉴于信息熵的强大信息处理能力及信息保真能力，利用信息熵处理风险适宜分担比例综合矩阵所提供的信息，从而可得到风险分担影响因素客观权重；进一步引入相对熵模型，测度不同赋权方法所得权重的信息距离，求解出保留足够信息准度的综合权重。

(6) 整合 ANP 模型影响因素体系的综合权重及联合体关于风险适宜分担比例的综合矩阵，可求解得出模糊综合评判下的联合体参与方的适宜风险分担比例，予以归一化，即可得到联合体关于待分担风险 R_x 最优分担格局。

利用 ANP 方法及信息熵理论不仅较好地处理了联合体风险分担影响因素内在联接关系及其对风险分担决策作用关系，同时集结了风险分担决策中的不同偏好信息，实现了主观信息及客观信息的集成，保证了风险分担比例的科学合理性，从而得出合理科学的风险分担策略，提高风险控制的有效性。

2. 联合体风险分担模型的方法基础

重大水利工程施工联合体风险分担模型构建及求解过程中，综合应用 ANP 方法、信息熵权法、相对熵模型、三角模糊数及模糊综合评判等技术方法，其 ANP 方法、信息熵权法、相对熵模型是本书中最为核心的研究方法。

1) ANP 方法

ANP 方法是 Thomas L Saaty 于 1996 年在层析分析法（AHP 方法）的基础予以提出的，作为 AHP 方法的深入及改进，ANP 方法保留了 AHP 方法的优势，且进一步扩展了 AHP 方法，从而成为解决复杂结构问题的有效方法。AHP 方法取消了 AHP 方法中同层元素相互独立的限制条件，其以扁平的、网络化的方式表示因素间的相互影响关系，并且允许因素间存在相互依赖及反馈的关系，从而使得 ANP 方法所表达的因素关系与现实问题决策更为接近。

ANP 方法将决策系统划分为控制层和网络层两个部分，控制层高于网络层并成为网络层的基准。控制层包括决策目标及决策准则，其中决策准则彼此相互独立并仅受到决策目标影响；控制层中可没有决策准则，但必须至少包含一个决策目标。网络层是由受到控制层支配的元素所构成，元素之间可能相互独立也可能相互支配；每个准则所支配的网络元素不一定是简单的独立结构，而可能是一个相互依存、相互反馈的网络结构。控制层与网络层通过相互支配及影响构成了典型的 ANP 层次结构，如图 4-4 所示。

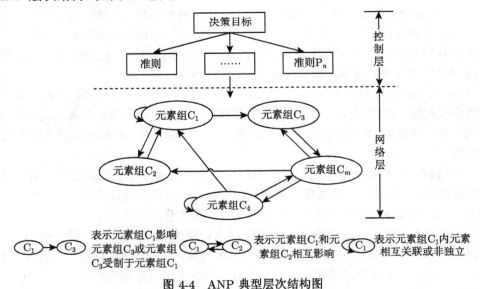

图 4-4   ANP 典型层次结构图

利用 ANP 方法在解决相关决策问题过程中，主要步骤包括：

(1) 制定决策目标及准则。通过对决策问题予以详细的描述及分析，提炼决策问题的目标、准则及子准则，同时提出决策问题的可能结果（配以方案层）。

(2) 依据目标及准则构建 ANP 网络架构。ANP 模型中，网络层是依据目标及准则而提炼，体现了决策目标及准则下相关元素及元素组之间的相互影响关系。

(3) 构建无权重超矩阵。以控制准则为基准，对元素组内元素分别实施两两比较,构建无权重超矩阵。对于具备相关及反馈关系的元素,则是按照其对于其他元素影响程度来实施比较。通过对比较成果实施归一化处理并汇总到一个矩阵中,继而可得到表示两个元素组元素相互影响关系的子矩阵,而对子矩阵予以汇总后即可得到无权重超矩阵。

(4) 构建权重超矩阵。为实现所构建超矩阵中所含元素组之间的随机性,可参照准则实施元素组相互对比以构建权重矩阵,利用权重矩阵和无权重超矩阵相乘并予以归一化处理,进而可得权重超矩阵。

(5) 求解极限超矩阵。ANP 模型中,鉴于考虑了元素间相互依赖及反馈关系而使得元素权重确定变得较为复杂,为体现元素间直接或间接比较的关系,可利用超矩阵反复迭代予以实现,即通过对求解权重超矩阵极限的途径来确定稳定后的元素间关系。求解极限超矩阵是 ANP 求解核心内容,但也是一项极为复杂的计算过程,一般可利用 Super Decision 等计算机软件求解。

2) 信息熵权法

熵是热力学及统计物理中的特用宏观量表述,用于描述运动过程不可逆现象。伴随科学发展及多学科交叉趋势加深,熵已经突破物理学概念而应用于自然科学及社会科学众多领域,具体涉及信息论、经济学、管理学、控制论等学科。熵可用于描述一个系统所处状态的均匀程度,系统熵值越小则系统状态越发有序,其所含信息量也就越大;而系统熵值越大则代表系统越发无序,其所含信息量也就越小。

信息论中,假设系统存在 n 个事件,相应概念为 $p_i(0 \leqslant p_i \leqslant 1$ 且 $\sum_{i=1}^{n} p_i = 1)$,则系统信息熵计算公式为

$$H(p_1, p_2, \cdots, p_n) = -\sum_{i=1}^{n} p_i \ln(p_i) \tag{4-1}$$

依据信息熵基本思想,决策过程所获得信息的数量及质量高低是决策科学合理性的重要影响因素。某个指标信息熵越小,则指标变异程度越大且提供信息量也越大,从而使得其在决策过程所起作用越大,进而可认为该指标在决策过程中所占有权重也越大;反之,则该指标对应权重则越小。

基于熵理论及信息熵思想,利用相关指标对应的变异程度及信息熵所确定权重即为熵权。熵权反映了备选方案信息对决策的贡献度,由于是利用实际存在的信息求解权重因而也是客观的。

若决策问题中存在 m 个备选方案或评价对象,围绕决策目标存在 n 个评价指标,而 m 个备选方案关于 n 个评价指标所形成的原始数据矩阵为 $X = (x_{ij})_{m \times n}$。其中,$x_{ij}$ 代表第 i 个备选方案或评价对象关于第 j 个指标的评价值,$i = 1, 2, \cdots, m$,$j = 1, 2, \cdots, n$。则 n 个评价指标熵权值可通过下面步骤求解:

(1) 对原始数据矩阵为 $X = (x_{ij})_{m \times n}$ 予以归一化处理, 得到矩阵 $Y = (y_{ij})_{m \times n}$。其中, 对于效益型指标, 其归一化公式为

$$y_{ij} = \frac{(x_{ij} - \min_i(x_{ij}))}{(\max_i(x_{ij}) - \min_i(x_{ij}))};$$

而对于成本型指标, 则归一化公式为

$$y_{ij} = \frac{(\max_i(x_{ij}) - x_{ij})}{(\max_i(x_{ij}) - \min_i(x_{ij}))}.$$

(2) 依据信息熵计算公式解第 j 项指标的信息熵值, 计算公式为

$$e_j = -\frac{1}{\ln m} \sum_{i=1}^{m} p_{ij} \ln p_{ij}; \quad p_{ij} = \frac{y_{ij}}{\sum_{i=1}^{m} y_{ij}} \tag{4-2}$$

(3) 求解第 j 项指标的异系数 g_j, 其计算公式为

$$g_j = 1 - e_j \tag{4-3}$$

(4) 求解第 j 项指的熵权值 β_j, 其计算公式为

$$\beta_j = \frac{g_j}{\sum_{j}^{n} g_j}, \quad j = 1, 2, \cdots, n \tag{4-4}$$

关于第 j 项指标在 m 个备选方案或评价对象的评价值 x_{ij} 的信息熵值 e_j 越大, 则差异系数 g_j 越小, 其包含信息量相对就小而使得对应权重越小。当评价值 x_{ij} 全部相等时, 有 $e_j = 1$, 此时第 j 项指标在 m 个备选方案或评价对象没有差异从而对决策不产生影响, 所以该指标就没有作用。

3) 相对熵模型

相对熵又称为 KL 散度或信息散度, 其可以作为两个概率分布 P 和 Q 相互差别的非对称性度量。假设 $\Omega = \{0, 1, 2, \cdots, n\}$, x_i 与 y_i 是 Ω 上所存在的两个概率测度, $i = 1, 2, 3, \cdots, n$, 且 $1 = \sum_{i=1}^{n} x_i \geqslant \sum_{i=1}^{n} y_i$, 则存在 $h(X, Y) = \sum_{i=1}^{n} x_i \lg \left(\frac{x_i}{y_i} \right)$ 为 X 相对于 Y 的相对熵。其中, $X = (x_1, x_2, \cdots, x_n)$, $y = (y_1, y_2, \cdots, y_n)$。

其中 X 相对于 Y 的相对熵 $h(X, Y)$, 其具有下述基本性质:

$$\sum_{i=1}^{n} x_i \lg \left(\frac{x_i}{y_i} \right) \geqslant 0$$

$$\sum_{i=1}^{n} x_i \lg\left(\frac{x_i}{y_i}\right) = 0, 当且仅当, x_i = y_i$$

相对熵可以作为 X、Y 两者信息距离程度或信息离散程度的一种度量,其内涵为两组离散数据的信息符合程度。因此,相对熵模型可以用于定量衡量多属性群决策中决策者信息偏好一致的程度,若相对熵值为 0 则表示群体意见达到完全共识,基本不存在分歧意见;若相对熵值为 1 则意味着决策群体未能就决策问题达成一致共识,且每个决策者都各持己见而导致意见分歧较大。决策过程中,相关指标权重往往代表了不同决策者信息偏好,所以可利用相对熵模型衡量不同途径下的权重信息差距,从而为群决策信息偏好集成提供基础。

4.4.2　施工联合体风险分担的 ANP 模型及求解

1. 施工联合体风险分担的目标及准则

实施施工联合体风险分担旨在引导联合体参与方通过合理分担风险所对应权责利,从而使联合体能够优势互补以发挥合作效益,最终实现相关风险的有效控制。根据所提出的重大水利工程施工联合体风险分担模型基本思路,明确 "风险得以有效控制" 是开展风险最优分担的根本目标,即风险分担 ANP 模型中予以全局控制的目标层。对于目标 "风险得以有效控制",在风险分担 ANP 模型应用及求解过程中必须明确目标 "风险得以有效控制" 基本内涵及范围,详见图 4-5。

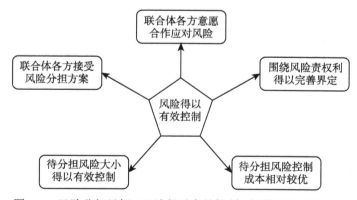

图 4-5　风险分担目标 "风险得以有效控制" 的基本内涵及范围

通过对目标 "风险得以有效控制" 的基本内涵及范围界定,较好确保了风险分担 ANP 模型对风险分担原则的贯彻,同时所提炼风险分担影响维度及因素也对风险分担相关事项予以了较为全面的考虑,所以重大水利工程施工联合体风险分担 ANP 模型可通过仅设置单个目标而不设置准则而实现对网络层的控制。

2. 施工联合体风险分担 ANP 模型的构建

针对某待分担风险 R_x，根据重大水利工程施工联合体风险分担模型构建的基本思路，结合联合体风险分担核心目标和所提炼施工联合体风险分担影响因素体系，构建关于待分担风险 R_x 的重大水利工程施工联合体风险分担 ANP 模型，如图 4-6 所示。

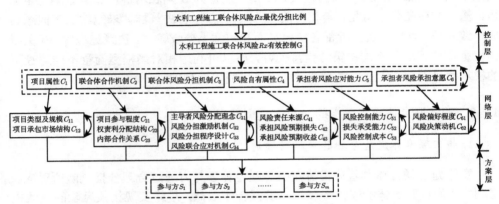

图 4-6   基于风险控制的重大水利工程施工联合体风险分担 ANP 模型

第一层为控制层，以 "重大水利工程施工联合体风险 R_x 有效控制" 为决策目标，风险分担决策应确保待分担风险得以有效控制。目标层之上的 "重大水利工程施工联合体风险 R_x 最优分担比例" 表示基于风险有效控制的决策模型最终结果是确定风险最优分担比例。

第二层为网络层，包括围绕风险有效控制进而确定风险最优分担比例过程的影响维度 C_i，相当于元素组，C_i 相互影响，$i \in \{1,2,3,4,5,6\}$；影响维度下属细化影响指标 C_{il}，相当于元素组 C_i 中元素，某 C_i 下属 C_{il} 相互影响，$l \in \{1,2,3,4\}$。

第三层为方案层，即在风险 R_x 得以有效控制目标下，工程施工联合体各参与方对项目风险 R_x 的最优分担比例，用 $P_k^* = [P_1^*, P_2^*, \cdots, P_m^*]$ 表示，m 为施工联合体参与方数量。

3. 基于三角模糊数的影响因素判断矩阵的构建

科学构建影响因素判断矩阵是联合体风险分担 ANP 模型的基础，其能够将相关决策信息较为系统准确地代入决策模型。联合体风险分担 ANP 模型中，网络层相关因素对于风险分担目标影响过程较为复杂，且影响因素之间也存在较为复杂的相互关系，所以影响因素相互对比涉及庞大客观信息及专家经验的综合集成。鉴于三角模糊数能够较好应用于因素对比判断并保障判断过程的科学合理性，故可引入三角模糊数实施联合体 ANP 模型网络因素判断矩阵构建。

利用间接优势度比较方式，以"决策目标——风险 R_x 得以有效控制"为主准则，以元素组 C_j 中元素 C_{jl} $(l = 1, 2, \cdots, n_j)$ 为次准则，邀请 R 位业内专家按照元素组 C_i 中各元素对元素 C_{jl} 的影响程度构造判断矩阵。假设第 k 个业内专家基于间接优势度比较思想，根据 C_{ip} 与 C_{iq} 两个元素对 C_{jl} 相对影响程度大小，依据 $1 \sim 9$ 标度法得到 C_{ip} 与 C_{iq} 两个元素相对重要程度为 I_{pqk}。现将 R 位专家用 $1 \sim 9$ 标度法所表示的判断抽象为三角模糊数 $\tilde{a}_{pq} = (L_{pq}, M_{pq}, U_{pq})$，其中：

$$L_{pq} = \min(I_{pqk}) \tag{4-5}$$

$$M_{pq} = \left(\prod_{k=1}^{R} I_{pqk} \right)^{\frac{1}{R}} \tag{4-6}$$

$$U_{pq} = \max(I_{pqk}) \tag{4-7}$$

将 R 位业内专家对元素组 C_i 中各元素关于元素 C_{jl} 的间接优势度判断结果予以抽象为三角模糊数，得到元素组 C_i 元素关于元素 C_{jl} 的模糊判断矩阵：

$$A_i^{jl} = [\tilde{a}_{pq}] = \begin{bmatrix} 1 & \tilde{a}_{12} & \cdots & \tilde{a}_{1n_i} \\ \tilde{a}_{21} & 1 & \cdots & \tilde{a}_{2n_i} \\ \vdots & \vdots & \ddots & \vdots \\ \tilde{a}_{n_i 1} & \tilde{a}_{n_i 2} & \cdots & 1 \end{bmatrix} \tag{4-8}$$

利用文献中所构建去模糊化方法，将式 (4-8) 中模糊数去模糊化为 $(a_{pq}^{\alpha})^{\lambda}$，去模糊化方法如式 (4-9) 和式 (4-10) 所示：

$$(a_{pq}^{\alpha})^{\lambda} = [\lambda \cdot L_{pq}^{\alpha} + (1 - \lambda) \cdot U_{pq}^{\alpha}], p < q \tag{4-9}$$

$$(a_{pq}^{\alpha})^{\lambda} = \frac{1}{(a_{qp}^{\alpha})^{\lambda}}, p > q \tag{4-10}$$

式 (4-9) 和式 (4-10) 中，α 为决策者偏好系数，反映了因素对比判断的不确定性，α 越小表示不确定性越大，$0 \leqslant \alpha \leqslant 1$；$\lambda$ 为决策者风险容忍度，λ 越小表示决策过程越乐观，$0 \leqslant \lambda \leqslant 1$；当无特殊说明时，可取 $\alpha = 0.5$ 和 $\lambda = 0.5$，表示决策者风险偏好及风险容忍度皆为中性。元素组 C_i 中各元素关于元素 C_{jl} 的去模糊化后的判断矩阵为

$$[(A_i^{jl})^{\alpha}]^{\lambda} = [(a_{pq}^{\alpha})^{\lambda}] = \begin{bmatrix} 1 & (a_{12}^{\alpha})^{\lambda} & \cdots & (a_{1n_i}^{\alpha})^{\lambda} \\ (a_{21}^{\alpha})^{\lambda} & 1 & \cdots & (a_{2n_i}^{\alpha})^{\lambda} \\ \vdots & \vdots & \ddots & \vdots \\ (a_{n_i 1}^{\alpha})^{\lambda} & (a_{n_i 2}^{\alpha})^{\lambda} & \cdots & 1 \end{bmatrix} \tag{4-11}$$

式 (4-11) 中，当 $p = q$ 时有 $(a_{pq}^{\alpha})^{\lambda} = 1$。基于元素组 C_i 中各元素关于元素 C_{jl} 的去模糊化判断矩阵，配合以一致性性检验方法，利用特征根法即可求得符合一致性检验要求的元素组 C_i 中各元素相对于元素 C_{jl} 的权重向量 $w_i^{jl} = \begin{bmatrix} w_{i1}^{jl} & w_{i2}^{jl} & \dots & w_{in_i}^{jl} \end{bmatrix}$。

4. 施工联合体风险分担 ANP 模型的主观权重计算

基于三角模糊数所得到的 ANP 模型影响因素判断矩阵较为全面地保留并集成了风险分担决策相关的实际信息及主观经验，为风险分担提供了决策基础。利用所得到影响因素判断矩阵，按照 ANP 方法经典求解程序即可求解得到反映 ANP 模型中因素网络关系的主观权重。

1) 构造 ANP 模型无权重超矩阵

参照权重向量 $w_i^{jl} = \begin{bmatrix} w_{i1}^{jl} & w_{i2}^{jl} & \dots & w_{in_i}^{jl} \end{bmatrix}$ 构建过程，依序将元素组 C_j 中所含各元素作为次准则，邀请专家就元素组 C_i 中各元素相对于元素组 C_j 中各元素的间接优势度做出判断，依序得到去模糊化后的权重向量，汇总可得到元素组 C_i 中各元素受元素组 C_j 中各元素影响的权重矩阵 W_{ij}。

$$W_{ij} = \begin{bmatrix} w_i^{j1} & w_i^{j2} & \cdots & w_i^{jn_j} \end{bmatrix} = \begin{bmatrix} w_{i1}^{j1} & w_{i1}^{j2} & \cdots & w_{i1}^{jn_j} \\ w_{i2}^{j1} & w_{i2}^{j2} & \cdots & w_{i2}^{jn_j} \\ \vdots & \vdots & \ddots & \vdots \\ w_{in_i}^{j1} & w_{in_i}^{j2} & \cdots & w_{in_i}^{jn_j} \end{bmatrix} \tag{4-12}$$

依序将 ANP 模型各元素组相互影响关系予以比较，得到所有元素组相关影响的权重矩阵 W_{ij}，$i \in \{1,2,3,4,5,6\}$，$j \in \{1,2,3,4\}$。若元素组 C_i 中元素不受到元素组 C_j 中元素影响，则 $W_{ij} = 0$。汇总所有 W_{ij}，可得到风险分担目标下的无权重超矩阵 W_n。

$$W_n = \begin{bmatrix} W_{11} & W_{12} & W_{13} & W_{14} & W_{15} & W_{16} \\ W_{21} & W_{22} & W_{23} & W_{24} & W_{25} & W_{26} \\ W_{31} & W_{32} & W_{33} & W_{34} & W_{35} & W_{36} \\ W_{41} & W_{42} & W_{43} & W_{44} & W_{45} & W_{46} \\ W_{51} & W_{52} & W_{53} & W_{54} & W_{55} & W_{56} \\ W_{61} & W_{62} & W_{63} & W_{64} & W_{65} & W_{66} \end{bmatrix} \tag{4-13}$$

2) 构造 ANP 模型权重超矩阵

依据相同思想，利用三角模糊数分别开展 ANP 模型所含五大元素组间接优势度判断，可求得某元素组为次准则下的其他元素组之间的权重向量，汇总可得到反映元素组之间关系的权重矩阵 A_s。

$$A_s = \begin{bmatrix} a_{11} & a_{12} & a_{13} & a_{14} & a_{15} & a_{16} \\ a_{21} & a_{22} & a_{23} & a_{24} & a_{25} & a_{26} \\ a_{31} & a_{32} & a_{33} & a_{34} & a_{35} & a_{36} \\ a_{41} & a_{42} & a_{43} & a_{44} & a_{45} & a_{46} \\ a_{51} & a_{52} & a_{53} & a_{54} & a_{55} & a_{56} \\ a_{61} & a_{62} & a_{63} & a_{64} & a_{65} & a_{66} \end{bmatrix} \tag{4-14}$$

利用元素组之间关系的权重矩阵 A_s 可实现对无权重超矩阵各列向量的归一化，从而反映出不同元素组中元素相对于作为次准则的元素的影响程度大小。利用式 (4-15) 即可求得 ANP 模型权重超矩阵 W_q。

$$W_q = A_s \cdot W_n = \begin{bmatrix} a_{11} & a_{12} & a_{13} & a_{14} & a_{15} & a_{16} \\ a_{21} & a_{22} & a_{23} & a_{24} & a_{25} & a_{26} \\ a_{31} & a_{32} & a_{33} & a_{34} & a_{35} & a_{36} \\ a_{41} & a_{42} & a_{43} & a_{44} & a_{45} & a_{46} \\ a_{51} & a_{52} & a_{53} & a_{54} & a_{55} & a_{56} \\ a_{61} & a_{62} & a_{63} & a_{64} & a_{65} & a_{66} \end{bmatrix} \cdot$$

$$\begin{bmatrix} W_{11} & W_{12} & W_{13} & W_{14} & W_{15} & W_{16} \\ W_{21} & W_{22} & W_{23} & W_{24} & W_{25} & W_{26} \\ W_{31} & W_{32} & W_{33} & W_{34} & W_{35} & W_{36} \\ W_{41} & W_{42} & W_{43} & W_{44} & W_{45} & W_{46} \\ W_{51} & W_{52} & W_{53} & W_{54} & W_{55} & W_{56} \\ W_{61} & W_{62} & W_{63} & W_{64} & W_{65} & W_{66} \end{bmatrix} \tag{4-15}$$

3) 构造 ANP 模型极限超矩阵

鉴于 ANP 模型中，元素组及元素之间存在复杂的相互依赖及反馈关系，所以有必要通过求解极限超矩阵 W^l 的方式确定稳定的元素组及元素权重。

$$W^l = \lim_{t \to \infty} (W_q)^t \tag{4-16}$$

ANP 模型极限超矩阵 W^l 求解如式 (4-16) 所示，其为一个反复迭代并不断趋稳的过程。利用极限超矩阵 W^l 即可求得 ANP 模型中各元素组 C_i 相对于决策目标的主观权重 $w_i^{(1)}$ 和相关元素 C_{ij} 相对于元素组 C_i 主观权重 $w_{ij}^{(1)}$。

$$W^{(1)} = \begin{bmatrix} w_1^{(1)} & w_2^{(1)} & w_3^{(1)} & w_4^{(1)} & w_5^{(1)} \end{bmatrix}$$

$$W_1^{(1)} = \begin{bmatrix} w_{11}^{(1)} & w_{12}^{(1)} \end{bmatrix}$$

$$W_2^{(1)} = \begin{bmatrix} w_{21}^{(1)} & w_{22}^{(1)} & w_{23}^{(1)} \end{bmatrix}$$

$$W_3^{(1)} = \begin{bmatrix} w_{31}^{(1)} & w_{32}^{(1)} & w_{33}^{(1)} & w_{34}^{(1)} \end{bmatrix}$$

$$W_4^{(1)} = \begin{bmatrix} w_{41}^{(1)} & w_{42}^{(1)} & w_{43}^{(1)} \end{bmatrix}$$

$$W_5^{(1)} = \begin{bmatrix} w_{51}^{(1)} & w_{52}^{(1)} & w_{53}^{(1)} \end{bmatrix}$$

$$W_6^{(1)} = \begin{bmatrix} w_{61}^{(1)} & w_{62}^{(1)} \end{bmatrix}$$

4.4.3　基于熵权的施工联合体风险分担 ANP 模型的客观权重

1) 施工联合体最优风险分担比例的模糊评判方法

围绕重大水利工程施工联合体风险分担 ANP 模型，关于风险分担的相关信息难以直接量化，所以风险最优分担比例的最终求解还有赖于专家基于实际信息对风险分担比例的评价量化。为保障客观信息通过专家理解并客观输出到 ANP 模型中，考虑采用模糊综合评价方法予以实现。

以联合体风险分担 ANP 模型为基础，邀请业内专家围绕影响工程施工联合体风险分担的某项因素，对联合体各参与方适宜承担的风险比例分别予以模糊综合评判。根据风险分担比例模糊综合评判需要，构建联合体风险分担比例的模糊评判的评语集 $V = \{v_1（极少承担），v_2（少量承担），v_3（适中承担），v_4（大量承担），v_5（绝对承担）\}$。为实现评判评语到分担比例的量化，赋予模糊评判评语集各元素对应的向量值 $X = (0.1, 0.3, 0.5, 0.7, 0.9)$，其代表了各模糊评语所对应的风险分担量化比例。

2) 施工联合体风险分担比例的模糊评判矩阵的构建

假设重大水利工程施工联合体包括 m 个参与方，其中 S_k 表示联合体中第 k 个参与方。邀请若干业内专家利用所提出的风险分担比例模糊评语集，以联合体风

险分担影响因素 C_{ij} 为基准，通过模糊评判可得到因素 C_{ij} 单独影响下的联合体参与方 S_k 的风险适宜分担比例的隶属矩阵 B_{ij}^k，汇总可得到的因素组 C_i 单独影响下的联合体参与方 S_k 的风险适宜分担比例隶属矩阵 B_i^k。

$$B_{ij}^k = \begin{bmatrix} b_{ij1}^k & b_{ij2}^k & b_{ij3}^k & b_{ij4}^k & b_{ij5}^k \end{bmatrix} \tag{4-17}$$

$$
\begin{aligned}
B_i^k &= \begin{bmatrix} B_{i1}^k & B_{i2}^k & \cdots & B_{in_i}^k \end{bmatrix}^{\mathrm{T}} \\
&= \begin{bmatrix} b_{i11}^k & b_{i12}^k & b_{i13}^k & b_{i14}^k & b_{i15}^k \\ b_{i21}^k & b_{i22}^k & b_{i23}^k & b_{i24}^k & b_{i25}^k \\ \cdots & \cdots & \cdots & \cdots & \cdots \\ b_{in_i1}^k & b_{in_i2}^k & b_{in_i3}^k & b_{in_i4}^k & b_{in_i5}^k \end{bmatrix}_{n_i \times 5}
\end{aligned} \tag{4-18}
$$

式 (4-17) 和式 (4-18) 中，b_{ijl}^k 表示在因素 C_{ij} 单独影响下，通过业内专家模糊评判，得到联合体参与方 S_k 的风险适宜分担比例隶属于评语 v_l 的隶属度。其中，$k \in \{1,2,\cdots,m\}$，$i \in \{1,2,3,4,5,6\}$，$j \in \{1,2,3,4\}$，$l \in \{1,2,3,4,5\}$；n_i 表示因素组 C_i 所包含的影响因素个数。

结合风险分担评语集 V 所含元素对应的向量值 X，可求解得到在风险分担比例模糊综合评判下，联合体参与方 S_k 相对于因素组 C_i 中影响因素 C_{ij} 的适宜风险分担比例值 d_{ij}^k，汇总可得到矩阵 D_i^k。

$$D_i^k = B_i^k \cdot X^{\mathrm{T}} = \begin{bmatrix} d_{i1}^k & d_{i2}^k & \cdots & d_{in_i}^k \end{bmatrix}^{\mathrm{T}} \tag{4-19}$$

根据联合体参与方 S_k 关于风险分担因素组 C_i 影响下的适宜风险分担比例矩阵 D_i^k 求解过程，依次求解并汇总联合体其他参与方关于风险分担因素组 C_i 影响下的适宜风险分担比例矩阵，得到联合体 m 个参与方关于因素组 C_i 所含因素影响下的适宜风险分担比例的综合矩阵 D_i。

$$
\begin{aligned}
D_i &= \begin{bmatrix} D_i^1 & D_i^2 & \cdots & D_i^m \end{bmatrix} \\
&= \begin{bmatrix} d_{i1}^1 & \cdots & d_{i1}^k & \cdots & d_{i1}^m \\ \vdots & \ddots & \vdots & \ddots & \vdots \\ d_{ij}^1 & \cdots & d_{ij}^k & \cdots & d_{ij}^m \\ \vdots & \ddots & \vdots & \ddots & \vdots \\ d_{in_i}^1 & \cdots & d_{in_i}^k & \cdots & d_{in_i}^m \end{bmatrix}_{n_i \times m}
\end{aligned} \tag{4-20}
$$

3) 基于熵权的风险分担 ANP 模型的客观权重计算

熵作为系统状态不确定性的一种度量，熵可以较好地集成各类信息并进行有序反应，所以利用信息熵可以将适宜风险分担比例信息予以集成，并基于适宜风险分担比例提炼出能够较好反应分担决策实际的 ANP 模型客观权重。

定义 4-1   针对某系统，其 n 种状态出现的离散概率分别为 $p_i(i = 1, 2, \cdots, n)$，则该系统的熵值为

$$H = -\frac{1}{\ln n} \sum_{i=1}^{n} p_i \ln p_i \tag{4-21}$$

定义 4-2   某决策过程具有 m 个方案及 n 个评价指标（属性），矩阵 $R = [r_{ij}]_{m \times n}$ 中 r_{ij} 表示第 i 个方案关于第 j 个指标的规范化评价值，则第 j 个指标的信息熵 e_j 及权重 w_j 为

$$e_j = -\frac{1}{\ln m} \sum_{i=1}^{m} p_{ij} \ln p_{ij}; \quad p_{ij} = \frac{r_{ij}}{\sum_{i=1}^{m} r_{ij}} \tag{4-22}$$

$$w_j = \frac{(1 - e_j)}{\sum_{j=1}^{n} (1 - e_j)} \tag{4-23}$$

根据联合体 m 个参与方关于因素组 C_i 影响下的适宜风险分担比例的综合矩阵 D_i 所提供的相关信息，引入 p_{ij} 表示风险分担影响因素 C_{ij} 下联合体参与方 S_k 的风险适宜分担比例的评价比重，求解得到风险分担影响组 C_i 中所含因素 C_{ij} 的熵值 e_{ij}。

$$p_{ij}^{k} = \frac{d_{ij}^{k}}{\sum_{h=1}^{m} d_{ij}^{h}} \tag{4-24}$$

$$e_{ij} = -\frac{1}{\ln m} \sum_{k=1}^{m} p_{ij}^{k} \ln p_{ij}^{k} \tag{4-25}$$

式 (4-25) 中，当 $p_{ij}^{k} = 0$ 时，有 $p_{ij}^{k} \ln p_{ij}^{k} = 0$。

熵权式 (4-23) 中，当 e_{ij} 趋向于 1 时，熵值 e_{ij} 的微小变化将引起指标 C_{ij} 熵权的巨大变化，从而使得熵权所提供信息出现扭曲。考虑将差异系数 $g_{ij}(g_{ij} = 1 - e_{ij})$ 向右平移 $\frac{1}{T}$ 个单位以避免上述不利情况出现，其中 T 值越大熵权值对差异系数变化越敏感。利用式 (4-23) 可确定风险分担因素相对于因素组的熵权值，即客观权

重 $w_{ij}^{(2)}$。

$$w_{ij}^{(2)} = \frac{\left(1 - e_{ij} + \dfrac{1}{T}\right)}{\displaystyle\sum_{j=1}^{n_i}\left(1 - e_{ij} + \dfrac{1}{T}\right)} \tag{4-26}$$

利用信息熵模型, 实现了基于较为客观的风险适宜分担比例信息所求解的 ANP 模型所含因素客观权重, 相较于通过元素对比分析所得到主观信息, 其能够较好的匹配 ANP 模型风险分担最优比例求解需要。

联合体 m 个参与方关于元素组 C_i 的风险适宜分担比例未予以模糊判断, 通过所求解的影响因素相对于因素组的主观及客观因素和联合体 m 个参与方关于因素组 C_i 所含因素影响下的适宜风险分担比例评判值, 可直接求解合体 m 个参与方关于各元素组的风险适宜分担比例, 从而避免由于多次评判所带来的信息矛盾及误差。鉴于求解合体 m 个参与方关于各元素组的风险适宜分担比例还未予以求解, 所以利用信息熵所求解的客观权重仅包括风险分担因素相对于因素组的熵权值。

$$W_1^{(2)} = \begin{bmatrix} w_{11}^{(2)} & w_{12}^{(2)} \end{bmatrix}$$

$$W_2^{(2)} = \begin{bmatrix} w_{21}^{(2)} & w_{22}^{(2)} & w_{23}^{(2)} \end{bmatrix}$$

$$W_3^{(2)} = \begin{bmatrix} w_{31}^{(2)} & w_{32}^{(2)} & w_{33}^{(2)} & w_{34}^{(2)} \end{bmatrix}$$

$$W_4^{(2)} = \begin{bmatrix} w_{41}^{(2)} & w_{42}^{(2)} & w_{43}^{(2)} \end{bmatrix}$$

$$W_5^{(2)} = \begin{bmatrix} w_{51}^{(2)} & w_{52}^{(2)} & w_{53}^{(2)} \end{bmatrix}$$

$$W_6^{(2)} = \begin{bmatrix} w_{61}^{(2)} & w_{62}^{(2)} \end{bmatrix}$$

4.4.4 重大水利工程施工联合体最优风险分担比例的求解

1) 基于相对熵的 ANP 模型综合权重的确定

重大水利工程施工联合体风险分担 ANP 模型中, 元素 C_{ij} 相对于元素组 C_i 的主观权重 $w_{ij}^{(1)}$ 及客观权重 $w_{ij}^{(2)}$ 包含着不同的信息特征及决策偏好, 将两者予以综合可以更好地提升风险分担决策的科学性及合理性。

定义 4-3 设 $x_i \geqslant 0$ $y_i \geqslant 0$, $i = 1, 2, \cdots, n$, 且 $1 = \displaystyle\sum_{i=1}^{n} x_i \geqslant \displaystyle\sum_{i=1}^{n} y_i$, 则称

$h(X, Y) = \displaystyle\sum_{i=1}^{n} x_i \lg\left(\dfrac{x_i}{y_i}\right)$ 为 X 相对于 Y 的相对熵。其中 $X = (x_1, x_2, \cdots, x_n)$, $Y = (y_1, y_2, \cdots, y_n)$。

相对熵可以作为 X、Y 两者距离程度的一种度量，其内涵为两组离散数据的信息符合程度。相对熵 $h(X,Y)=0$ 当且仅当 $x_i=y_i$ 时成立，即 X、Y 相同时其信息距离达到最小，$i=1,2,\cdots,n$。所以，利用相对熵法可以测度不同赋权方法所得权重的信息距离。设元素 C_{ij} 相对于元素组 C_i 最优权重为 w_{ij}，根据相对熵概念，w_{ij} 应与主观权重 $w_{ij}^{(1)}$、客观权重 $w_{ij}^{(2)}$ 的信息距离越小越好，从而保证其保留足够的信息数量及准度。施工联合体风险分担决策过程中，赋予主观权重、客观权重的重要性度量为 $p_h(h=1$ 或 2，$p_1+p_2=1)$，则最优综合权重 w_{ij} 可通过如下数学规划求解：

$$\min H(W)=\sum_{h=1}^{2}p_h\sum_{j=1}^{n_i}w_{ij}\lg\left(\frac{w_{ij}}{w_{ij}^{(h)}}\right)$$

$$\text{S.T.}\begin{cases}\sum_{j=1}^{n_i}w_{ij}=1,\quad w_{ij}\geqslant 0\\\sum_{j=1}^{n_i}w_{ij}^{(h)}=1,\quad w_{ij}^{(h)}\geqslant 0,\quad i=1,2,\cdots,6;j=1,2,\cdots,n_i;h=1,2\\\sum_{h=1}^{2}p_h=1,\quad p_h\geqslant 0\end{cases}\quad(4\text{-}27)$$

利用式 (4-27)，可计算所邀请专家关于 ANP 模型影响因素相对权重的群集成信息与基于不同视角所求解主客观权重之间偏离值的最小值，从而求解出专家群体基于决策经验及实际信息的最优权重。式 (4-27) 优化问题存在最优解[88]，得元素 C_{ij} 相对于元素组 C_i 最优权重 w_{ij}。

$$w_{ij}=\frac{\prod_{h=1}^{2}(w_{ij}^{h})^{p_h}}{\sum_{j=1}^{n_i}\prod_{h=1}^{2}(w_{ij}^{h})^{p_h}}\quad(4\text{-}28)$$

汇总最优综合权重 w_{ij}，可得施工联合体风险分担影响因素组 C_i 下各因素 C_{ij} 综合权重矩阵 W_i。

$$W_1=\begin{bmatrix}w_{11}&w_{12}\end{bmatrix}$$

$$W_2=\begin{bmatrix}w_{21}&w_{22}&w_{23}\end{bmatrix}$$

$$W_3=\begin{bmatrix}w_{31}&w_{32}&w_{33}&w_{34}\end{bmatrix}$$

$$W_4=\begin{bmatrix}w_{41}&w_{42}&w_{43}\end{bmatrix}$$

$$W_5 = \begin{bmatrix} w_{51} & w_{52} & w_{53} \end{bmatrix}$$

$$W_6 = \begin{bmatrix} w_{61} & w_{62} \end{bmatrix}$$

2) 基于模糊评判结果的最优风险分担比例

对于重大水利工程施工联合体参与方 S_k，利用影响因素组 C_i 下各因素 C_{ij} 综合权重矩阵 W_i 以及因素组 C_i 影响下的风险适宜分担比例矩阵 D_i^k，求解因素组 C_i 影响下的施工联合体参与方的风险适宜分担比例 q_i^k。

$$q_i^k = W_i \cdot D_i^k \tag{4-29}$$

汇总 q_i^k，可得因素组 C_i 影响下的重大水利工程施工联合体 m 个参与方的风险适宜分担比例矩阵 Q_i。

$$Q_i = \begin{bmatrix} q_i^1 & \cdots & q_i^k & \cdots & q_i^m \end{bmatrix} \tag{4-30}$$

汇总 ANP 模型各因素组影响下的联合体参与方的风险适宜分担比例矩阵 Q_i，可得到施工联合体所有参与方相对于风险分担因素网络体系的风险适宜分担比例矩阵 Q。

$$Q = \begin{bmatrix} Q_1 & Q_2 & \cdots & Q_6 \end{bmatrix}^{\mathrm{T}}$$

$$= \begin{bmatrix} q_1^1 & \cdots & q_1^k & \cdots & q_1^m \\ \vdots & \ddots & \vdots & \ddots & \vdots \\ q_i^1 & \cdots & q_i^k & \cdots & q_i^m \\ \vdots & \ddots & \vdots & \ddots & \vdots \\ q_6^1 & \cdots & q_6^k & \cdots & q_6^m \end{bmatrix}_{6 \times m} \tag{4-31}$$

根据因素 C_{ij} 相对于因素组 C_i 的客观权重的求解程序及方法，可基于风险适宜分担比例矩阵 Q 所提供的客观信息，确定因素组 C_i 相对于 ANP 模型目标层的客观权重 $w_i^{(2)}$。同理，结合所求解的主观权重 $w_i^{(1)}$，利用相对熵规划模型求解因素组 C_i 相对于决策目标的最优综合权重 w_i，汇总最终得到 ANP 模型因素组相对于目标层的综合权重向量 W。

$$W = \begin{bmatrix} w_1 & w_2 & w_3 & w_4 & w_5 & w_6 \end{bmatrix} \tag{4-32}$$

结合施工联合体风险分担 ANP 模型, 利用模糊综合评判所确定的风险适宜分担比例矩阵 Q, 求解施工联合体参与方 S_k 的适宜风险分担比例 P_k。

$$P_k = \begin{bmatrix} P_1 & \cdots & P_k & \cdots & P_m \end{bmatrix} = W \cdot Q \tag{4-33}$$

对 P_k 予以归一化处理, 即可得到重大水利工程施工联合体各参与方对风险的最优分担比例 P_k^*。

$$P_k^* = \frac{P_k}{\sum\limits_{h=1}^{m} P_h} \tag{4-34}$$

重大水利工程施工联合体风险最优分担比例 P_k^* 求解充分结合了专家群决策信息及联合体参与方客观信息, 有效协调了不同决策信息之间可能存在的利益或意见冲突关系, 能够最大程度体现科学性及合理性, 同时由于充分考虑了联合体参与方实际情况而更容易被联合体多方接受。

4.4.5   基于 ANP 及熵的联合体风险分担实证分析

1) 联合体风险分担的实证背景

某重大水利工程施工联合体共由三家承包单位组建而成, 分别为企业 S_1、企业 S_2 和企业 S_3。施工联合体中, 企业 S_1 由于综合实力最强、投入程度最高、管理水平最高而被确定为联合体主办方, 同时企业 S_1 主张 "合作至上, 互通协作, 整体利益最优" 的联合体合作精神。企业 S_2 综合实力一般, 但在工程所在地具有较好的公共关系及基础资源, 能够较好地处理相关事宜并应对经济损失。企业 S_3 综合实力相对较弱, 但近年来持续保持高增长态势, 属于激进发展型企业, 然而技术、管理、资源等方面的确具备较强实力。

针对业主转移到施工联合体的风险 R_x, 经评价发现风险 R_x 综合风险等级较高, 不适宜直接由单个联合体参与方予以直接承担, 经联合体全体参与者商议决定予以共同承担, 从而发挥联合体合作优势。为确保风险分担决策科学合理性, 现决定利用所构建的施工联合体风险分担 ANP 模型, 求解风险 R_x 在联合体内部的最优分担比例。

2) 联合体风险分担比例的求解

根据重大水利工程施工联合体风险分担 ANP 模型主观权重求解步骤, 邀请 20 位相关专家 (12 位业内专家, 8 位高校专家) 对 ANP 模型中影响因素间的间接优势度予以评价。利用三角模糊数全面地保留并集成了风险分担决策相关的实际信息及主观经验, 从而得到 ANP 模型元素组 C_i 中各元素相对于元素 C_{jl} 的权重向量 $w_i^{jl} = \begin{bmatrix} w_{i1}^{jl} & w_{i2}^{jl} & \cdots & w_{in_i}^{jl} \end{bmatrix}$。借助 ANP 模型求解软件 Super Decision, 按照构造 ANP 模型无权重超矩阵、构造 ANP 模型权重超矩阵及构造 ANP 模型极限超矩阵的求解程序，分别求得风险分担 ANP 模型各元素组 C_i 相对于决策目标的主观权重 $w_i^{(1)}$ 和相关元素 C_{ij} 相对于元素组 C_i 主观权重 $w_{ij}^{(1)}$。根据所邀请专家主观判断结果，风险分担 ANP 模型主观权重详见表 4-4。

表 4-4　重大水利工程施工联合体风险分担 ANP 模型的主观权重

权重	C_1	C_2	C_3	C_4	C_5	C_6
$w_i^{(1)}$	0.0759	0.1268	0.2239	0.1593	0.2594	0.1547
	0.5639	0.5095	0.2176	0.4306	0.3843	0.6063
$w_{ij}^{(1)}$	0.4361	0.2957	0.3187	0.2901	0.3023	0.3937
	—	0.1948	0.1611	0.2793	0.3134	—
	—	—	0.3026	—	—	—

根据联合体风险分担比例模糊评判评语集 $V = \{v_1（极少承担），v_2（少量承担），v_3（适中承担），v_4（大量承担），v_5(绝对承担)\}$，邀请原 20 位相关专家根据联合体实际开展不同参与方风险适宜分担比例的模糊评判。以模糊综合评判所得隶属矩阵为信息基础，代入向量值 $X = (0.1, 0.3, 0.5, 0.7, 0.9)$,，分别求解三家联合体参与企业关于因素组 C_1 所含因素影响下的适宜风险分担比例的综合矩阵 D_1^1、D_1^2 及 D_1^3。

$$D_1^1 = B_1^1 \cdot X^{\mathrm{T}} = \begin{bmatrix} 0.00 & 0.15 & 0.45 & 0.30 & 0.10 \\ 0.05 & 0.30 & 0.35 & 0.25 & 0.10 \end{bmatrix} \cdot \begin{bmatrix} 0.1 \\ 0.3 \\ 0.5 \\ 0.7 \\ 0.9 \end{bmatrix} = \begin{bmatrix} 0.570 \\ 0.535 \end{bmatrix}$$

$$D_1^2 = B_1^2 \cdot X^{\mathrm{T}} = \begin{bmatrix} 0.05 & 0.30 & 0.40 & 0.20 & 0.05 \\ 0.05 & 0.25 & 0.45 & 0.25 & 0.00 \end{bmatrix} \cdot \begin{bmatrix} 0.1 \\ 0.3 \\ 0.5 \\ 0.7 \\ 0.9 \end{bmatrix} = \begin{bmatrix} 0.48 \\ 0.48 \end{bmatrix}$$

$$D_1^3 = B_1^3 \cdot X^{\mathrm{T}} = \begin{bmatrix} 0.10 & 0.40 & 0.35 & 0.15 & 0.00 \\ 0.10 & 0.35 & 0.40 & 0.15 & 0.00 \end{bmatrix} \cdot \begin{bmatrix} 0.1 \\ 0.3 \\ 0.5 \\ 0.7 \\ 0.9 \end{bmatrix} = \begin{bmatrix} 0.41 \\ 0.42 \end{bmatrix}$$

汇总矩阵 D_1^1、D_1^2 及 D_1^3 可得联合体三个参与方关于因素组 C_1 所含因素影响下的适宜风险分担比例的综合矩阵 D_1。

$$D_1 = \begin{bmatrix} 0.57 & 0.48 & 0.41 \\ 0.51 & 0.48 & 0.42 \end{bmatrix}$$

根据式 (4-24)、式 (4-25) 及式 (4-26) 所展示的施工联合体客观权重求解过程，可分别得到因素组 C_1 所含因素的熵值，进而求解得到客观权重值。为合理控制熵权值对差异系数的敏感性，取 $T=100$。

$$e_{11} = -\frac{1}{\ln 3}\sum_{k=1}^{3} p_{11}^k \ln p_{11}^k = 0.9918 \quad e_{12} = -\frac{1}{\ln 3}\sum_{k=1}^{3} p_{12}^k \ln p_{12}^k = 0.9971$$

$$w_{11}^{(2)} = \frac{1-0.9918+\dfrac{1}{100}}{1-0.9918+\dfrac{1}{100}+1-0.9971+\dfrac{1}{100}} = 0.5852$$

$$w_{12}^{(2)} = \frac{1-0.9971+\dfrac{1}{100}}{1-0.9918+\dfrac{1}{100}+1-0.9971+\dfrac{1}{100}} = 0.4148$$

利用所构建相对熵规划模型求解综合权重，为提高风险分担决策的客观合理性，赋予主观、客观权重的重要性度量 $p_1=0.4$，$p_2=0.6$。依据式 (4-28) 所展示的相对熵规划模型最优解，可得施工联合体风险分担影响因素组 C_1 所含因素综合权重。

$$w_{11} = \frac{\prod_{h=1}^{2}(w_{11}^h)^{p_h}}{\sum_{j=1}^{2}\prod_{h=1}^{2}(w_{1j}^h)^{p_h}} = 0.5767$$

$$w_{12} = \frac{\prod_{h=1}^{2}(w_{12}^h)^{p_h}}{\sum_{j=1}^{2}\prod_{h=1}^{2}(w_{1j}^h)^{p_h}} = 0.4233$$

同理，根据 20 位相关专家根据联合体实际所开展不同参与方风险适宜分担比例的模糊评判结果，得到重大水利工程施工联合体风险分担 ANP 模型影响因素客观权重及综合权重，详见表 4-5 和表 4-6。

在施工联合体风险分担 ANP 模型客观权重及综合权重求解过程中，可得到联合体三个参与方相对于 ANP 模型 6 个因素组的风险适宜分担比例矩阵 Q，其是 ANP 模型 6 个因素组相对于目标层客观权重的求解基础。

表 4-5　重大水利工程施工联合体风险分担 ANP 模型的客观权重

权重	C_1	C_2	C_3	C_4	C_5	C_6
$w_i^{(1)}$	0.1188	0.1649	0.1942	0.1354	0.2890	0.0977
	0.5852	0.4246	0.1945	0.3433	0.3233	0.6218
$w_{ij}^{(1)}$	0.4148	0.3517	0.3138	0.2863	0.3529	0.3782
	—	0.2237	0.1889	0.3704	0.3238	—
	—	—	0.3028	—	—	—

表 4-6　重大水利工程施工联合体风险分担 ANP 模型的综合权重

权重	C_1	C_2	C_3	C_4	C_5	C_6
$w_i^{(1)}$	0.1001	0.1497	0.2073	0.1457	0.2790	0.1182
	0.5767	0.4583	0.2036	0.3217	0.3472	0.6156
$w_{ij}^{(1)}$	0.4233	0.3293	0.3160	0.2841	0.3325	0.3844
	—	0.2124	0.1774	0.3943	0.3203	—
	—	—	0.3030	—	—	—

$$Q = \begin{bmatrix} Q_1 \\ Q_2 \\ Q_3 \\ Q_4 \\ Q_5 \\ Q_6 \end{bmatrix} = \begin{bmatrix} 0.5446 & 0.4800 & 0.4142 \\ 0.5426 & 0.4045 & 0.3790 \\ 0.5605 & 0.4391 & 0.3565 \\ 0.4534 & 0.4250 & 0.3315 \\ 0.6064 & 0.4128 & 0.3367 \\ 0.3677 & 0.3354 & 0.4069 \end{bmatrix}$$

利用风险适宜分担比例矩阵 Q 及最终所得综合权重,基于式 (4-33),求解可得联合体三个参与方关于风险 R_x 的适宜风险分担比例矩阵 P_k。

$$P = W \cdot Q = \begin{bmatrix} 0.1001 \\ 0.1497 \\ 0.2073 \\ 0.1457 \\ 0.2790 \\ 0.1182 \end{bmatrix}^{\mathrm{T}} \cdot \begin{bmatrix} 0.5446 & 0.4800 & 0.4142 \\ 0.5426 & 0.4045 & 0.3790 \\ 0.5605 & 0.4391 & 0.3565 \\ 0.4534 & 0.4250 & 0.3315 \\ 0.6064 & 0.4128 & 0.3367 \\ 0.3677 & 0.3354 & 0.4069 \end{bmatrix}$$

$$= \begin{bmatrix} 0.5306 & 0.4164 & 0.3624 \end{bmatrix}$$

对 P_k 予以归一化处理，即可得到重大水利工程施工联合体三个参与方对风险 R_x 的最优分担比例 P_k^*。

$$P_1^* = 40.52\%;\quad P_2^* = 31.80\%;\quad P_3^* = 27.68\%$$

重大水利工程施工联合体三个参与方分别按照 40.52%、31.80% 及 27.68% 予以风险 R_x 相关风险控制成本、致使损失及额外收益的分担，同时围绕最优分配比例设计相关风险控制权责及合作应对计划，即可促进风险 R_x 的有效控制。

3) 联合体风险分担的结果分析

工程施工联合体风险分担 ANP 模型的主观及客观权重包含不同的决策信息，而信息差异则必将导致最终权重差异。正是因为体现影响因素联接网络关系及专家群决策信息的主观权重和体现联合体参与方关于风险分担实际信息的客观权重在某些指标维度上存在一定差异性，所以需要引入信息熵及相对熵求解综合权重。风险分担 ANP 模型主观、客观及综合权重差异性详见图 4-7 及图 4-8。

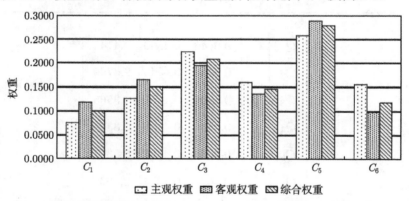

图 4-7　重大水利工程施工联合体风险分担 ANP 模型主观/客观/综合权重的对比图

如图所展示的主观及客观权重差异性，发现项目属性 C_1、联合体合作机制 C_2、承担者风险应对能力 C_5 三个维度的客观权重高于主观权重，可见在联合体风险分担决策过程中，相关专家更为注重项目属性、联合体合作机制及承担者风险应对能力对风险分担效果的影响作用；联合体风险分担机制 C_3、风险自有属性 C_4 两个维度的客观权重低于主观权重，说明风险分担比例模糊评判过程中，联合体三个参与方在此两个维度上的风险分担比例没有预期的变异大；此外，承担者风险承担意愿 C_6 的客观权重明显低于主观权重，可见实际风险分担在注重联合体参与方意愿基础上，更为强调风险分担结果对联合体整体效益影响。联合体风险分担 ANP 模型中，相关风险分担维度主观及客观维度所存在的差异主要因为不同维度相互之间存在较为复杂的依赖及反馈关系，而专家组开展风险分担比例模糊评判时未予以考虑，同时客观权重较主观权重也更好融入了联合体参与方在指标维度下对风险分担及有效控制的实际适宜性。可见，ANP 模型中，主观权重及客观权重包含了不同的影响联合体风险分担的信息，而基于相对熵的综合权重则可以更全面地保留决策信息，提高风险分担的科学性。

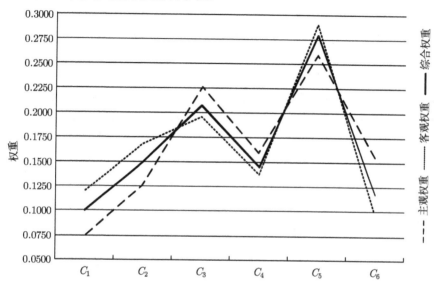

图 4-8　重大水利工程施工联合体风险分担 ANP 模型主观/客观/综合权重的变化趋势线

施工联合体风险分担影响维度综合权重反应，承担者风险应对能力 C_5、联合体风险分担机制 C_3 及联合体合作机制 C_2 是影响该工程施工联合体风险最优分担比例的三个最重要维度，而风险自有属性 C_4 与承担者风险承担意愿 C_6 也对风险分担有着重要影响，这符合风险分担决策的基本原则及要求。依据矩阵 Q，作为联合体主办方，企业 S_1 鉴于绝对的资源投入比例和强大的风险控制能力及经验，配合以联合体内部绝对的权利优势，其在各个影响维度下都被专家赋予了较高的风险适宜分担比例，其最终分担比例为 40.52%；而企业 S_2 具备一定的风险应对能力，且项目属性、风险属性以及风险分担机制都有利于其承担风险，所以企业 S_2 被分配 31.80% 的风险分担比例；对于企业 S_3，虽然 27.68% 的风险分担比例较其参与程度及风险应对能力稍显偏高，主要因为良好的联合体合作机制及联合体风险分担机制有利于其深程度介入联合体风险合作应对过程中，同时企业 S_3 本身也具备较高风险承担意愿以锻炼其风险控制能力（q_6^3 高达 40.69%，显著高于 q_6^1 及 q_6^2）。

在施工联合体风险分担 ANP 模型中，较好地贯彻了"最优风险分担比例服务于风险有效控制"的基本目标，充分融入组织运作机制、责权利平衡及风险承担意愿等因素的影响，同时考虑了联合体企业关于风险承担的客观信息，工程施工联合

体中企业 S_1、S_2 及 S_3 均表示接受，充分反映了所求解最优风险分担比例的理论性及实践性。

　　针对所求解风险分担比例，科学界定了工程施工联合体中企业 S_1、S_2 及 S_3 对于风险 R_x 控制过程中的成本、损失及收益分担情况，可以避免联合体风险应对过程中的经济冲突。然而，因为该重大水利工程施工联合体内部尚缺乏较为科学的风险合作应对机制，使得企业 S_1、S_2 及 S_3 局限于自身工程范围内实施风险控制工作，未能很好以风险分担比例为依据界定风险控制的权责分配及沟通协作，从而最终使得风险控制效果未能达到预期目标。所以，科学求解联合体风险分担比例并不能保障联合体高效合作以应对风险，围绕风险分担比例配备兼具实践性和操作性的联合体风险合作应对机制也是联合体风险管理重要基础工作。

4.5　围绕风险分担比例的联合体风险合作应对机制

4.5.1　施工联合体风险合作应对的基本理念

　　1) 施工联合体风险合作应对的统筹者

　　在重大水利工程施工联合体风险得以科学分担基础上，应围绕风险分担比例界定联合体参与方关于特定风险控制的权责利结构，从而发挥联合体合作优势实现风险的合作应对。施工联合体风险分担格局下，相关风险的合作应对需要承担方通过密切合作予以控制，然而风险合作应对过程不仅存在工作界面对接、信息共享互通、成本效益转移等工作，同时也存在相关参与方之间的利益冲突，所以风险合作应对过程中必须明确联合体风险合作应对的统筹者，从而统筹协调风险联合控制工作。

　　施工联合体风险分担决策及后期风险合作应对过程中，为推进风险分担及控制工作有序进行，联合体主导者应在施工联合体组织内部组建“联合体风险应对小组”。联合体风险应对小组由联合体各参与方所指派代表构成，联合体主导者所指派代表任联合体风险应对小组组长，具体负责统筹协调联合体各参与方关于风险合作应对相关适宜。

　　联合体风险应对小组作为施工联合体各类风险合作应对的整体统筹者，重点把控联合体系统整体的风险控制工作及组织合作中的重难点工作，对于联合体承担方关于单个风险的合作应对则交由联合体主导者、特定风险最高比例承担者具体统筹协调，而特定风险最高比例承担者则作为第一责任者。鉴于风险最高比例承担者关于所承担风险的权责利比重均较大，在一定的联合体风险合作应对机制下，其有实力且有意愿统筹好风险控制工作。对于风险 R_x，联合体承担方分别在自身权责范围内合作实施风险控制工作时，相关的界面管理、信息沟通、工作协调事宜

可由风险 R_x 的最高比例承担者予以统筹；对于风险 R_x 合作应对工作统筹超出最高比例承担者权限范围或能力范围，可交由联合体风险主导者统筹协调，协调未果后可最终提交到联合体风险应对小组裁定。

基于科学分担比例下，重大水利工程施工联合体风险合作应对有赖于科学的统筹及协调，施工联合体组织内部统筹协调详见图 4-9。

2) 施工联合体风险合作应对的主体关系

重大水利工程施工联合体风险分担格局下，特定风险所对应联合体分担方围绕风险分担比例界定相关责权利及风险后果承担架构，通过通力合作及优势互补实现风险的合作应对，而梳理清晰风险分担方主体关系对于风险合作应对工作显然具有重要意义。对于某风险 R_x，所对应的风险分担主体在合作应对风险 R_x 过程中，必须突破仅仅围绕风险 R_x 所产生的主体合作关系，而应基于施工联合体组织系统开展合作应对，从而充分发挥联合体合作为风险控制所带来的优势资源。施工联合体风险合作应对过程中，有必要基于联合体组织系统层面，认识到风险分担及应对过程中主体关系的下述特性：

(1) 整体系统性。风险 R_x 合作应对过程中，所对应风险分担方宜突破围绕风险 R_x 所产生的主体合作关系，而应置身于施工联合体组织整体系统。在实施风险 R_x 对应分担方的协作沟通基础上，应将风险合作主体关系拓展至所有联合体参与方，从而寻求到更为广阔的风险管理支持。同时，联合体参与方在实施围绕联合体不同类别风险的合作应对过程中，风险分担及应对的主体关系更是在联合体组织内部呈现复杂的系统性。

(2) 密切合作性。作为施工联合体参与方，风险分担者在风险合作应对中，应秉承联合体合作精神，围绕风险分担权责分配结构实施密切合作。在自身风险控制权责范围内充分发挥技术、资金、管理及其他资源优势，通过优势互补实现特定风险不同维度上的有效控制。此外，风险分担者应根据有利于工程顺利实施的原则主动完成相关配套性工作，确保联合体组织层面上的风险有效控制。对于超出风险分担格局所界定职责范围外的工作，应予以一定成本补偿及奖励。

(3) 信息互享性。开展联合体风险分担及合作应对是为了更好分散风险并充分发挥不同参与方优势，然而在确定风险分担职责界面以协作应对过程，风险分担主体之间还应在职责界面上实现充分的信息互享。特定风险的分担及合作应对过程中，承担方之间必须将各自职责范围内的风险动态信息予以沟通，以确保相关承担方之间的合作顺畅性。同时，还应将相关风险信息在联合体整体系统中予以传递，提升自身风险管理效果，也为联合体整体风险管控服务。

(4) 动态发展性。施工联合体风险合作应对过程中，工程项目及联合体组织内外部环境均处于动态变化过程中，旧风险消逝及新风险出现也使得联合体风险种类处于不断变化中，所以联合体风险分担方需要不断调整风险合作应对过程中的主体关系, 保持主体合作关系能够很好地匹配内外部环境动态发展, 有利于项目风险合作应对。此外, 随着工程施工不断推进, 联合体内部关于工程施工协作的合作关系也在变化, 而风险合作应对宜较好地予以适应。

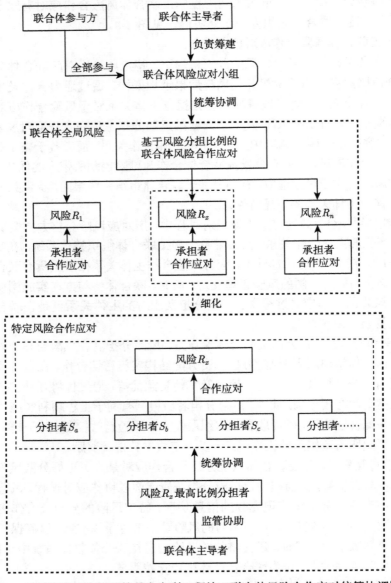

图 4-9   风险分担比例下的重大水利工程施工联合体风险合作应对统筹协调图

(5) 利益竞争性。作为合作联盟, 施工联合体在践行组织效益优先的前提下, 风险分担方在合作应对过程中出于利己原则难免会保护自身利益, 从而导致风险分担方围绕风险合作应对工作实施利益竞争。联合体参与方在风险合作应对中呈现利益竞争性在所难免，然而却对风险合作控制及联合体组织合作造成了不利因素，必须要予以重视并协调。所以，联合体风险应对小组应秉承多方共赢的原则，采取妥善措施统筹协调好关系以降低风险主体的利益竞争性。

界定并把握施工联合体风险合作应对过程中的主体关系及其特征，有助于统筹协调联合体全局风险合作应对工作，并为单个或多个风险合作应对过程所存在的具体协作方式提供保障。施工联合体风险合作应对的主体关系及特征详见图 4-10。

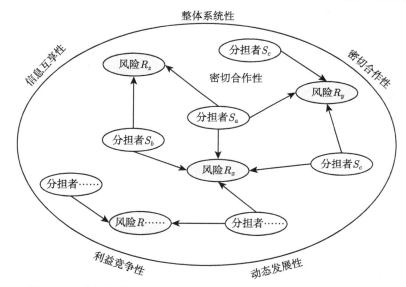

图 4-10 重大水利工程施工联合体风险合作应对的主体关系及特征

通过施工联合体风险合作应对主体关系，发现在施工联合体风险合作应对过程中，风险之间、参与方之间形成了较为复杂网络关系。可见，施工联合体风险合作应对过程必须协调好不同风险之间由于内在属性、分担者、应对者所形成的联系，把握不同风险相互作用关系将有助于联合体风险合作应对工作。

3) 施工联合体风险合作应对的协作方式

联合体风险分担比例为风险应对过程中的相关权责利分配提供了依据，同时也为风险控制成本、风险预期损失、风险可能收益等分担提供基础，所以联合体围绕风险控制予以工作协作必须要充分结合所确定的风险分担比例。

对于特定风险，相关分担方在实施风险合作应对过程中，权责利分配在参考风险分担比例的基础上，更应该结合到分担方所对应的工程施工范围，秉承有利于工程施工任务开展的原则，不宜分割的风险控制权责利应以整体存在，确保风险控制的权责利分配有利于工程项目整体施工的协作开展。针对所分担的风险控制权利及责任，联合体分担方应结合自身工作进展，调用相关的人才、资金、技术及资源予以风险控制，同时做好与其他分担方的工作协作及信息交流，此外也应充分发挥联合体整体的优势整合特性，从而实现相关风险的有效控制。对于风险协作控制工作所对应的实际责任承担及资源投入，如果其与所确定风险分担比例存在差异，则应在相关统筹者协调下予以一定的成本补偿及收益转移，使得最终的风险总体投入及收益符合科学分担比例要求。

联合体风险合作应对过程中，鉴于风险属性不断变化及控制过程不断推进，同时联合体内外部环境也处于动态变化中，所以相关分担方关于风险权责利分配及控制协作计划应予以动态跟进，并通过联合体协作协议予以明确。此外，为提高联合体参与方关于风险的合作应对工作积极性，应在联合体风险应对小组统一部署下，应以联合体合作协议形式确定风险分担协作工作相关的激励制度及约束制度，从而用制度工具保障联合体风险合作应对的协作效率。

施工联合体风险合作应对需要相关分担方予以恰当的风险协作，而对于特定风险 R_x，联合体分担方的协作方式可详见图 4-11。

4.5.2　不完全契约视角下的施工联合体风险分担动态管理

1. 基于联合体合作协议的风险动态分担架构

风险分担及应对工作不仅仅是风险管理框架重要组成内容，其具备一定的制度属性，所以有必要将风险分担及应对工作从技术层面不断向制度层面拓展，从而利用制度规范风险分担及应对工作。此外，鉴于重大水利工程施工联合体内外部环境不断变化，为保证风险控制效果，必须将风险一次性的静态分担过程转向可调的动态分担过程。事实上，作为联合体组织运转的核心纽带，联合体合作协议是实现风险分担的制度约束及动态管理的良好载体，其能够将风险分担相关事宜及联合体系统运转予以良好的结合。

联合体合作协议是施工联合体围绕重大水利工程施工所构建的合作契约，其所界定的合作权责利关系必然符合不完全契约理论而呈现不完备性。鉴于风险分担作为联合体合作协议重要内容，在针对联合体合作协议不完备条款而设计相关控制机制过程中，必须将风险分担纳入其中。根据水利施工联合体组织运作及风险分担工作特性，基于时间维度可将风险分担划分为风险初始分担（工程投标阶段）、风险全面分担（工程准备阶段）、风险跟踪及再分担（工程施工阶段）共三个阶段，三个阶段以联合体合作协议为纽带予以衔接，从而构成施工联合体风险动态分担的整个过程。

联合体合作协议起草及签订始于工程投标阶段，而限于工程内外部信息局限，

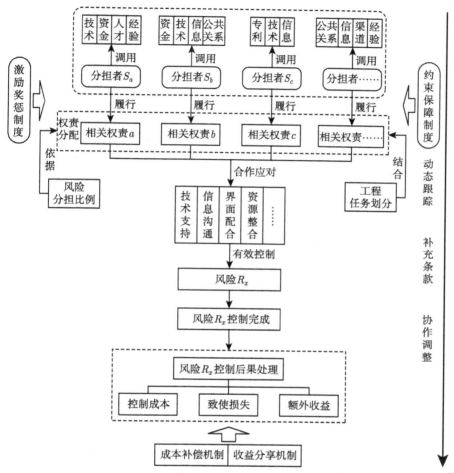

图 4-11 重大水利工程施工联合体风险合作应对的协作方式

联合体合作协议关于风险分担事宜的相关条款必然是不完全而存在缺陷，形成了不完全契约情形。针对不完全契约，除了保障风险分担初始格局的科学合理性，重点还应界定好事后应对工作的机制或制度设计。作为不完全契约，施工联合体合作协议处于动态完善过程中，恰好可以将联合体风险动态分担工作嵌入其中，从而形成基于联合体合作协议的风险动态分担架构，详见图 4-12。

2. 联合体风险初始分担及事后支持协议的配备

鉴于决策有限理性及信息稀缺性，重大水利工程施工联合体风险初次分担不可能涵盖到工程实施过程全部风险，必将存在部分不可预见风险的遗漏；同时，对于特定风险，全面获取风险相关信息并做出完美风险分担决策是极具经济成本的；

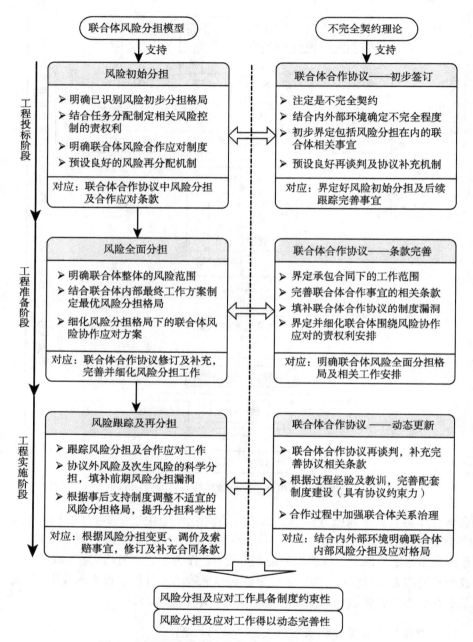

图 4-12 基于联合体合作协议的风险动态分担架构

此外，联合体合作期间的内外部环境也处于不断变化过程中，所以联合体在合作伊始所制定的风险初始分担方案相对于整个合作周期必将是不完备的。施工联合体出于有限理性及经济衡量，也无须制定出完备的风险分担方案，只需根据风险信息及工程实际制定适宜完备程度的风险分担初始方案，然而联合体却必须认识到风险初始分担方案的不完备性并予以重视。

1) 联合体风险初始分担过程及方案制定

重大水利工程施工联合体风险初始分担过程发生于工程投标阶段，其作为联合体合作协议重要组成是实施工程投标工作的基础。联合体组建伊始，应在联合体主导者组织下开展招标文件分析，界定拟投标工程范围及联合体内部分工，针对业主拟转移到联合体系统内的风险，结合联合体合作意向、协作机制及其他信息，利用所构建联合体风险分担模型初步计算风险初始分担比例。同时，根据所计算的风险初始分担比例，设计联合体内部关于风险合作应对的责权利结构及转移补偿机制，经联合体全体同意后即可作为联合体关于该风险的初始分担方案。

联合体风险初始分担方案应在联合体合作协议中予以明确，从而确保初始分担方案的制度约束性，联合体风险初始分担方案应包括但不限于以下重点内容：

(1) 联合体关于特定风险的最优分担比例，其决定了联合体各参与方关于风险控制成本、风险致使损失及风险额外收益的分担。

(2) 联合体关于风险协作应对的责权利划分，联合体关于风险协作应对的初步计划。

(3) 联合体风险合作应对过程中的激励奖惩制度及约束保障制度。

(4) 联合体风险分担的再谈判及再分担机制安排。

(5) 其他关于风险分担事宜的事后支持协议。

2) 联合体风险初始分担事后支持协议配备

在施工联合体风险应对的周期过程中，联合体初始分担事后支持协议弥补了风险初始分担方案可能不利影响，其有利于保障在联合体内外部环境变化情况下的风险分担格局科学、有效性。联合体初始分担事后支持协议应肯定联合体关于风险初始分担的可调整性，同时界定好风险再分担的基本情形、具体内容、实现途径及成果形式等，从而在保障联合体密切合作关系基础上实现对风险初始分担的继承及补充。

(1) 风险再分担的基本情形。随着工程施工推进，当新型风险或次生风险出现，导致联合体系统的风险责任范围发生改变；当某特定风险的原有风险分担方案不能适应于联合体内外部环境，从而不利于该风险有效控制；其他导致联合体整体风险分担及应对格局不利于系统效益最优的情形。

(2) 风险再分担的具体内容。风险再分担主要包括两方面内容：一方面，依据科学风险分担模型制定新型风险或次生风险在联合体内部的风险分担格局；另一方面，围绕不恰当的风险初始分担方案重新优化风险分担格局，并通过变更、调节、索赔、转移等手段重新界定好权责利关系。

(3) 风险再分担的实现途径。联合体出现风险再分担情形时，应结合内外部环境，利用所构建的联合体风险分担模型求解特定情形下的风险最优分担比例。基于风险最优分担比例，依据联合体风险合作应对的统筹关系，由相应级别的统筹者组织谈判、协商、调解适宜，确定联合体多方接受的风险分担格局。

(4) 风险再分担的成果形式。为确保联合体风险分担方案的执行效率，风险再分担的最终成果也需要同风险初始分担方案同并入联合体合作协议，一般可通过调整协议条款或签订补充协议的方式对原始协议条款予以补充及完善，对联合体关于风险应对的责权利分配及后果承担等予以明确。

3. 联合体风险分担管理的动态跟踪及协调完善

联合体风险分担管理应贯穿于联合体合作过程，为体现风险分担及应对的动态管理思想，联合体风险应对小组应统筹联合体相关参与方对联合体风险管理过程予以跟踪及评价，从而持续改进风险控制工作。

联合体风险分担格局给出了联合体风险控制整体最优前提下的风险协作应对方案，然而最终控制效果实现及工程顺利实施还有赖于联合体各参与方的具体执行。首先，对于特定风险，相关联合分担方在风险合作应对过程中，风险最高比例分担者应组织好合作应对中的信息交流及工作配合，督促相关责任者跟踪风险发展动态并予以及时评价，从而确保风险动态的实时掌控。其次，联合体风险应对小组、联合体主导者及联合体其他参与方还应密切关注联合体系统风险范围的变化，及时识别新型风险或次生风险。最后，联合体风险应对小组及联合体主导者应对联合体整体关于风险应对的分工协作予以监控评价，而特定风险最高比例承担者则应对相关分担者关于特定风险应对的分工协作予以监控评价，发现风险合作应对过程中经验及缺陷。

针对在联合体风险分担及应对的跟踪评价工作中所发现的相关问题，相关责任者应及时组织落实对应的协调完善工作。一方面，对于联合体内部所发现的不适宜风险分担格局以及所识别的新型风险或次生风险，应依据联合体合作协议中关于风险分担所配备的事后支持协议，组织风险的再谈判及再分担，修订风险分担相关协议条款，从而协调完善联合体内部的风险分担管理工作。另一方面，对于联合体参与方在风险合作应对过程中的管理失误、协调不当及责任混乱等问题，对应统筹者应组织相关参与方洽谈磋商，修正风险协作应对过程中的诸多问题，提高风险合作应对工作效率。

重大水利工程施工联合体风险动态管理离不开全过程跟踪、监控及评价，通过实时掌控联合体风险分担及应对工作的准确信息，可以不断协调并完善联合体风险管理工作，提升联合体整体风险管理工作水平。此外，为保障联合体风险分担管理的动态跟踪及协调完善工作效果，还应结合风险合作应对工作的动态跟踪及评估结果，在联合体内部推进协调管理、激励奖惩及约束保障等制度，从而提高联合体参与方合作应对风险的主观积极性及持续改进动力。

4.5.3 基于风险分担比例的施工联合体风险合作应对制度

1. 联合体风险合作应对的协调管理制度

重大水利工程施工联合体合作过程中，包括风险合作应对在内的诸多事宜都依赖于联合体参与方之间的密切合作。联合体各参与方在风险合作应对过程中，参与方往往出于自身利益最大化目标而做出不利于联合体整体利益的行动，所以必须配备一定的联合体协调管理制度。联合体协调管理制度旨在提升联合体合作协作关系，从而发挥联合体合作应对风险的优势，具体包括风险控制信息沟通交流制度、定期/不定期风险协调会制度及风险控制资源支持及协助制度。其中，风险控制信息沟通交流、定期/不定期风险协调会也是发现并应对新型风险或次生风险的重要途径。

1) 风险控制信息沟通交流制度

对于特定风险，联合体风险分担方在合作应对风险过程中，应随时开展风险控制信息的沟通交流，确保风险分担方均可以全面把握风险变化最新动态，从而便于采取恰当行为开展自身风险控制并配合其他分担方风险应对工作。

2) 定期/不定期风险协调会制度

对于相关重点风险，联合体主导者、风险最高比例分担者应定期/不定期组织相关分担方参加风险协调会，讨论风险合作应对过程中经验、教训及问题，联合制定目前不利现状的应对策略，细化不同分担方的风险职责，提升联合体关于风险合作应对的协调程度。

3) 风险控制资源支持及协助制度

在风险分担格局下，秉承联合体合作精神，相关风险分担方在风险合作应对中可向联合体其他参与方寻求技术、信息、渠道等资源支持，而其他参与方在条件满足时应给予支持，从而提升联合体整体效益。对于资源支持及协助所造成的额外成本，可通过一定转移补偿制度予以弥补。

2. 联合体风险合作应对的转移补偿制度

风险最优分担比例界定了联合体系统最优前提下的风险分担格局，其是联合体参与方关于特定风险控制成本、致使损失及额外收益分担的重要依据。然而，鉴于风险控制责任不可分割性及合作应对支持协作性，导致风险分担方开展风险合作应对所带来的经济费用仅围绕于风险最优分担比例而非完全一致，所以必须在联合体内部实行一定转移补偿机制以体现公平性。

1) 风险合作应对预备金制度

风险合作应对预备金制度是为了保证风险得以有效控制，依据联合体参与者风险期望损失额所征收的风险控制保证基金，其可在联合体组建伊始通过协议方式缴纳。风险合作应对预备金制度可为联合体风险控制过程中的成本分担、损失弥补、奖惩激励等措施提供保障，从而防止部分联合体参与方违约行为损害其他参与方利益。

假设联合体参与方 S_k 所分担的风险包括 1 种，分担比例分别为 $P_1, P_2, \cdots, P_i$，对应 1 种风险期望损失额分别为 $E_1, E_2, \cdots, E_i$，则联合体参与方 S_k 所分担的风险期望损失总额 O_k 可表达为

$$O_k = \sum_{i=1}^{l} E_i \cdot P_i \tag{4-35}$$

联合体参与方 S_k 所对应的风险期望损失总额 O_k 代表了参与方 S_k 对于联合体风险控制系统的责任，可作为参与方 S_k 缴纳风险合作应对预备金的依据。若联合体参与方所缴纳的预备金占风险期望损失总额 O_k 的协议比例为 λ，则可计算联合体参与方个体所缴纳风险预备金 M_k 及联合体风险预备金总额 M。

$$M_k = O_k \times \lambda \tag{4-36}$$

$$M = \sum_{k=1}^{m} O_k \times \lambda \tag{4-37}$$

风险合作应对预备金应在联合体风险应对小组统筹下予以使用，直至项目联合体解散时予以统一结算及退款，中途可作为补偿风险控制成本及损失的临时保证资金，同时也可以结合激励奖惩、收益分享、转移补偿等工作使用。

2) 风险控制成本补偿制度

对于特定风险，相关分担方风险控制工作应服务于联合体整体利益，联合体内部应激励一切有利于联合体整体利益的风险控制行为，而予以风险控制成本补偿则是激励作用的基础。在特定风险合作应对工作中，或由于风险控制责任不可分割而导致部分分担者履行额外职责，或由于部分分担者更有能力控制风险而履行额外职责，或由于部分分担者为提升风险合作应对效果而额外投入资源，即风险分担者出于整体利益衡量而承担超出风险分担比例所界定的任务范围时，联合体整体必须予以一定成本补偿。

对于特定风险 R_x，所对应 Y 个分担者所协议的风险分担比例为 $P_1, P_2, \cdots, P_y$，在合作应对风险过程中所发生实际风险控制成本分别为 $C_1, C_2, \cdots, C_y$，则联合体参与方 $S_k(1 \leqslant k \leqslant y)$ 需支付的风险成本转移补偿额为 ∂_k。

$$\partial_k = P_k \times \sum_{i=1}^{y} C_i - C_k \tag{4-38}$$

　　风险成本转移补偿额 ∂_k 若为正，则联合体参与方 S_k 需转移支付给其他参与方；若转移补偿额 ∂_k 为负，则联合体其他参与方需转移支付给联合体参与方 S_k，从而最终实现风险分担方按照协议最优分担比例实现风险成本共担。

　　3) 风险致使损失共担制度

　　联合体风险合作应对过程中，鉴于责权利划分、工作任务划分、风险作用范围均不是严格服从于联合体最优风险分担比例，所以最终风险给相关分担方所带来的损失也不是严格按照风险比例。考虑到风险合作应对过程中，风险分担方往往由于承担了过多的风险控制责任而可能导致更高额度的损失，或者为保护其他参与方而预先承受了损失，所以有必要通过损失转移补偿使得分担方实际损失回归到风险分担最优比例基础上。

　　对于特定风险 R_x，所对应 Y 个分担者所协议的风险分担比例为 $P_1, P_2, \cdots, P_y$，在合作应对风险过程中所承担的实际风险损失分别为 $D_1, D_2, \cdots, D_y$，则联合体参与方 $S_k(1 \leqslant k \leqslant y)$ 需支付的风险损失转移补偿额为 δ_k。

$$\delta_k = P_k \times \sum_{i=1}^{y} D_i - D_k \tag{4-39}$$

　　风险损失转移补偿额 δ_k 若为正，则联合体参与方 S_k 需转移支付给其他参与方以弥补其他方损失；若转移补偿额 δ_k 为负，则联合体其他参与方需转移支付给联合体参与方 S_k，从而最终实现风险分担方按照协议最优分担比例实现风险损失共担。

　　4) 风险额外收益分享制度

　　风险通过有效控制或本身发生变化，往往会额外带来风险收益，风险额外收益应归属于所有参与风险合作应对的联合体参与方。风险额外收益如同风险控制成本、风险致使损失一样，也会在相关分担者之间出现不符合风险分担比例的偏差，有必要通过补偿转移实现共享。

　　对于特定风险 R_x，所对应 Y 个分担者所协议的风险分担比例为 $P_1, P_2, \cdots, P_y$，在合作应对风险过程中所直接获取的风险额外收益分别为 $F_1, F_2, \cdots, F_y$，则联合体参与方 $S_k(1 \leqslant k \leqslant y)$ 需支付的风险收益转移补偿额为 ϕ_k。

$$\phi_k = P_k \times \sum_{i=1}^{y} F_i - F_k \tag{4-40}$$

　　风险收益转移补偿额 ϕ_k 若为正，联合体其他参与方需转移支付给联合体参与方 S_k 以补偿收益；若转移补偿额 ϕ_k 为负，则联合体参与方 S_k 需转移支付给其他参与方。

　　风险额外收益应秉承"后分享机制"，即特定风险所对应分担方需在完成风险成本转移补偿、风险损失转移补偿、风险控制奖励惩罚后方可予以收益分享。实际操作中, 可将成本、损失、奖惩、收益予以联合结算, 获取联合体各参与方的最终支付额或获得额。

3. 联合体风险合作应对的激励奖惩制度

联合体风险转移补偿制度确保了重大水利工程施工联合体风险合作应对过程中的公平公正性, 但还应配备相关的激励奖惩制度以提升风险合作应对工作效率。为激发联合体参与方主动采取有利于风险有效控制及整体利益实现的风险分担及应对行为, 可分别从经济层面、非经济层面出发的奖励惩罚制度。

1) 风险合作应对的奖励制度

依据重大水利工程施工联合体风险分担动态管理思想, 围绕风险分担及应对全过程予以动态跟踪及评价, 从而把控联合体分担方风险合作应对工作动态。联合体应配备一定的考核标准, 对于积极承担能力范围内风险控制职责、积极协助其他参与方风险应对工作、采取有效措施降低风险控制成本及损失、采取有效措施为联合体带来额外收益和其他一切有助于提升联合体整体利益的行为, 联合体风险应对小组均可依据一定标准给予一定奖励。

(1) 经济层面奖励。经济层面奖励主要是对采取积极措施显著提升联合体风险控制效果的风险分担方予以经济奖励, 一般应根据风险控制成本减少额、风险致使损失减少额或风险额外收益额, 结合风险分担方具体工作表现, 制定相应的风险控制奖励。

对于风险 R_x, 所对应 Y 个分担者所协议的风险分担比例为 $P_1, P_2, \cdots, P_y$, 风险控制完成后所发生的风险控制总成本为 C_x, 风险致使总损失为 D_x, 风险额外总收益为 F_x, 其中 D_x 和 F_x 不可同时为正。根据一定机制可确定风险奖励额度为 $f(C_x, D_x, F_x)$, 则联合体分担方 S_k 的风险控制奖励为

$$\Psi_k = P_k \times U_k \times f(C_x, D_x, F_x) \tag{4-41}$$

式中, U_k 为调整系数, 代表了参与方 S_k 在风险合作应对过程中的具体表现; 风险奖励额度为 $f(C_x, D_x, F_x)$ 则代表了风险控制成本、损失及收益改善所对应的奖励总额度。

(2) 非经济层面奖励。为更好激励风险分担方积极采取有效措施予以协作应对风险, 提升风险合作应对效果, 应在经济层面奖励基础上予以非经济层面奖励。非经济层面奖励具体可包括权利奖励及声誉奖励。其中, 权利奖励可针对风险控制能力强并为联合体风险控制做出贡献的风险分担方, 具体可包括赋予监督发言权、惩罚豁免权、统筹协调权等权力, 从而使得风险分担方更为便捷开展风险合作应对工作, 也可以促进联合体其他参与方风险控制能力提升。声誉奖励则是在联合体内部予以认可, 赋予合作声誉、工作效率声誉及合作伙伴声誉等, 从而在肯定部分风险

分担方工作成果同时，促进联合体长期合作及发展。

2) 风险合作应对的惩罚制度

对应于风险合作应对奖励制度，必须配备相关惩罚制度，从而对风险合作应对过程中的不恰当行为予以警示。根据风险分担及应对工作的动态跟踪及评价结果，对于风险分担方不作为或不恰当行为影响到其他分担方风险控制效果、破坏风险合作应对协作、影响风险最终控制效果的现象，必须依据一定准则予以惩罚。

联合体风险合作应对的惩罚途径主要包括：

(1) 针对过失的风险分担方对联合体整体及其他风险分担方所造成的损失，过失的风险分担方应予以赔偿。

(2) 对于情节较为严重的过失行为，则在弥补相关损失基础上，风险合作应对小组应进一步给予额外惩罚。

(3) 限制过失分担方在风险合作应对过程中的权力，防止其持续对联合体整体利益造成损害。

(4) 限制过失分担方参与联合体内部成本转移补偿权力、收益分享权力等。

4. 联合体风险合作应对的约束保障制度

联合体风险合作应对的约束保障制度是服务于其他风险合作应对制度，一方面为联合体风险分担方协调管理、转移补偿及激励奖惩工作提供依据，另一方面则是进一步加深对联合体分担方不利于风险分担目标行为的约束。风险合作应对的约束保障制度可分为退出风险控制壁垒制度、风险过程跟踪评价制度及联合体合同体系约束制度。

1) 退出风险控制壁垒制度

联合体退出风险控制壁垒制度设立的目的是为了防止风险分担方基于自身利益考虑而采取退出风险控制或退出风险分担的情形，从而保护其他风险分担方及联合体整体的基本利益。采取退出风险控制意味着联合体分担方放弃利用自身优势应对相关风险，从而使得次优风险分担方来实施风险控制活动，显然会降低风险控制效果；风险分担方采取退出风险分担则意味着其不承担相关风险所带来的成本、损失及收益，违背联合体合作精神而给其他联合体参与方造成更大风险压力。显然，退出风险控制仅是不主动合作应对风险，但作为联合体参与方仍将共担风险成本及损失，所以退出风险分担行为影响更为不利。

鉴于退出风险控制或退出风险分担行为的不利影响，必须设置相关壁垒以阻挠分担方退出，具体包括经济壁垒及非经济壁垒。其中，经济壁垒可包括高昂风险退出费用、风险控制效果降低补偿费、其他风险分担损失补偿、降低联合体超额收益分享等；非经济壁垒则主要围绕权力角度设置相关障碍，包括限制联合体内部的监督建议权、限制风险控制成本及损失转移补偿权、限制风险额外收益分享权、限制联合体内部的表决决策权等。

联合体退出风险控制壁垒制度不仅可针对风险合作应对过程中的退出行为，也可以针对风险初始分担过程中不积极承担能力范围内风险的退出行为。任何情形下风险退出行为均违背联合体合作精神，必须予以限制从而保障施工联合体的有效合作。

2) 风险过程跟踪评价制度

风险过程跟踪评价制度重点应用于风险动态控制过程中，旨在实时获取联合体在风险分担格局下风险控制行为有效性。风险过程跟踪评价可获取相关风险在合作应对下的基本发展情况，同时监控联合体参与方风险分担行为。

风险过程跟踪评价应贯穿于联合体系统内所有重点风险的管控全程，重点评价下述内容：

(1) 相关风险是否处于可控状态。

(2) 关于风险的分担格局是否适用于风险现状及未来发展。

(3) 风险所对应联合体分担方之间的合作及协调是否符合风险控制目标。

(4) 联合体分担方合作应对风险的总体控制成本、总体预期损失、总体预期收益情况是否均衡。

(5) 联合体系统内部是否出现未被识别的新型风险或次生风险。

(6) 风险分担方在合作应对过程中的行为表现情况。

(7) 其他影响联合体风险控制效果的情形。

通过风险过程跟踪评价不仅把握了风险合作应对现状，从而为风险控制格局及风险控制行为优化提供依据，同时也为联合体关于风险的转移补偿、激励奖惩等工作提供了基础。

3) 联合体合同体系约束制度

联合体得以合作的纽带在于科学合理的联合体合作协议，通过联合体合作协议实现了风险在内所有工作的通力协作。针对风险分担及应对工作而言，联合体合作协议则是联合体风险得以动态分担及管控的重要基础。所以必须将联合体合作协议放入风险管控的架构内，利用合同约束联合体所有参与者行为。

联合体内部除了联合体合作协议之外，根据战略合作需要，联合体参与方之间往往还存在独立的战略合作协议、技术支持协议及资源共享协议等，同时联合体整体对于外部也存在承包合同、采购合同、分包合同及保险合同等，而风险控制工作则与相关工程合同密切相关。所以，联合体合作应对小组、联合体主导者应以联合体合作协议为纽带，将相关约束合同予以梳理以构成完整的合同体系，不仅有利于联合体内部风险转出，也有利于提高联合体合作应对风险的效率。

5 基于区间二元语义的重大水利工程灾后应急处置群决策方法

重大水利工程对国民经济和安全影响巨大，而现阶段由于人类活动与自然环境变化的交互作用，诱发灾害的因素日益增多。重大水利工程的灾后应急处理是保证项目正常运营的关键一环。目前，我国的工程运营单位的灾害防御能力普遍不高，而且灾害的不确定性和运营管理者认识能力的有限性、决策过程影响因素的复杂性都给应急决策带来诸多难题。因此，本部分力图从提高灾后应急决策的科学性出发，将现代决策科学和防灾减灾学结合起来，借助群决策的集体智慧优势，结合不确定条件下语言群决策的偏好表达，对区间二元语义的语言形式在重大水利工程灾后应急处置群决策方面的应用展开研究。

5.1 研究目的、主要内容、方法及技术路线

5.1.1 研究目的

1) 解决区间二元语义在应急群决策中的应用问题

针对语言型群决策方法在应急环境下的应用不多的情况，引入区间二元语义，处理不确定的语言短语决策信息，区间二元语义的优势在于结合了普通语言和区间数的优点，更加适合应急环境的特定情景。与其他应急群决策问题一样，区间二元语义信息的处理和集成也会面临一系列问题，即如何处理属性间的关联性，如何确定专家权重以及如何处理残缺的区间二元语义决策信息等。这一类问题的解决影响到本部分研究提出的群决策方法的便利性和正确性。

2) 结合区间二元语义制定一种考虑静态和动态相结合的群决策方法

任何领域的群决策方法研究的最终目的都是更好的解决该领域中遇到的问题，这些问题包括结果的客观性、结果的明确性、过程的公平性、操作的简便性和决策过程的效率。理想的群决策应该是综合所有人观点而形成的最接近理想点的结果。因此应急群决策方法也应该尽可能的适应灾害发生后的特点，在掌握不确定性的基础上设计相应的符合特定要求的方法。结合研究背景和文献综述，本部分提出的应急处置群决策方法应该能够体现快速集成、减少分歧的优势，同时也全面地考虑到了静态因素和动态因素，更加符合实际情况。

5.1.2   主要内容

(1) 给出三类问题的解决方法:

首先, 提出 Bonferroni 算子与区间二元语义的结合形成几类基于 Bonferroni 算子的区间二元语义集成算法, 考虑不同属性间的相关性, 快速处理不确定环境中的多属性方案应急选择。

其次, 讨论应急处置决策中区间二元语义决策矩阵的残缺问题, 提出利用最大最小算子和基于一致性矩阵的估计两类方法进行解决。

最后, 提出利用语义灰度方法解决不确定条件下专家权重的调整问题。

通过这三类问题的解决, 为区间二元语义在应急处置群决策中应用提供了便利条件。

(2) 利用三类问题的解决方法, 设计了一种基于区间二元语义的 "静态 - 动态" 的应急处置群决策方法, 基于不确定性的特征分析, 分别给出了该方法各步骤的决策思路和决策步骤。

(3) 实证分析, 本部分研究所建立的方法在四川省某地区地震灾后的 A 堰塞湖应急处置方法群决策中进行了应用, 通过静态和动态两阶段的群决策, 方案 X_1 很好地完成了既定的决策目标, 为全局的救灾工作做出了有效的贡献, 也证明了本部分所建方法的正确性和合理性。

5.1.3   研究方法

该部分研究关注多种研究方法的综合应用, 以获得较好的研究效果。拟采用的研究方法主要包括:

1) 文献阅读及对比研究法

为正确把握研究思路, 全面掌握研究对象的研究现状, 必须广泛阅读相关文献, 确定其他领域的研究成果, 梳理应急处置群决策的方法及不足。

本部分研究参考了超过百篇的中外文献并总结成果与不足, 从而确定本部分的研究基础。并通过多种已有的决策方法的对比分析将其他领域相关研究方法及成果借鉴到群决策应用研究过程中。

2) 语言决策方法

对于灾后应急处置决策, 复杂的决策环境, 不确定因素和心理承压的约束, 决定了二元语义及其衍生的语言决策方法在此方面具有较好的应用效果。

本部分研究综合运用多种已有的二元语义和区间二元语义集成算子, 作为新的决策方法研究的重要基础。

3) 跨学科研究方法

跨学科研究方法是运用多学科的理论、方法和成果从整体上对某一课题进行综合研究的方法, 也称为 "交叉研究法"。

本部分的研究和推理依赖于灾害学、应急学、现代决策方法和语言学等多种理论的支撑，提出的群决策方法也符合各学科的实际情况，体现了交叉运用的效果。跨学科研究能够冲破单一学科的固定思维模式，从而在新方法和新模式的设计上起到启示作用。

4) 理论分析与实证分析相结合

本部分研究的核心目的是提出一种基于区间二元语义的应急群决策方法，方法的产生要依赖于应急和决策科学等理论，因此应当严谨的搭建理论与新方法之间的桥梁，为避免脱离理论基础应当进行充分的理论分析。同时，为了体现方法的适用性和正确性，还需要结合实际进行实证分析，本部分研究提出的群决策方法已在四川 A 堰塞湖应急处置方案决策中进行了实证分析也证明了，验证方法的有效性。

5.1.4 技术路线

技术路线是研究开展的思路及方法的直观展示：

第一步，通过严谨和完善的准备工作奠定了研究基础，通过资料收集、任务划分和计划安排来确定研究目标和总体方法。

第二步，在文献阅读、课堂学习和导师咨询的基础上明确使用的基本理论，进行深入的学习。

第三步，以应用为导向解决了区间二元语义的一些问题，区间二元语义在应急决策中的应用需要解决应急条件下出现的特殊问题，这些问题的处理能够实现区间二元语义条件下决策信息有效集结，是区间二元语义信息参与应急决策的关键步骤。

第四步，在获得了关键问题解决的基础上针对传统应急群决策方法进行了优化，统筹考虑静态和动态特点，提出了具有渐进式特点的应急群决策方法。

第五步，利用 A 堰塞湖应急处置群决策进行实证分析，综合利用第三步和第四步的研究成果进行应急处置方案的决策。

第六步，结论与展望。技术路线见图 5-1。

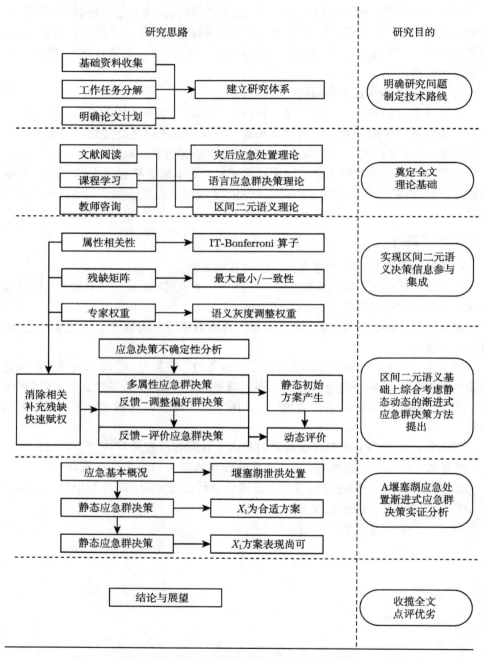

图 5-1　重大水利工程灾后应急处置群决策方法研究技术路线图

5.2 应急环境下区间二元语义群决策应用问题研究

5.2.1 群决策应用问题分析

1. 应用问题研究必要性

任何群决策信息在应急群决策方法中的应用都必须按照图 5-2 所示的群决策过程，即在遵循群决策的一般流程之外，也要考虑应急环境下的信息特点，做好各阶段的群决策过程。一方面，要制定确定各种决策信息集结过程中需要的参数，如权重值；另一方面，应急环境下对于决策信息的完整性和有效性都会产生影响，如何处理影响到决策结果的正确性和客观性。因此，在提出本部分研究的群决策方法之前，有必要针对应急环境下的区间二元语义在群决策应用过程中的一些问题进行研究和解决，基于文献综述和理论分析，目前存在三类问题需要解决和改进。

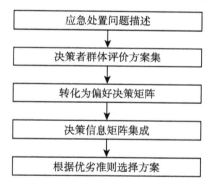

图 5-2 重大水利工程应急群决策基本过程

2. 问题描述

1) 属性间存在相关性

属性相关性（也称关联性）主要指各个属性之间可能存在的互相关联的关系，在一般的多属性决策问题中，往往假设各属性是相互独立的，但实际上，考虑属性关联性的多属性决策问题更具有实际应用意义，即不考虑这种关联性的多属性决策问题是考虑关联性的一种特殊形式。考虑到灾后应急环境下，属性选取过程难以做到完全规避属性之间的关联性，就会产生一种问题，当属性之间可能存在相关性的时候，传统的区间二元语义集成算子就会显示出缺陷，即忽视了属性之间的关联性，因而必然会对理想方案的选择产生一定的影响。

2) 决策者决策信息出现残缺的问题

这一类问题也是应急决策中经常遇到的问题，尤其是当这种情况与区间二元语义形成的矩阵相结合的时候如何处理显得更为棘手。群决策过程中一般会出现两类信息残缺情况，一类是两两比较而形成的判断偏好矩阵中出现的残缺信息，即决策专家无法给出两个比较对象的优劣判断信息；另一类则是在多属性决策问题中无法给出某一方案或者多个方案的属性值，从而给信息集结带来较大困难。特别是，区间二元语义下的残缺值如何处理影响到其在应急群决策中应用的有效性，因此需要深入分析。

3) 应急决策下的专家权重确定

应急决策情景下的专家权重确定相比于一般的决策问题专家权重确定稍有不同，无论是主观的根据经验和资历来判断权重还是客观的根据决策矩阵的质量来判断权重都是相对片面的，同时客观赋权方法过于复杂，计算量大，应急情景下可行性有限，因此应当设计一种较为简便易行的权重确定方法，同时也能够兼顾主观和客观的重要性。

5.2.2　区间二元语义 Bonferroni 集成算子

1. 原理与算子提出

通常的基于语言环境的多属性决策，较少考虑属性间的相互影响，但对于应急决策情景下，属性的选择并不能完全消除属性间的关系，因此相对于传统的语言群决策方法，应当考虑这种关系带给决策结果的影响。Bonferroni 平均算子已经被一些学者引入到语言型群决策的研究中，但对于能够表达不确定性的区间二元语义的相关算子中并没有引入这种考虑。因此在其他学者研究的基础上，本部分提出区间二元语义 Bonferroni 平均算子 (IT-BA) 和加权平均算子 (IT-WBA)，并介绍考虑决策者权重的决策程序。

定义 5-1[60]　　令 $p, q \geqslant 0$，且对于任意实数集 $\{a_1, a_2, \cdots, a_n\}$，均为非负数，函数 $B^{p,q}(a_1, a_2, \cdots, a_n) = \left[\dfrac{1}{n(n-1)} \sum_{\substack{i,j=1 \\ i \neq j}}^{n} a_i^p a_j^q \right]^{\frac{1}{p+q}}$ 称为 Bonferroni 平均算子。

当 $p = q = 1$ 时，算子形式转变为

$$B^{p,q}(a_1, a_2, \cdots, a_n) = \left[\frac{1}{n(n-1)} \sum_{\substack{i,j=1 \\ i \neq j}}^{n} a_i a_j \right]^{\frac{1}{2}} \tag{5-1}$$

式 (5-1) 可解释为对于属性之间的两两组合满意度测评信息的集结。为了拓展区间二元语义的应用，本部分研究结合 Bonferroni 平均算子提出区间二元语义 BA 算子。

定义 5-2 设 $[(u_i, a_i), (v_i, \beta_i)](i = 1, 2, \cdots, n)$ 为 n 个区间二元语义信息集合, 对于任意 $p, q > 0$, 定义 IT-BA 算子

$$
\begin{aligned}
& \mathrm{IT}\text{-}\mathrm{BA}^{p,q}(K) \\
& = \left(\Delta \left\{ \left(\left[\frac{1}{n(n-1)} \mathop{\sum_{i,j=1}}_{i \neq j}^{n} (\Delta^{-1}(u_i, a_i))^p (\Delta^{-1}(u_j, a_j))^q \right] \right)^{\frac{1}{p+q}} \right\}, \right. \\
& \quad \left. \Delta \left\{ \left(\left[\frac{1}{n(n-1)} \mathop{\sum_{i,j=1}}_{i \neq j}^{n} (\Delta^{-1}(v_i, \beta_i))^p (\Delta^{-1}(v_j, \beta_j))^q \right] \right)^{\frac{1}{p+q}} \right\} \right) \quad (5\text{-}2)
\end{aligned}
$$

如果考虑到区间二元语义信息的权重值, 则可以进一步定义 IT-WBA 算子。

定义 5-3 设 $[(u_i, a_i), (v_i, \beta_i)](i = 1, 2, \cdots, n)$ 为 n 个区间二元语义信息集合, 对于任意 $p, q > 0$, 定义 IT-WBA 算子

$$
\begin{aligned}
\mathrm{IT}\text{-}\mathrm{WBA}^{p,q}(K) = \Bigg(& \Delta \left[\sum_{i=1}^{n} w_i (\Delta^{-1}(u_i, a_i))^p \Big[\sum_{j=1, j \neq i}^{n} \chi_j^{(i)} (\Delta^{-1}(u_j, a_j))^q \right]^{\frac{1}{p+q}}, \\
& \Delta \left[\sum_{i=1}^{n} w_i (\Delta^{-1}(v_i, \beta_i))^p \left[\sum_{j=1, j \neq i}^{n} \chi_j^{(i)} (\Delta^{-1}(v_j, \beta_j))^q \right] \right]^{\frac{1}{p+q}} \Bigg) \quad (5\text{-}3)
\end{aligned}
$$

加权区间二元语义 BA 算子, w 为各区间二元语义短语对应的权重, 体现短语的重要程度, 并且有 $\chi_j^{(i)} = \dfrac{w_j}{(1-w_i)}$, 对于任意的 $i, j \in n$, $\chi_j^{(i)} \in [0,1)$, $\sum_{j=1, j \neq i}^{n} \chi_j^{(i)} = 1$。

针对 IT-WBA 的一些特例展开分析:

(1) 当短语对应权重完全一致时, IT-WBA 算子就退化为 IT-BA 算子。

(2) 当 $p = 1, q \to 0$ 时, IT-WBA 算子就退化为 IT-WAA 算子。

进一步分析 IT-WBA 算子的一些特性:

(1) 若对于一组区间二元语义 $[(u_i, a_i), (v_i, \beta_i)](i = 1, 2, \cdots, n)$, 存在 $[(u_i, a_i), (v_i, \beta_i)] = [(u, a), (v, \beta)]$, 则 IT-WBA 集结的结果也是 $[(u, a), (v, \beta)]$, 证明过程非常简单, 本部分研究从略。

(2) IT-WBA 算子满足单调性。

2. 处理多组区间二元语义的 IT-WBA 算子

为了拓展 IT-WBA 算子的应用, 实现对多组区间二元语义短语的集结。本部分引入组合加权区间二元语义 BA 算子。

定义 5-4   对 m 组区间二元语义短语集合 $\left\{(u_i^{(k)}, a_i^{(k)}), (v_i^{(k)}, \beta_i^{(k)})\right\}$ $(k=1,2,\cdots,$ $m, i \in N)$, 定义 CIT-WBA 算子

$$\text{CIT-WBA}_{\omega,\lambda}(K^{(m)}) = \left(\Delta\left(\sum_{j=1}^{m}\omega_j b_j^-\right), \Delta\left(\sum_{j=1}^{m}\omega_j b_j^+\right)\right) \tag{5-4}$$

CIT-WBA 算子中 ω 为与算子相关联的一系列权重向量, 确定方法与 IT-CWAA 算子相同。b_j^-, b_j^+ 分别为下边界和上边界: $m\lambda_k\Delta^{-1}(\text{IT} - \text{WBA}((u_i^{(k)}, a_i^{(k)}))$, $k = 1, 2, \cdots, m; m\lambda_k\Delta^{-1}(\text{IT} - \text{WBA}((v_i^{(k)}, \beta_i^{(k)})); k = 1, 2, \cdots, m$ 集合中第 j 大的元素, 其中 $\lambda = (\lambda_1, \lambda_2, \cdots, \lambda_m)$ 为区间二元语义短语对应的权重, m 为平衡因子。

CIT-WBA 算子的一些特例:

(1) 当与 CIT-WBA 算子相关的权重值相同时, 算子退化为 IT-WBA。

(2) 当所有区间二元语义短语对应权重值相同时, 算子退化为 IT-OWA 算子。

对于结果的区间二元语义对比方法, 可按照定义 2-10 给出的方法进行比较。

3. 应用 CIT-WBA 算子多属性应急群决策方法步骤

假设针对一项应急处置决策, 存在 n 个应急方案, 邀请 t 位专家从 m 个属性来评估方案对于各属性的满足程度, 属性的表现程度采用区间语言短语表示。专家的权重 $W = (w_1, w_2, \cdots, w_t), \sum_{i=1}^{t} w_i = 1$, 各属性权重 $\omega = (\omega_1, \omega_2, \cdots, \omega_m), \sum_{i=1}^{m} \omega_i = 1$。

(1) 各专家对各方案的不同属性进行评价, 转化为专家的区间二元语义评价矩阵。

(2) 通过 IT-WBA 算子集结各专家对于每个方案的综合评价值。

(3) 利用 CIT-WBA 算子对所有专家针对每个方案的综合评价值进行集结, 获得方案的综合评价区间二元语义结果, 与算子关联的权重值确定遵循模糊语义量化方法。

(4) 根据综合评价的区间二元语义结果进行排序, 选择最优方案。

4. 算例说明

假设 3 位专家 $E^k(k = 1, 2, 3)$ 对 3 个应急处置方案 $X_i(i = 1, 2, 3)$ 的 4 个属性 $G_j(j = 1, 2, 3, 4, 5)$, 分别进行评价, 使用 $g = 6$ 的语言集的属性权重 $\phi_j = (0.2, 0.1, 0.3, 0.3, 0.1), (j = 1, 2, 3, 4, 5)$。专家权重 $w_k = (0.3, 0.4, 0.3), (k = 1, 2, 3)$ 相应的评价矩阵 $P(E^1), P(E^2), P(E^3)$ 如下:

$$P(E^1) = \begin{bmatrix} & G_1 & G_2 & G_3 & G_4 & G_5 \\ X_1 & [s_2, s_3] & [s_3, s_5] & [s_1, s_3] & [s_3, s_4] & [s_1, s_3] \\ X_2 & [s_1, s_4] & [s_3, s_4] & [s_2, s_3] & [s_2, s_4] & [s_2, s_3] \\ X_3 & [s_2, s_4] & [s_2, s_4] & [s_3, s_4] & [s_3, s_5] & [s_3, s_4] \end{bmatrix}$$

$$P(E^2) = \begin{bmatrix} & G_1 & G_2 & G_3 & G_4 & G_5 \\ X_1 & [s_1, s_3] & [s_2, s_4] & [s_2, s_3] & [s_2, s_3] & [s_3, s_4] \\ X_2 & [s_2, s_3] & [s_2, s_3] & [s_2, s_4] & [s_3, s_5] & [s_2, s_5] \\ X_3 & [s_3, s_4] & [s_3, s_4] & [s_2, s_3] & [s_2, s_3] & [s_2, s_3] \end{bmatrix}$$

$$P(E^3) = \begin{bmatrix} & G_1 & G_2 & G_3 & G_4 & G_5 \\ X_1 & [s_1, s_2] & [s_2, s_4] & [s_1, s_2] & [s_4, s_5] & [s_1, s_3] \\ X_2 & [s_3, s_4] & [s_3, s_5] & [s_3, s_4] & [s_2, s_3] & [s_2, s_3] \\ X_3 & [s_2, s_3] & [s_3, s_4] & [s_2, s_4] & [s_3, s_4] & [s_3, s_4] \end{bmatrix}$$

(1) 分别计算各专家对于各方案的综合评价值, 令 $p = q = 1$。

$$E^1(X_1) = [(s_2, -0.3), (s_3, 0.49)] \quad E^1(X_2) = [(s_2, -0.11), (s_4, -0.41)]$$
$$E^1(X_3) = [(s_3, -0.33), (s_4, 0.28)]$$
$$E^2(X_1) = [(s_2, -0.11), (s_3, 0.22)] \quad E^2(X_2) = [(s_2, 0.27), (s_4, 0.05)]$$
$$E^2(X_3) = [(s_2, 0.31), (s_3, 0.31)]$$
$$E^3(X_1) = [(s_2, -0.22), (s_3, 0.08)] \quad E^3(X_2) = [(s_3, -0.41), (s_4, -0.3)]$$
$$E^3(X_3) = [(s_2, 0.49), (s_4, -0.21)]$$

(2) 计算所有专家对同一方案的综合评价值的集结值。模糊语义量化采用 "大多数" 准则。从而与 CIT-WBA 相关的权重值为 $\omega = (0.067, 0.666, 0.267)$。

$$E^{123}(X_1) = [(s_2, -0.4), (s_3, 0.09)] \quad E^{123}(X_2) = [(s_2, 0.19), (s_3, 0.41)]$$
$$E^{123}(X_3) = [(s_2, 0.38), (s_4, -0.26)]$$

(3) 按照可能度公式来进行排序得到

$$X_3 \succ X_2 \succ X_1$$

基于 CIT-WBA 算子的比较方法, 确定方案优先顺序 $X_3 \succ X_2 \succ X_1$, 因此应当选择方法 3, 同时, 利用不考虑相关性的区间二元语义算子集成并排序, 得到 $X_3 \succ X_1 \succ X_2$。可以发现虽然最终方案仍然是方案 3, 但方案 1 和方案 2 的优劣顺序已经发生了变化, 显示了属性关联性对于方案排序的影响。

5.2.3 区间二元语义残缺信息处理

渐进式应急群决策方法应用过程中的第二类问题就是出现信息残缺, 即决策矩阵中出现残缺元素。由于决策者对于某种方案的认识不清楚或者对于两两比较下某方案的满意程度无法确定, 评价矩阵中产生一些残缺信息, 紧急情况下会严重迟缓决策方案的产生。利用区间语言短语进行信息评价或者对象偏好关系描述时，转化为区间二元语义进行集结会因为元素缺失而难以进行。本节重点分析并解决两类残缺问题。

1. 属性信息缺失

平均法、分类法、关联规则等思想都被引入到属性信息缺失的补充上，但处理过程是较为复杂的，成鹏飞[89]提出用最大语言区间来处理。山敏[90]提出了质疑，认为这是极端的方法，可能扭曲和损失部分信息，均值法得出的语言值无法精确对应标度，基于决策者会存在一定的交流经历的假设，决策者群体在同一类型的决策信息上不可能有较大的偏差，提出了用最大最小算子填充残缺语言区间的方法。对于区间二元语义残缺决策矩阵也可以遵循这种方法，

1) 残缺属性信息确定方法

对于使用区间二元语义形成的残缺决策矩阵，假设决策者 k 对于方案 l 在属性 t 下的表现程度不了解，从而出现残缺情况。显然，填充的残缺决策信息也应当为区间二元语义形式，需要分别确定区间的下限值和上限值，按照"最大最小算子"方法，下限值应当选择其他决策者对于方案 l 在属性 t 下的表现程度决策信息的下限值的最小值，上限值应当选择其他决策者方案 l 在属性 t 下的表现程度决策信息的上限值的最大值。这种填充方法的有效性依赖于决策者 k 同其他决策者进行了深入的沟通和交流，从而决策信息不会过于偏离其他决策者。

2) 算例说明

假设存在 4 种方案，邀请 4 位专家针对其 4 个属性进行评价，假设专家的权重数值相同，即均为 0.25，采用区间二元语义评价属性的表现程度，各属性的权重为 (0.3，0.2，0.2，0.3)，语言集 $S = \{s_0 = VB, s_1 = B, s_2 = A, s_3 = G, s_4 = VG\}$ 分别代表非常差、差、一般、好、非常好。评价信息转化为区间二元语义形式，矩阵如下，缺失信息用横线表示。

$$E_1 = \begin{bmatrix} [(s_0,0),(s_1,0)] & [(s_1,0),(s_2,0)] & [(s_1,0),(s_3,0)] & [(s_1,0),(s_2,0)] \\ [(s_1,0),(s_2,0)] & [(s_0,0),(s_2,0)] & [(s_1,0),(s_2,0)] & [(s_1,0),(s_3,0)] \\ [(s_1,0),(s_3,0)] & [(s_1,0),(s_3,0)] & [(s_2,0),(s_3,0)] & [(s_2,0),(s_3,0)] \\ [(s_0,0),(s_2,0)] & - & [(s_2,0),(s_3,0)] & [(s_1,0),(s_3,0)] \end{bmatrix}$$

$$E_2 = \begin{bmatrix} [(s_1,0),(s_3,0)] & [(s_2,0),(s_3,0)] & [(s_2,0),(s_3,0)] & [(s_2,0),(s_3,0)] \\ [(s_2,0),(s_4,0)] & [(s_1,0),(s_2,0)] & - & [(s_1,0),(s_2,0)] \\ [(s_0,0),(s_1,0)] & [(s_2,0),(s_4,0)] & [(s_1,0),(s_3,0)] & [(s_2,0),(s_4,0)] \\ [(s_1,0),(s_3,0)] & [(s_1,0),(s_3,0)] & [(s_1,0),(s_3,0)] & [(s_1,0),(s_2,0)] \end{bmatrix}$$

$$E_2 = \begin{bmatrix} [(s_1,0),(s_2,0)] & [(s_1,0),(s_3,0)] & [(s_1,0),(s_3,0)] & [(s_2,0),(s_4,0)] \\ [(s_2,0),(s_3,0)] & [(s_1,0),(s_3,0)] & [(s_2,0),(s_3,0)] & [(s_0,0),(s_2,0)] \\ [(s_0,0),(s_2,0)] & [(s_0,0),(s_1,0)] & [(s_1,0),(s_3,0)] & - \\ [(s_0,0),(s_1,0)] & [(s_2,0),(s_3,0)] & [(s_2,0),(s_3,0)] & [(s_0,0),(s_2,0)] \end{bmatrix}$$

$$E_4 = \begin{bmatrix} [(s_1,0),(s_3,0)] & [(s_2,0),(s_4,0)] & [(s_2,0),(s_3,0)] & [(s_2,0),(s_3,0)] \\ [(s_2,0),(s_3,0)] & [(s_2,0),(s_3,0)] & [(s_1,0),(s_3,0)] & [(s_1,0),(s_2,0)] \\ [(s_1,0),(s_2,0)] & [(s_2,0),(s_3,0)] & [(s_2,0),(s_3,0)] & [(s_2,0),(s_3,0)] \\ [(s_2,0),(s_3,0)] & [(s_1,0),(s_3,0)] & [(s_2,0),(s_4,0)] & [(s_1,0),(s_2,0)] \end{bmatrix}$$

从评价信息矩阵可以发现, 专家 1、专家 2 和专家 3 的评价矩阵中分别存在缺失信息, 这种结果产生的原因是专家对方案的某种属性表现程度无把握, 决策者为慎重起见, 拒绝给出评价信息。针对这种情况, 按照文献 [91], 采用最大最小算子, 即用 $[(s_1,0),(s_3,0)]$ 和 $[(s_2,0),(s_4,0)]$ 代入矩阵中, 采用 IT-WAA 算子集结各专家对各方案的综合评价结果。

$$F_{\text{IT-WAA}}(K_1, K_2, \cdots, K_n) = \left[\Delta\left(\sum_{i=1}^{n} w_i \Delta^{-1}(u_i, a_i)\right), \Delta\left(\sum_{i=1}^{n} w_i \Delta^{-1}(v_i, b_i)\right) \right]$$

计算结果:

$$R(X_1) = [(s_1, 0.35), (s_3, -0.25)]$$

$$R(X_2) = [(s_1, 0.2), (s_3, -0.37)]$$

$$R(X_3) = [(s_1, 0.3), (s_3, -0.2)]$$

$$R(X_4) = [(s_1, 0.05), (s_3, -0.4)]$$

按照区间二元语义得分函数进行计算

$$S(X_1) = [(s_1, 0.35), (s_3, -0.25)] = (1+3)/8 + 0.1 = 0.6$$

$$S(X_2) = [(s_1, 0.2), (s_3, -0.37)] = (1+3)/8 - 0.17 = 0.33$$

$$S(X_3) = [(s_1, 0.3), (s_3, -0.2)] = (1+3)/8 + 0.1 = 0.6$$

$$S(X_4) = [(s_1, 0.05), (s_3, -0.4)] = (1+3)/8 - 0.35 = 0.15$$

进一步, 如果得分函数相同, 则利用精确函数计算

$$H(X_1) = [(s_1, 0.35), (s_3, -0.25)] = 3 - 1 - 0.25 - 0.35 = 1.4$$

$$H(X_3) = [(s_1, 0.3), (s_3, -0.2)] = 3 - 1 - 0.2 - 0.3 = 1.5$$

因此方案排序应该为 $X_3 \succ X_1 \succ X_2 \succ X_4$

上述算例证明了利用最大最小算子解决区间二元语义的残缺属性决策信息问题是简便而快速的，也间接的考虑了决策者群体之间的一致性关系，从而保证决策结果更接近真实情况。

2. 区间二元语义判断矩阵数据缺失

1) 表现特点

区间二元语义判断矩阵即在对方案比较的时候，通过使用特定的语言集合中的两个短语来表达自己的意见，从而建立基于方案或者属性对比的不确定语言偏好矩阵，通过短语与区间二元语义的转化关系转变为区间二元语义形式，矩阵体现了专家对于两个方案的偏好程度。对于应急处置决策者来说，同样可能由于某些方面的欠缺导致无法比较，甚至出现直接放弃的情况，应当通过一些方法来对缺失元素进行合理的推测。

2) 处理问题的主要思路

对于判断矩阵信息缺失的问题，相关的文献都是围绕如何实现判断矩阵的一致性，构造满足一致性特点的规划约束模型，推测缺失信息的值。判断矩阵的构造中，一般并不要求判断矩阵具有非常严格的传递性和一致性特点，但考虑到决策者的判断矩阵是计算排序向量的根据，因此判断大体具有一致性是必要的，不能出现循环的违反常识的关系，即 "A 比 B 很重要，B 比 C 很重要，C 比 A 很重要" 这样的判断关系是违反常理的。因此，一个好的判断矩阵应该能够大体上体现一致性的。

判断区间二元语义偏好矩阵的缺失信息时，考虑区间二元语义是由两个二元语义短语构成，表达了一定的不确定性，对于好的区间二元语义短语的判断矩阵，也称为完全语言判断矩阵，应当具有互补的特点，即对于任意的 $i, j \in [1, m]$，m 为方案的数量，$\tilde{s}_{ij}$ 表示决策者对于 i 方案相比于 j 方案的表现程度的区间二元语义偏好，存在

$$\tilde{s}_{ij} + \tilde{s}_{ji} = [(s_g, 0), (s_g, 0)] \tag{5-5}$$

$$\tilde{s}_{ii} = [(s_{\frac{g}{2}}, 0), (s_{\frac{g}{2}}, 0)]$$

文献[92]以实现一致性完全二元语义判断矩阵为目标，给出了二元语义判断矩阵出现残缺信息的推测方法，那么可以以此为基础考虑对于区间二元语义中的短缺信息进行推断。考虑区间二元语义是由两个二元语义短语构成的，在考虑完全区间二元语义矩阵的基础上，按照上下界限进行划分，从而形成两个独立的二元语义判断矩阵，称为 N 矩阵和 T 矩阵。矩阵元素的构成按照如下规则。

对于完全区间二元语义判断矩阵 $\tilde{P}_{ij} = [(s_{ij}^-, a_{ij}^-), (s_{ij}^+, a_{ij}^+)]$

$$N_{ij} = \begin{cases} (s_{ij}^+, a_{ij}^+), & i < j \\ (s_{\frac{g}{2}}, 0), & i = j \\ (s_{ij}^-, a_{ij}^-), & i > j \end{cases} \quad T_{ij} = \begin{cases} (s_{ij}^+, a_{ij}^+), & i > j \\ (s_{\frac{g}{2}}, 0), & i = j \\ (s_{ij}^-, a_{ij}^-), & i < j \end{cases} \quad (5\text{-}6)$$

显然, 对于两个子矩阵来说也满足完全二元语义判断矩阵, 对于单一的二元语义判断矩阵的缺失元素的估计方法能够参考完全一致矩阵的推算方法。

定义 5-5 s_1, s_2 为语言集中的两个短语, 设定逻辑加关系, 使得 $s_1 \oplus s_2 = s_3$

$$s_1 \oplus s_2 = s_{d+\frac{g}{2}}, d = \max\left\{-\frac{g}{2}, \min\left\{\Delta^{-1}(s_1) + \Delta^{-1}(s_2) - g, \frac{g}{2}\right\}\right\} \quad (5\text{-}7)$$

推论 若二元语义判断矩阵是完全一致矩阵, 对于任意的 i, j

$$P_{ij} = P_{ik} \oplus P_{kj} \quad (5\text{-}8)$$

对于判断矩阵中, 只有任意一行或一列中至少存在一个非对角元素, 才称为可以接受的[115]。因此首先要对两个矩阵分别判断是否可以接受, 不接受就要要求专家进行相应的补充或者调整, 重新划分并检验。若可以接受, 则按照式 (5-7) 和式 (5-8) 推算相应的残缺信息。

经过推算后的二元语义判断矩阵重新组合, 明显这是一个接近完全一致区间二元语义信息判断矩阵, 进一步利用相关算子来集结各个方案的群体偏好。

3. 算例说明

假设存在 4 种应急处置方案, 邀请专家对于方案的适用性进行评价, 但出现了两两比较时不清楚的状况, 从而产生空缺。评价过程中使用了 $g = 8$ 的语言, 并且采用区间语言信息来表达不确定性。评价判断矩阵如下式, 空缺处以斜线表示。

(1) 对于评价矩阵, 首先划分为 N 和 T 两个二元语义判断矩阵。

$$\tilde{P} = \begin{bmatrix} & X_1 & X_2 & X_3 & X_4 \\ X_1 & [s_4, s_4] & [s_2, s_3] & / & / \\ X_2 & [s_5, s_6] & [s_4, s_4] & [s_3, s_5] & [s_4, s_6] \\ X_3 & / & [s_3, s_5] & [s_4, s_4] & / \\ X_4 & / & [s_2, s_4] & / & [s_4, s_4] \end{bmatrix}$$

$$N = \begin{bmatrix} & X_1 & X_2 & X_3 & X_4 \\ X_1 & (s_4, 0) & (s_3, 0) & / & / \\ X_2 & (s_5, 0) & (s_4, 0) & (s_5, 0) & (s_6, 0) \\ X_3 & / & (s_3, 0) & (s_4, 0) & / \\ X_4 & / & (s_2, 0) & / & (s_4, 0) \end{bmatrix}$$

$$T = \begin{bmatrix} & X_1 & X_2 & X_3 & X_4 \\ X_1 & (s_4,0) & (s_2,0) & / & / \\ X_2 & (s_6,0) & (s_4,0) & (s_3,0) & (s_4,0) \\ X_3 & / & (s_5,0) & (s_4,0) & / \\ X_4 & / & (s_4,0) & / & (s_4,0) \end{bmatrix}$$

(2) 对于分解后的两个矩阵，首先检查是否可接受，即在任何一行或者一列都至少有一个非对角元素，通过观察可以发现两个均能够满足要求，因此可以利用式 (5-7) 来计算缺失元素。

$$N_{13}^1 = N_{12}^1 \oplus N_{23}^1 = (s_4,0), N_{14}^1 = N_{12}^1 \oplus N_{24}^1 = (s_5,0), N_{43}^1 = N_{42}^1 \oplus N_{23}^1 = (s_3,0)$$

对于 T 矩阵，利用同样方法

$$T_{13} = T_{12} \oplus T_{23} = (s_1,0), T_{14} = T_{12} \oplus T_{24} = (s_2,0), T_{43} = T_{42} \oplus T_{23} = (s_3,0)$$

从而形成完整的区间二元语义偏好矩阵。

$$\tilde{P}^* = \begin{bmatrix} & X_1 & X_2 & X_3 & X_4 \\ X_1 & [s_4,s_4] & [s_2,s_3] & [s_1,s_4] & [s_2,s_5] \\ X_2 & [s_5,s_6] & [s_4,s_4] & [s_3,s_5] & [s_4,s_6] \\ X_3 & [s_4,s_7] & [s_3,s_5] & [s_4,s_4] & [s_5,s_5] \\ X_4 & [s_3,s_6] & [s_2,s_4] & [s_3,s_3] & [s_4,s_4] \end{bmatrix}$$

这是一个较为快速和方便的推算方法，以实现完全一致判断矩阵为目标来推测未知元素，但是应当注意，当未知元素个数超过一定限制后，偏好矩阵失去作用，因此应当注意在应急处置决策时尽量保证偏好矩阵信息元素的完整性。

5.2.4 灰度理论下决策专家权重调整

1) 语义下专家权重确定难点

专家权重也是群决策问题中的一个重要方面，应急决策过程中高度依赖专家的经验和能力，但在具体问题中，专家意见的统一不是简单的举手表决，这样专家能力方面的差异将不能体现在决策结果上。因此应当通过调整权重反映专家理解能力和评价信息的有效性的差异。文献综述中也提到了专家权重的确定方法非常多，但都显得复杂，不利于快速确定，借助使用语言对自身理解能力的评价，选择语义灰度方法来处理这类问题是一个可行的思路。

从时间维度上看，有学者假设在同一研究问题的不同的时间段内，专家的权重值是不变的，也有学者认为不同时间段内的权重应该有所差异，认为不同时间内新情况下的出现将会导致专家认识水平和能力的变动。一些研究还认为针对不同的属性指标评价时，专家的权重分布也应当有所变化。

本部分研究引用了语义灰度[94]概念，即利用灰度理论确定决策者本身认识和把握的不确定性，这种观点在二元语义决策的实际应用中比较切合实际，针对应急决策，特别是情况比较紧急的条件下，快速评价可能是没有经过充分理解的，这种不了解或者模糊的程度只有决策者自己最为清楚，因此将这种因素纳入考虑，理解程度高的应当提高在评价相应属性时的权重，反之，理解不完全的应当降低权重。

邓聚龙教授[95]在国内首先提出了灰色系统的概念，灰色方法与模糊和概率统计同样都是解决不确定问题的重要方法，灰色系统可以很好处理一些无法结合大群体特征或者充分信息的决策问题，灰数是灰色系统行为特征的表现形式，灰数的灰度反映了认识的不确定程度，对于专家在描述自身对信息掌握程度时是一种解决途径。显然，使用灰度系统必须是针对同质群体，否则无法诚实给出自身理解程度，这会带来评价结果的偏差。

2) 基于语义灰度的专家权重调整

定义 5-6 设 $S^G = (s_0^g, s_1^g, \cdots, s_l^g)$ 是一组描述自身信息掌握程度的自然语言术语集合，设 v_h 是对应 S^G 各语言变量的语义灰度，且 $v_h \in (0,1)$。

定义 5-7 针对 $S^G = (s_0^g, s_1^g, \cdots, s_l^g)$，所对应的灰度均分为 $(l+1)$ 个区间，s_i^g 所对应的灰度范围为 $\left(\dfrac{i}{l+1}, \dfrac{i+1}{l+1} \right)$，假设语义灰度在区间内连续，灰度值与灰度区间的关系可用下式表示。

$$\tilde{v}_i = \frac{1}{2} \left(\frac{i}{l+1} + \frac{i+1}{l+1} \right) \tag{5-9}$$

文献[96]的研究认为灰度体现在两种维度，一个是对各方案在某属性下的评价值的不确定性，另一个是同一属性对于不同方案的重要性的不确定。综合考虑两个维度的灰度，但这种分析虽然全面考虑了灰度，但是应急决策中，对于不同方案的相同属性权重应当是相同的，因此除非方案的实施条件存在本质区别，一般可以忽略第二种维度的灰度。

因此当专家针对同属性下的不同方案表现程度评价时，灰度体现在对每种方案的理解程度，假设存在 n 种方案，m 个属性，专家 k 的综合语义灰度为

$$\lambda_j^k = \frac{1}{n} \sum_{i=1}^{n} \tilde{v}_{ij}^k, \quad j = 1, \cdots, m \tag{5-10}$$

按照灰度理论，灰度越大，证明对信息的掌握能力越不足，因此在计算在该属

性下的权重时应当按照式 (5-11) 计算：

$$w_j^k = \frac{\dfrac{1}{\lambda_j^k}}{\displaystyle\sum_{k=1}^{l} \dfrac{1}{\lambda_j^k}} \tag{5-11}$$

往往在初步评价时，都会为专家在该属性上赋予一个主观权重，体现几位专家的水平差异。因此应该考虑两种类型权重的综合取值。

$$W_j^k = \gamma w_j^{k*} + (1-\gamma)w_j^k \tag{5-12}$$

式中，γ 代表倾向系数，一般取 0.5，计算综合权重后可以按照其他方法进行后续计算。

3) 算例说明

邀请 5 位专家针对某应急处置事件的 4 种方案表现进行评价，在进行正常的属性信息评价时，要求专家给出评价各方案信息时的信息掌握程度，即给出判断的依据的准确程度，采用 $g=4$ 的语言集 $S^G = (s_0, s_1, s_2, s_3, s_4)$，分别表示非常清晰、清晰、一般、模糊、非常模糊，代表给出评价时的信息掌握能力。首先设定 5 位专家在该属性评价上权重分别为 $(0.15, 0.20, 0.22, 0.25, 0.18)$。

$$E^1 = \begin{bmatrix} (s_4, 0) \\ (s_3, 0) \\ (s_3, 0) \\ (s_2, 0) \end{bmatrix}, E^2 = \begin{bmatrix} (s_3, 0) \\ (s_2, 0) \\ (s_4, 0) \\ (s_3, 0) \end{bmatrix}, E^3 = \begin{bmatrix} (s_1, 0) \\ (s_2, 0) \\ (s_3, 0) \\ (s_1, 0) \end{bmatrix},$$

$$E^4 = \begin{bmatrix} (s_3, 0) \\ (s_4, 0) \\ (s_1, 0) \\ (s_3, 0) \end{bmatrix}, E^5 = \begin{bmatrix} (s_2, 0) \\ (s_4, 0) \\ (s_2, 0) \\ (s_3, 0) \end{bmatrix}$$

按照式 (5-10)，计算各专家基于此属性的综合语义灰度

$$\lambda^1 = 0.7, \lambda^2 = 0.7, \lambda^3 = 0.45, \lambda^4 = 0.625, \lambda^5 = 0.625$$

语义灰度越大，代表评估时依据信息越不充分，因此当语义灰度与权重值成反比，按照式 (5-11) 相应的各位专家基于此属性的权重调整为

$$w = (0.173, 0.173, 0.268, 0.193, 0.193)$$

进一步参照式 (5-12) 结合初始权重计算综合权重，得到新权重，取 $\gamma = 0.5$ 得到

$$W = (0.161, 0.187, 0.244, 0.222, 0.186)$$

这种权重计算方法适合于在集成多个专家的评价信息时各专家对应于不同属性的重要性差别，即对于信息掌握程度不高的专家评论结果的重要性被降低，从而使评价结果严格依据清晰的认识。

5.3 基于静态–动态的渐进式应急群决策方法

5.3.1 渐进式应急群决策思想

1. 不确定性特征

灾后应急处置发生在灾害产生的第一时间，时间紧、任务重，突发情况多变，信息不完整、不充分，呈现较强的不确定性。处置过程中产生的问题极有可能是预案中不包含或者预案不适用。有效汇总现场的信息，快速产生方案，并选择最优方案是应急处置力量应当具备的能力。

决策信息不确定是灾后应急处置决策环境的重要特征，主要体现在对于信息的掌握能力欠缺，同时对于决策对象的内部发生和演变规律缺乏感性认知。

1) 信息收集不确定性

信息收集不确定性反映获取的信息的数量和质量，集中在灾情、现场的客观环境和应急处置力量到位等三个方面：第一方面是灾害等级、影响范围、演化趋势无法快速了解；第二方面是现场的各种自然环境，如天气、地质条件、水文条件等因素无法及时掌握，排摸难度大；第三方面是灾害发生之后交通状况不明，对于相关处置力量的到达时间、规模和装备情况难以清楚掌握。

2) 判断不确定性

不确定性会给准确判断带来难度，主要体现在三点：一是根据所掌握的有限的现场信息无法推导出唯一的结论，可能有多种状况；二是无法对可能发生的次生灾害种类和等级进行准确估计；三是对于处置行为必要性的分歧，特别是在处置成本和放弃成本的比较中产生的犹豫，由于两者难以比较，倾向于前者的决策者认为不进行处置会带来更大的恶性后果，倾向于后者的则认为处置的危险性过高或者处置的成果相比于处置的成本显得微不足道。

3) 方案决策不确定性

方案制定和选择过程作为方案决策的两个阶段，影响着方案决策结果的质量。由于方案制定过程中无法准确定位问题所在，从而在针对性上会有所偏差，而方案

选择过程中，由于决策目标的不确定性和决策约束条件的不确定性会给理想方案的选择带来较大的难度。

图 5-3 显示了灾后应急处置不确定性来源。

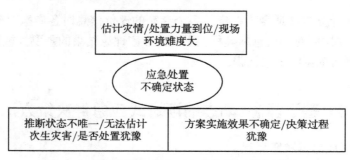

图 5-3　重大水利工程灾后应急处置不确定性来源

2. 渐进式应急群决策思想

正是由于不确定性的特征，区间二元语义是一种较好的表达不确定观点的方式，也意味着在应急处置决策活动中会面临指标相关性较强、残缺决策信息较多和专家权重信息确定较难的问题。考虑到灾后的不确定性（信息匮乏）是逐渐减弱的，初始的最佳方案难以获取，决定了在灾后应急处置事件中初始方案应该采用合适方案，同时也要求决策过程快速及时，在决策信息不断丰富的过程中不断调整和优化初始的合适方案。

渐进式决策策略是一种重视当前环境的逐渐调整的方法，一般情况下，第一次选择的方案一定是最适合当前环境的，但却不一定可以适应因为环境和灾害的演变带来的新特点。因此，虽然渐进式决策方法表面上具有一定的重视当前而轻视未来的特征，但实际上这是一种勉强的策略，也是更加符合实际的一种模式，特别是考虑我国整体应急系统和技术方案还不太先进的实际情况，渐进式决策方法体现了一种谨慎和务实的态度。

虽然大多数学者针对渐进式决策的特征和意义进行了分析，也有学者利用概率分析和情景分析提出了一些具有渐进式决策思想的方法，但对于借助专家智慧的语言群决策和应急处置决策的结合并不太多，同时，不少学者都强调应急决策是一个动态的过程，却忽视了某一个时间节点的决策却是静态的，整个灾害发生寿命周期内都是动态决策和静态决策相结合的不断循环的过程，直到灾害进入衰退期并消亡，这个循环才会中止。本部分研究基于此思想，考虑区间二元语义的应用，提出了静态应急群决策和动态应急群决策两个部分相结合的渐进式应急群决策。决策方法充分借助了区间二元语义的一些处理方法，具有简便和易操作的特点。两类决策的关系如图 5-4 所示。

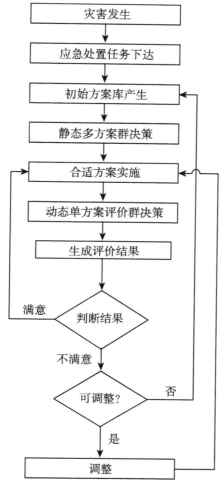

图 5-4 静态-动态渐进式应急群决策思想

5.3.2 静态应急群决策

应急决策不同于常规决策的关键点在于应急决策是一种群体决策，一般来说，以个人的能力和经验都不足以完成方案的优化，除非在极端危险的情况下，有限时间内不允许进行多人的意见表达和综合的程序，必须依靠个人的经验来决策。但是如果时间允许的情形下，应当进行群决策，并且在群决策过程中能够求同存异，既不要产生过大的冲突，也不要完全的呈现从众效应。

在每个时间点上的决策活动都是一个静态意义上的群决策，不考虑时间的变动因素，也不考虑决策要素变动，连续的静态群决策即构成了时间段内动态群决策，因此有必要首先分析静态应急群决策的一些特征，并提出本部分研究要解决的问题。

1. 静态应急群决策的特征

灾害的突然发生会瞬间引起巨大的生命和财产损失，因此，在特定的时间点就要设置一个决策点，这个时间点所能获得的信息就是决策所依据的信息，往往信息是稀缺的，也是不完整的，形成了不确定条件下的应急决策，参考多人的综合意见，能够避免个人观点过于偏离，从而选择出勉强能接受的合适的方案。因此，静态的应急群决策有以下三个特征。

1) 紧急特征

紧急特征表明了决策结果对于整个宏观局势的影响情况，稍有迟疑则可能会使得灾情形势恶化，因此需要在有限的时间内完成决策过程，也意味着要求每位决策者都要保持精力高度集中，散漫的状态很容易产生认识上的偏差。

2) 信息稀缺且不变

信息的稀缺不仅体现在信息的数量上，更体现在信息的质量上，不确定情况下只能依靠决策者对各方案的整体把握和感知来进行对比分析，选择出大家普遍认可的方案。同时，与动态的特点不同，静态决策依据的信息量保持不变，当产生分歧时只能从彼此的沟通和交流中达到意见的统一，体现了沟通的重要性。

3) 非最优方案

紧急的特点和信息稀缺难以使决策者更好地建立起决策要素与决策结果之间的关系，因而，在特定的时间点内，只能通过决策程序获得较满意的决策方案，即相比于其他方案，没有理由证明与其他方案相比决策者们确定的方案更优秀，选中的方案也并不能在所有方面达到专家们的预期水平。

2. 基于区间二元语义 Bonferroni 算子的静态群决策

任何应急决策并不是唯一的信息状态，应该根据实际情况进行判断，即分析属性的情况，一般的选择方案是一个多属性决策问题，如果能够确定选择的准则，即确定属性和各自的重要性，那么对于区间二元语义形成的决策矩阵，考虑应急环境下的属性关联性，采用区间二元语义 Bonferroni 相关算子进行集成，并比较优劣关系。决策步骤如下：

(1) 分别形成方案集、属性集和专家集，通过选择的语言集进行个体信息的表达，由于本部分研究区间二元语义的应用，因此使用两个语言值来表达不确定性，将区间语言值转化为区间二元语义形式，从而形成区间二元语义多属性决策矩阵。

(2) 通过 IT-WBA 算子集结各决策者的决策矩阵信息，形成群体决策区间二元语义矩阵。

(3) 利用 CIT-WBA 算子集结群体对于各方案的各属性表现程度的综合值。

(4) 根据集结的结果进行方案的优劣排序。

上述的决策步骤避免了因为属性相关性带来的决策结果的偏差，但这种方法的应用依赖于属性信息的完全，但实际情况下往往是属性指标未知，这种情况就要借助决策者对于方案之间对比的偏好情况来确定最满意的方案，因此本部分研究提出了静态群决策的第二种类型 "反馈–调整" 静态群决策方法。

3. 基于 "反馈–调整" 的静态群决策

由于信息的数量和质量都不发生变化，决策的结果只依赖于各专家对于信息的理解程度和个人的判断能力，因此专家的认识和互相之间的交流就是影响决策质量的关键，认识能力的差异会导致个人决策结果与群体决策结果偏差较大，而是否能够改变偏差要很大程度依赖于专家的交流程度，只有通过不断的交流和沟通，实现个人认识误区的纠正，从而达到更好的一致性。

1) 问题提出

在信息较为缺乏的情况下，通过方案之间的比较而形成的判断矩阵在确定群体的方案偏好方面有较好的优势，其中，使用语言区间值来表达比较结果是一种给予专家充分自由表达空间的方式。对于使用语言区间值来构造判断矩阵，应当转化为区间二元语义判断矩阵，个体的判断矩阵与群体的判断矩阵的差异性体现了决策意见的一致程度，应当通过合适的方式进行调整从而获得较为满意的判断矩阵。

2) 方法介绍

为了更好集结判断矩阵中的区间二元语义信息，本部分简单介绍区间二元语义几何平均算子 IVTWG。

定义 5-8[97] 假设 $K = [(u_i, a_i), (v_i, \beta_i)], i = 1, 2, \cdots, n$, 为一组区间二元语义信息，则简单几何平均算子 IVTWG 的表达式为

$$\text{IVTWG}([(u_i, a_i), (v_i, \beta_i)], i = 1, 2, \cdots, n)$$
$$= \Delta \left[\left[\prod_{i=1}^{n} (\Delta^{-1}(u_i, a_i)) \right]^{\frac{1}{n}}, \left[\prod_{i=1}^{n} (\Delta^{-1}(v_i, \beta_i)) \right]^{\frac{1}{n}} \right] \tag{5-13}$$

TVIWG 算子能够很好地对于判断矩阵中的元素实现集成，因此在对于集成某方案相对于总体方案的优势度的计算中可以应用该算子。特别的，如果每个区间二元语义短语具有对应的权重，则还有区间二元语义加权几何平均算子，为了本部分研究方便，本书仅介绍 IVTWG 算子。

假设对于区间二元语义判断矩阵 $\tilde{P}_{ij} = [\tilde{p}_{ij}^-, \tilde{p}_{ij}^+], i, j \in n$, i 方案基于总方案集

的表现程度 o_i 可以通过 TVIWG 算子, 即式 (5-14) 获得。

$$o_i = \Delta \left[\left[\prod_{j=1}^{n} \Delta^{-1}(\tilde{p}_{ij}^{-}) \right]^{\frac{1}{n}}, \left[\prod_{j=1}^{n} (\Delta^{-1}(\tilde{p}_{ij}^{+})) \right]^{\frac{1}{n}} \right] \tag{5-14}$$

$$o_i^* = \Delta \left[\left[\prod_{j=1}^{n} \Delta^{-1}(\tilde{p}_{ij}^{*-}) \right]^{\frac{1}{n}}, \left[\prod_{j=1}^{n} (\Delta^{-1}(\tilde{p}_{ij}^{*+})) \right]^{\frac{1}{n}} \right] \tag{5-15}$$

式 (5-15) 为群体区间二元语义偏好矩阵中方案基于总方案集的表现程度。其中 $\tilde{p}_{ij}^{-}, \tilde{p}_{ij}^{+}$ 分别为集结之后获得的所有专家的群体偏好短语的下限值与上限值, 从而按照两种方案的总体表现程度, 计算各方案的差异性:

$$\theta_i = T - \text{OWA}(|o_i^k - o_i^*|, k = 1, 2, \cdots, m) = \sum_{k=1}^{m} w_k d_k \tag{5-16}$$

式中, $|o_i^k - o_i^*|$ 表示为评价短语之间的差异, 本部分研究采用两个区间二元语义短语的汉明距离。w_k 表示为与 T-OWA 算子相关的权重, 关于 T-OWA 算子的计算方法见第 5.2.2 节, d_k 表示汉明距离中第 k 大的值。

定义 5-9[98]   设 $[(u_i, a_i), (v_i, \beta_i)]$ 和 $[(u_j, a_j), (v_j, \beta_j)]$ 为任意两个区间二元语义信息, 两者之间的汉明距离定义为,

$$\begin{aligned} &d[[(u_i, a_i), (v_i, \beta_i)], [(u_j, a_j), (v_j, \beta_j)]] \\ &= \Delta \left[\frac{|\Delta^{-1}(u_j, a_j) - \Delta^{-1}(u_i, a_i)| + |\Delta^{-1}(v_j, \beta_j) - \Delta^{-1}(v_i, \beta_i)|}{2} \right] \end{aligned} \tag{5-17}$$

另有区间二元语义短语之间的欧式距离, 此处采用汉明距离。

通过式 (5-16) 和式 (5-17) 的计算, 可获得所有方案的差异性值, 形成差异值集,

$$\theta = (\theta_i), i = 1, 2, \cdots, n \tag{5-18}$$

根据初始的阈值设置, 应当要求所有方案的差异值处于最大阈值和最小阈值之间, 即应当有

$$\theta_i^{*-} \leqslant \theta_i \leqslant \theta_i^{*+}, i = 1, 2, \cdots, n \tag{5-19}$$

对于不满足的应当建立不满足方案集, 进行相应的调整并重新核对, 直到获得满意的结果。

4. 静态应急群决策应用步骤

首先根据灾后决策方案属性信息的不确定情况来选择两类静态群决策，若可以确定属性指标及权重，则根据考虑相关性的区间二元语义 Bonferroni 集成算子进行决策信息集结，并进行合适方案的选择；若采用方案两两比较来确定偏好顺序，则可以按照"反馈–调整"的方法选择合适方案。

(1) 由 m 位专家对于 n 种方案进行两两比较，选择合适的语言集，形成区间二元语义判断矩阵。

(2) 检查是否存在残缺信息，如果有，则按照式 (5-7) 和式 (5-8) 确定缺失信息；在利用区间二元语义 Bonferroni 算子集成并优选方案时，若有残缺值，按照最大最小算子补充缺失信息。

(3) 按照 IT-CWAA 算子集结各专家的评价信息形成群体的区间二元语义判断矩阵。

(4) 利用 TVIWG 算子分别集成各专家的各方案相对于方案集的表现程度和群体的各方案相对于方案集的表现程度。

(5) 构造差异性值，利用 T-OWA 算子集成各专家的方案优势度与群体的对应方案表现程度的差值。

(6) 与最大最小阈值进行比较，最大阈值是防止不一致过大，从而引起结果不可靠，最小阈值则考虑了避免出现从众行为，对于两者的确定，应当由决策委员会根据历史案例和相关经验来确定，显然，阈值设立的正确性会影响方案的结果的效果。

(7) 对于不满足的方案差异值进行调整，并重新计算。

(8) 如果调整的耗费时间超过所要求的决策时间，则选择阈值最为接近最大和最小区间的判断矩阵来确定偏好顺序。

5.3.3 "反馈–评价" 型动态应急群决策

应急处置群决策具有非常明显的动态性，这是不确定情境下的必然现象，也是与静态情境的群决策的最大区别。动态情境下所有决策因素在不断发生着变化，突出的特点是决策信息的不断完善，同时方案实施效果的信息也开始容易获得，因此有必要研究一种基于方案实施效果反馈的评价机制，从而确定在特定时间点是继续实施原方案，还是调整原方案，甚至是直接替换方案。

1. 方案动态评价的群决策问题描述

由于灾后处置环境的多种不确定性，多种情况下往往难以最初就确定出最佳方案，即能够满足所有要求的方案，应当是在与环境的不断影响和反馈的过程中获得更多的决策信息从而使方案更加合适，是一个逐步调整优化的循环过程。应急决策动态性的特点决定了某一种方案难以适应全过程的灾害环境，因此必然涉及方案的评价和调整。

应急处置方案在制定后即进入实施阶段，由于最初的方案都是适合的，并不是最佳的方案，因此对于方案实施的实时监测并评价是一项重要的任务，也就是需要决策者根据应急态势发展的不同阶段，进行多阶段不确定性的动态决策，对于时间序列进行赋权，评价总体表现情况。

灾害发生初期，通过反馈型的静态群决策方法可以获得一个基本合适的方案，这种方案在实施后的效果怎么样也是应当值得关注的，即要研究在特定的实施期内的有效性，即引出了基于不同时间段的表现效果的群体评估决策，决策的目的是评估综合的效果，并做出是否改进或者保持不变的判断。

在一定时间段内的方案效果评价实际上是一种动态的决策，由于不同时间段内的决策因素在发生着不同程度的变化，如果方案是有效的，那么不仅在于能够很好地控制态势，还在于可以在灾害环境演化和转换的过程中保持稳定性，即要求对于不同时期的变化有很好的适用性，如果这种适用性良好，那么在下一个静态决策点，有理由直接沿用本方案，如果适用性不如预期，那么应当考虑调整或者直接更换方案。

方案的实施是一个多阶段的过程，通过观察实施效率和实施效果给出有效性的评价，基于这种动态观察和反馈的方案也比依靠直觉选择的应急方案更具实践意义。首先绘制多阶段应急方案动态评价示意图，如图 5-5 所示，并作如下解释：

(1) 假设决策信息是不断丰富和健全的，即可供参考的内容逐渐增多。

(2) 假定不同阶段的目标集 G 不发生变化，即每段时间内所要满足的属性集不发生变化，这样全过程的变化因素只有时间，因此需要考虑不同时间段内的权重因素。

(3) 暂不考虑增加目标数量，即总目标数量不变。

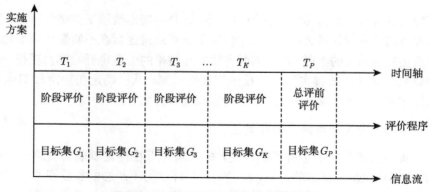

图 5-5　多阶段实施方案动态评价示意图

2. 目标不变的动态群评价方法

目标不变的动态评价思路较为简单，所有时间段内的目标集保持不变，选定的方案在任意时间段内都应该能够很好满足目标要求。考虑到上述要求，需要重点解决几类问题：一是不同时间段的权重值如何确定；二是目标之间的重要性如何确定；三是专家的权重如何确定。

1) 时间段的权重

结合相关文献，对于时间段的权重赋值一般存在两种思想：一种是认为灾害发生的时间段内，由于后决策的依据很大程度来源于前决策，即初期决策能够影响后期决策，因此整个时间段内的权重是递减的，从而构造不完全属性权重信息，结合其他信息来求解；另一种认为整个时间段内，信息是不断完善的，可供决策的信息资源逐渐丰富，从而后期的决策更具有可靠性，因此各个时间段内的权重是逐渐上升的。结合本部分的主要内容，因为目标不发生变化，前期的评价并不会对后期的评价产生任何影响，而整个评价期内信息是逐渐增多的，因此采用权重递增的思想，动态评价点平均分布在评价期内，则认为权重数值是呈等差数列排列，且权重总和为 1，这样各期的权重值就与评价的次数有关。

2) 目标之间的重要性

可以通过专家评分后的规范化形成权重值，也可以通过专家构造两两比较矩阵，集合各专家的判断矩阵构成群体偏好矩阵，从而确定属性的偏好序列。

3) 专家的权重

可以通过普通的主观赋权法，参考认识和经验水平，但这样不太严谨，考虑不确定性，第 5.2.4 节的灰度理论确定权重是一种理想的方式，这样对于每个属性的专家权重是不一致的，从而结果更加严谨。

3. 方法实施具体步骤

(1) 确定评价期数和等差值，从而计算出各个时间段的权重值，权重值呈等差数列。

(2) 通过专家的两两比较矩阵或者打分方法确定各目标的权重值。

(3) 分别确定不确定性语言集和满足程度语言集，前者通过第 5.2.4 节提出的专家权重确定方法或者专家权重，后者用来评价方案对于各目标的满足程度。

(4) 结合时间权重，运用 IT-WAA 算子计算全阶段的各专家对于方案满足各目标的程度。

(5) 利用 IT-CWAA 算子集结各专家的评价信息，其中对于不同属性，专家的权重值具有差异。

(6) 直接运用最简单的 IT-WAA 算子集结。

5.4 A 堰塞湖应急处置决策应用实证分析

5.4.1 应急处置概况

1) 基本背景

我国西南地区是地震高发区，近十多年来，四川省汶川、雅安、都江堰，云南省楚雄和西藏地区都发生了伤亡程度较大的地震灾害，同时，由于国内的水资源分布具有较强的地理差异特征，西南区域的水能资源总量占据全国可开发总量的 60%以上，另外超过 90% 的水电开发项目位于该区域，由此产生的负面问题是一旦该地区发生地震灾害，极易产生堰塞湖。堰塞湖的产生很大程度是由地震灾害诱发，地震活动促使山体岩石崩塌下来引起山崩滑坡体堵塞山谷、河谷或河床后贮水形成湖泊[99]，堰塞湖的主要危害是极易引起洪灾，一旦决口会对下游形成洪峰，处置不当会引起地震灾后的重大次生灾害。

2013 年 5 月 2 日，四川某地区发生 6.5 级地震灾害，A 堰塞湖位于长江的二级支流 B 河上游，距下游 C 镇 6 公里，地震之后导致该河谷两岸发生崩塌，崩塌下来的覆盖层和不同粒径的块石构成了堰塞湖的坝体。坝体内部具有一定的松散性，湿度大，存在局部的管涌现象，该堰塞湖及坝体的基本参数如表 5-1 所示。

表 5-1 A 堰塞湖及坝体基本特征表

集雨面积	主要材质	坝长	坝宽	坝高	最大水深	回水总长
245.7km^2	覆盖层、块石	920m	360m	67m	33.5m	9km

应急处置小组到达现场后发现堰塞湖水位距坝顶不足 15m，同时上游来水量一直持续增长，河床最窄处仅 140m，水位上涨速度达到每天 0.7m，与此同时，根据四川省气象台消息，未来可能有 3~4 天的中雨天气，下游的 C 镇区域拥有 4 个自然村，镇政府所在地的 D 村还有抗震救灾人员，C 镇通向 E 市的国道已经被泥石流部分冲毁，正处于抢修阶段。因此 A 堰塞湖的应急处置效果关系到下游数万人的生命财产安全，也关系到整个抗震救灾进展的大局，必须快速合理的处置，在水位上涨到坝顶之前消除堰塞湖漫坝危险。

2) 备选方案情况

通过地形勘察和分析，鉴于该堰塞湖的两边都是高山的特点，在侧边山体开凿泄水导洞工程量巨大，在大量机械难以快速调拨到的情况下，较慢的工作效率会使工期拉长，这对时间如生命的应急处置任务是明显不可行的，可行的方法只剩下在坝体上开挖明渠，坝体形态复杂，坝顶极不平坦，沟壑较多，同时纵向并没有沟状，处置专家组综合考虑了线路因素、水位流量因素，得出了 3 个可行的方案。如表 5-2 所示。

表 5-2 A 堰塞湖应急处置备选方案集

方案编号	线路	总长/m	方量/m³	渠高程/m	左坡比	右坡比	加固长度/m
X_1	离左岸 20m 低洼处	420	30	710	1:1.65	1:1.44	50
X_2	中偏右 30m	460	39	734	1:1.5	1:1.1	45
X_3	右岸与坝形成 U 槽	410	28	762	1:1.72	1:1.3	62

这三种方案只是根据大致观测和基本分析提出的, 对于实际的施工条件和资源配备情况并不是特别清楚, 存在一定的模糊性, 需要进行快速的方案决策。

5.4.2 静态方案选择

基于上述案例基本情况的分析, 这种情况下如果再去进行细致的地质勘查和方案反复论证, 存在时间上的矛盾, 根据以往的经验, 各方案的实施都能够进行有效的泄水, 但具体哪个更合适就缺乏判断准则。因此应急处置组选出 3 位专家对于 3 种方案进行两两比较的判断, 评价语言集 $S = (s_i, i \in [0, g])$, 采用 $g = 6$ 的自然语言集, 分别代表 "相比较很好" "相比较好" "相比较重要" "相比较一样重要" "相比较较差" "相比较差" "相比较很差"。允许使用两个语言短语来表达决策者的不确定性。采用主观的专家赋权方法, 3 位决策者的权重设置分别为 (0.3, 0.5, 0.2)。

1) 形成区间二元语义判断矩阵

3 位专家分别基于自身对全局的判断和对方案的理解, 进行了评价, 形成了 3 个判断矩阵。

$$
E_{ij}^1 = \begin{bmatrix}
 & X_1 & X_2 & X_3 \\
X_1 & [s_3, s_3] & [s_4, s_5] & / \\
X_2 & [s_1, s_2] & [s_3, s_3] & [s_2, s_3] \\
X_3 & / & [s_3, s_4] & [s_3, s_3]
\end{bmatrix}
$$

$$
E_{ij}^2 = \begin{bmatrix}
 & X_1 & X_2 & X_3 \\
X_1 & [s_3, s_3] & [s_3, s_4] & [s_2, s_4] \\
X_2 & [s_2, s_3] & [s_3, s_3] & [s_3, s_4] \\
X_3 & [s_2, s_4] & [s_2, s_3] & [s_3, s_3]
\end{bmatrix}
$$

$$
E_{ij}^3 = \begin{bmatrix}
 & X_1 & X_2 & X_3 \\
X_1 & [s_3, s_3] & [s_2, s_3] & [s_4, s_5] \\
X_2 & [s_3, s_4] & [s_3, s_3] & [s_3, s_4] \\
X_3 & [s_1, s_2] & [s_2, s_3] & [s_3, s_3]
\end{bmatrix}
$$

三个判断矩阵中, 发现专家 E^1 在判断方案 1 和方案 3 关系的时候并没有给出信息, 经确认是对于施工强度的疑问, 因此放弃了比较。遵循第 5.2.3 节的残缺矩阵推算方法，以构造完全一致语言矩阵为目标，对于缺失元素有 $E_{13}^1 = E_{12}^1 \oplus E_{23}^1$，通过划分为 N 和 T 两个二元语义判断矩阵，从而推算出 $E_{13}^1 = [(s_3, s_5)]$

2) 群偏好矩阵集结与差异度计算

集结群决策矩阵，采用 IT-CWAA 算子，选择"大多数"模糊原则，三个与算子相关的权重分别为 $(0.067，0.666，0.267)$ 则集结的群方案偏好判断矩阵为

$$
E_{ij}^3 =
\begin{bmatrix}
 & X_1 & X_2 & X_3 \\
X_1 & [(s_3,0),(s_3,0)] & [(s_3,0.02),(s_4,-0.12)] & [(s_3,-0.36),(s_4,0.2)] \\
X_2 & [(s_2,0.16),(s_3,0.02)] & [(s_3,0),(s_3,0)] & [(s_2,-0.02),(s_3,-0.16)] \\
X_3 & [(s_1,-0.04),(s_3,-0.48)] & [(s_2,0.32),(s_3,0.18)] & [(s_3,0),(s_3,0)]
\end{bmatrix}
$$

分别集结各专家判断矩阵中各方案在方案集中的表现程度和群体判断矩阵中各方案在方案集中的表现程度。

$$
\begin{aligned}
o^1(X_1) &= [(s_3,0.3),(s_4,0.22)], & o^1(X_2) &= [(s_2,-0.18),(s_3,-0.38)], \\
o^2(X_1) &= [(s_3,-0.38),(s_4,-0.37)], & o^2(X_2) &= [(s_3,-0.38),(s_3,0.3)], \\
o^3(X_1) &= [(s_3,-0.12),(s_4,-0.44)], & o^3(X_2) &= [(s_3,0),(s_4,-0.37)], \\
o^*(X_1) &= [(s_3,-0.05),(s_4,-0.41)], & o^*(X_2) &= [(s_2,0.34),(s_3,-0.05)],
\end{aligned}
$$

$$
\begin{aligned}
o^1(X_3) &= [(s_2,0.08),(s_3,0.3)], \\
o^2(X_3) &= [(s_2,0.29),(s_3,0.3)], \\
o^3(X_3) &= [(s_3,-0.12),(s_4,-0.44)], \\
o^*(X_3) &= [(s_2,-0.18),(s_3,-0.38)]。
\end{aligned}
$$

按照式 (5-16) 和式 (5-17) 确定各方案的综合差异值：

$$
\theta_1 = (0.169, 0.412, 0.575)
$$

应急处置小组设定的最大最小阈值为 $[(0.1,0.6),(0.1,0.6),(0.1,0.6)]$，显然对于所有方案的综合差异值都在允许的阈值内，由于方案 X_3 的差异值已经接近阈值了，如果时间允许，可以进行探讨和调整，本应急处置任务时间紧迫，认为各方案的综合差异值处于合适水平，既没有产生较大冲突，也不存在从众行为，由集结形成的群偏好矩阵中，各方案相对于总方案集的表现程度进行大小比较，得出，$X_1 \succ X_2 \succ X_3$，因此选用方案 X_1 作为初步的合适方案投入实施。

5.4.3　动态方案评价

1) 动态评价准备与实施

随着方案 X_1 投入实施，标志着基于反馈–调整的静态群决策已经结束，从而

进入动态评价阶段，为了监测实施的效果，应急处置小组结合工程特点和处置经验，选择了"施工难度""安全保障""材料消耗"和"现场协调"四个指标作为评价期内的考核因素，选出 3 位专家执行群评价任务，因工期紧张，明渠施工实行三班倒，因此确定 2 天为一个评价周期，第 6 天评价综合表现。

(1) 选择合适的语言集，专家们同样选择了 $g = 6$ 的语言短语集 $S = \{s_0 = VB, s_1 = B, s_2 = LB, s_3 = M, s_4 = LG, s_5 = G, s_6 = VG\}$，相应的短语分别表示表现非常差、表现差、表现较差、表现一般、表现较好、表现好、表现非常好。同样允许专家使用两个语言短语表达不确定性。

(2) 现场施工面积大，为消除专家因掌握信息不全而给出不太合理的评价信息，要求在给出评价信息的时候采用 $g = 4$ 的不确定性语言短语集表示理解程度，不确定性语言集 $Z = \{z_0 = VC, z_1 = C, z_2 = M, z_3 = U, z_4 = VU\}$，短语分别表示理解很清楚 ($VC$)、理解清楚 ($C$)、一般 ($M$)、理解模糊 ($U$)、理解很模糊 ($VU$)。

(3) 对于 4 个指标的权重，基于历史经验，结合专家的打分，确定 4 类指标的权重值为 $(0.13, 0.32, 0.40, 0.15)$。

(4) 时间段内权重值确定，因为共有 3 个时间段，同时知道 3 个权重值的总和为 1，因此可得到首个权重值和等差数的关系，通过对于整体处置的进度的把握，确定等差数为 0.1，从而三个时间段内的权重值分别为 $(0.23, 0.33, 0.44)$

(5) 专家组对于各个时间段内方案 X_1 在 4 个指标方面的表现程度进行评价，并给出相应的不确定性描述。得到如下评价矩阵。

$$E^1 = \begin{bmatrix} & G_1 & G_2 & G_3 & G_4 \\ T_1 & [(s_4, s_5)](z_2, 0) & [(s_2, s_3)](z_0, 0) & [(s_3, s_4)](z_2, 0) & [(s_1, s_3)](z_1, 0) \\ T_2 & [(s_3, s_4)](z_2, 0) & [(s_3, s_5)](z_1, 0) & [(s_2, s_3)](z_1, 0) & [(s_2, s_3)](z_0, 0) \\ T_3 & [(s_4, s_5)](z_1, 0) & [(s_1, s_2)](z_2, 0) & [(s_3, s_5)](z_3, 0) & [(s_3, s_4)](z_1, 0) \end{bmatrix}$$

$$E^2 = \begin{bmatrix} & G_1 & G_2 & G_3 & G_4 \\ T_1 & [(s_3, s_5)](z_1, 0) & [(s_1, s_3)](z_2, 0) & [(s_2, s_3)](z_2, 0) & [(s_2, s_3)](z_2, 0) \\ T_2 & [(s_3, s_5)](z_2, 0) & [(s_3, s_3)](z_1, 0) & [(s_4, s_5)](z_1, 0) & [(s_1, s_3)](z_0, 0) \\ T_3 & [(s_3, s_3)](z_0, 0) & [(s_3, s_4)](z_2, 0) & [(s_4, s_5)](z_3, 0) & [(s_3, s_3)](z_1, 0) \end{bmatrix}$$

$$E^3 = \begin{bmatrix} & G_1 & G_2 & G_3 & G_4 \\ T_1 & [(s_4, s_4)](z_2, 0) & [(s_3, s_4)](z_1, 0) & [(s_2, s_3)](z_0, 0) & [(s_2, s_3)](z_2, 0) \\ T_2 & [(s_2, s_3)](z_3, 0) & [(s_4, s_5)](z_2, 0) & [(s_3, s_3)](z_2, 0) & [(s_3, s_5)](z_1, 0) \\ T_3 & [(s_3, s_5)](z_1, 0) & [(s_2, s_2)](z_2, 0) & [(s_3, s_4)](z_2, 0) & [(s_3, s_4)](z_2, 0) \end{bmatrix}$$

2) 动态评价信息集结

依据式 (5-10) 建立灰度计算公式，则对于各属性的专家基于灰度的权重分布可以按照式 (5-11) 确定，且不考虑专家的主观权重。

$$\phi(G_1) = (0.302, 0.436, 0.262), \phi(G_2) = (0.420, 0.290, 0.290)$$
$$\phi(G_3) = (0.297, 0.297, 0.406), \phi(G_4) = (0.432, 0.336, 0.232)$$

(1) 计算各专家针对属性的全过程 $(T_1 \sim T_3)$ 的评价结果, 运用 IT-WAA 算子, 从而得到:

$$E^1(G_1, G_2, G_3, G_4) = [[(s_4, -0.33), (s_5, -0.33)],$$
$$[(s_2, -0.11), (s_3, 0.22)], [(s_3, -0.33), (s_4, 0.11)], [(s_2, 0.21), (s_3, 0.44)]]$$

$$E^2(G_1, G_2, G_3, G_4) = [[(s_3, 0), (s_4, 0.12)],$$
$$[(s_3, -0.46), (s_3, 0.44)], [(s_4, -0.46), (s_5, -0.46)], [(s_2, 0.11), (s_3, 0)]]$$

$$E^3(G_1, G_2, G_3, G_4) = [[(s_3, -0.1), (s_4, 0.11)],$$
$$[(s_3, -0.11), (s_3, 0.45)], [(s_3, -0.23), (s_3, 0.44)], [(s_3, -0.23), (s_4, 0.1)]]$$

(2) 利用 IT-CAWW 算子集结所有专家的各属性的评价结果, 语义模糊仍然选择 "大多数" 准则, 则可得到各属性下的专家意见综合值。

$$G_1 = [(s_3, 0.08), (s_4, 0.04)], G_2 = [(s_2, 0.42), (s_3, 0.07)]$$
$$G_3 = [(s_3, -0.04), (s_4, -0.05)], G_4 = [(s_2, 0.12), (s_3, 0.23)]$$

(3) 最后再次利用 IT-WAA 算子, 从而得到全阶段的综合评价结果

$$R_{GT} = [(s_3, -0.21), (s_4, -0.26)]$$

5.4.4 实证结果分析

1. 方案实施效果分析

通过上述的计算分析, 得出了方案 X_1 在评价期内的综合表现程度, 对照语言集, 则是处于表现一般的状态, 那么进一步的行动方案就依赖于应急处置团队的心理预期, 本次应急处置团队的心理预期是达到 "表现好" 的级别则保持方案不变, 高于 "表现较差" 的级别同时低于 "表现好" 级别, 需要进行适当的调整, 未达到 "表现较差" 级别则要考虑方案是否需要大范围改动甚至替换。因此, 比较而言, 方案 X_1 的表现程度还存在一定的问题, 特别是距离 "表现好" 级别还较远, 应当抓紧找出关键问题所在, 尽快调整, 以保证下一个评价期内的表现能够有所提高。

应急处置团队通过巡查和走访等方式进行了摸排和调查, 发现方案 X_1 在具体施工设计上存在模糊情况, 多工种协调和进度计划制定方面还存在混乱情形, 应急处置团队通过多种形式灵活解决, 实现了在下一个评价周期的表现提升, 同时导流工程也在方案实施以后的第 14 天实现了成功, 消除了发生洪灾的隐患。

2. 群决策方法效果分析

除了对 X_1 方案的实施效果进行分析之外，本部分研究还针对本次实证分析进行渐进式群决策方法的效果分析。

1) 决策方法具有较好的及时性

采用区间二元语义信息进行方案的快速群决策充分避免了复杂环境的分析和整理，信息的处理过程实现了程序化，相比于传统的会议磋商决策，四川省 A 堰塞湖初始方案决策仅耗时 1 小时 24 分，几乎缩短了近 1 倍时间，残缺信息的补充方法也避免了因为决策矩阵元素缺失带来的决策中止和延迟，为快速选择方案和实施方案提供了较为充裕的时间，也为最终成功实现导流奠定了坚实基础。

2) 决策方法很好地兼顾了现场环境的变化

渐进式的群决策方法体现出了对于环境变化的关注，四川省 A 堰塞湖处置现场的气象、地质、水文和下游居民的情绪都属于不断变化的因素，且突发性强，采用本方法确定的方案 X_1，在动态决策过程中的决策结果体现了对于现场环境变化的较好适应性，但也透露出继续优化的要求，这种结果是现场环境变化的压力反映，能够对于方案是否调整起到综合性的指导作用。例如 5 月 6 日，左岸再次发生因余震和湿度重而诱发的滑坡，冲毁了 1.2km 的施工道路，包括一座 450m 的临时桥梁，安全保障和施工难度加剧，但现场施工团队的能力的提升和塌方材料的可利用性也给了一些决策者重大信心，决策的结果也显示了决策团队对于方案 X_1 的倾向。同时，由于这种结果更能反映环境的客观变化，体现了渐进式群决策方法的客观性。

6 结 论

在重大水利工程项目社会稳定风险脆弱性分析与评估研究中，本书针对重大水利工程社会稳定风险脆弱性的内在机理，脆弱性成因进行深入剖析，继而引入科学评估决策方法对社会稳定风险脆弱性进行分析，以期能够为重大水利工程项目社会稳定风险管理提供理论的指导与借鉴。主要结论如下：

(1) 在归纳总结国内外关于工程社会稳定风险脆弱性研究的理论与实践的基础上，分析社会稳定风险与脆弱性相关理论，发现社会稳定风险与脆弱性呈正相关关系，社会稳定风险的产生代表了社会系统的脆弱性达到了预警级别，而当社会系统的脆弱性保持在一定范围内则可以被系统接受，造成社会稳定风险的可能性相对较小。

(2) 深入分析重大水利工程项目社会稳定风险脆弱性的内在机理，明确该类工程社会稳定风险脆弱性因素的相互关系，在此基础上对重大水利工程项目社会稳定风险脆弱性的因素进行风险识别，梳理出基于暴露程度、敏感程度和应对能力三个维度的重大水利工程社会稳定风险脆弱性评估指标因素集，对指标因素的含义做出解释，并采用结构方程模型对初选指标进行验证性因子分析，从而优选出项目移民产生的风险、项目造成的社会争议、项目造成的经济风险、项目造成的失业风险、区域人口结构的变化、区域就业结构的变化、区域收入结构的变化、区域产业结构的变化、区域经济发展状况、区域社会公平状况、区域社会保障状况、区域社会舆论状况、区域社会控制状况和区域社会秩序状况共 14 个关键因素。

(3) 针对重大水利工程项目社会稳定风险脆弱性的特点，提出了层次分析法的赋权方法与模糊物元分析的综合评估模型。利用层次分析法确定评估指标权重，科学地衡量了评估指标的重要性程度，解决权重分配的难题。模糊物元分析的评估模型考虑了评估事物的模糊性与不确定性，采用降半梯形法对项目评估指标因素进行模糊化，从而保证了对指标数据进行模糊处理的有效性和客观性，准确性较高。

(4) 本书最后运用前面所构建的社会稳定风险脆弱性评估指标体系以及模糊物元综合评估模型对重大水利工程项目 L 工程 D 区自 2000 年到 2012 年的社会系统进行社会稳定风险脆弱性评估的实证研究，衡量 D 区的社会稳定状态。找出该区域社会稳定风险管理中存在的问题，提出了改进意见与建议，从而验证了模型的可行性。

在评标方法这一关键问题方面，本书基于群决策视角，具体研究了重大水利工程项目的评标方法，将重大水利工程项目评标看作模糊多属性群决策问题，主要的研究结论归纳如下：

(1) 在回顾国内外评标理论和多属性群决策理论相关研究现状的基础上，通过现状评述总结出现有重大水利工程项目评标方法的不足，为重大水利工程项目评标方法研究工作的顺利开展奠定了基础。

(2) 梳理了相关理论基础。首先是对重大水利工程项目招投标的叙述，包括招投标的内涵、招标方式和招投标阶段；然后重点介绍了目前国内重大水利工程项目常用的评标方法并分析了还存在的问题；接着阐述了与本书相关的群决策理论和模糊数理论。

(3) 建立了基于粗糙集的重大水利工程项目评标指标体系。首先建立了由目标层、准则层和指标层构成的重大水利工程项目评标指标体系框架，目标层是重大水利工程项目评标，准则层由商务指标、技术指标和企业信誉三方面组成，指标层是对准则的分解；然后采用文献调查法和频度统计法初步设计了 17 个指标；最后采用基于粗糙集的属性约简模型筛选出 11 个指标，构成指标体系。形成了一个客观、科学、普遍适用的重大水利工程项目评标指标体系。

(4) 构建了基于模糊区间数的重大水利工程项目评标群决策模型。在重大水利工程项目评标群决策模型中，为了便捷和有效地处理评标指标的模糊信息，选取了模糊区间数的处理方法，尽量克服专家评标信息的主观性，主要包括三方面的内容：基于相对偏差距离的专家主客观综合权重确定，基于群体偏好最大一致性的指标权重确定和基于相对熵的专家群体偏好集结。

(5) 结合某水利工程的厂房施工重大水利工程项目进行了案例分析。通过案例分析可知，专家的偏好不同，最终优选出的评标方案不同，而更多专家共同参与评标决策，从而反映出不同的偏好，通过相应的群决策模型集结，从而使评标结果更趋于群体一致，更加体现了评标方法在重大水利工程项目评标中的适用性和科学性。

在基于协同工作平台的跨流域调水工程组织界面管理方法研究中，本书在分析该类项目组织界面问题的基础上，结合建设项目管理信息化的趋势，对运用协同工作平台进行组织界面管理进行了全面的研究。主要研究结论为：

(1) 协同工作平台不仅可以为跨流域调水工程项目各组织提供一个完善的信息处理与交流管理平台，还可以创建一个协同工作的环境，是解决跨流域调水工程项目组织界面问题的一种有效方式。

(2) 完善的协同工作平台包括总体架构模型和功能结构模型，在一般功能结构模型的基础上增加信息处理管理模块、信息交流管理模块和协同合作管理模块，结合合理的平台用户权限和平台动态管理流程，可以安全、有效地解决跨流域调水工程项目组织界面问题。

（3）基于协同工作平台跨流域调水工程项目组织界面管理实施的配套契约机制、信任机制、协同机制、学习机制和反馈机制及相关保障措施，可以确保协同工作平台功能的充分发挥，提高跨流域调水工程项目管理效率与效益。

施工联合体在重大水利工程建设中已获得广泛应用，落实施工联合体风险分担及应对工作对于保障施工联合体顺利运作进而保障重大水利工程顺利建设均极为重要。本书基于 ANP 及信息熵等基本方法，围绕重大水利工程施工联合体风险分担予以了深入探讨，取得了如下主要成果：

（1）重大水利工程施工联合体内涵界定及风险分担基础框架构建。通过界定重大水利工程施工联合体基本概念、组织模式及运作特征，明确了本书基于紧密型联合体开展风险分担探讨的基本思路。围绕重大水利工程施工联合体风险分担现状梳理及问题总结，基于利益相关者理论、风险管理理论、不完全契约理论等基础指导理论，构建了重大水利工程施工联合体风险分担基础框架，明确了联合体风险分担广义含义、基本原则、核心内容及主要流程，从而为后续的深入研究奠定了基础。

（2）重大水利工程施工联合体风险分担影响因素识别及关联性分析。通过梳理国内外学者关于工程项目风险分担决策影响因素的研究成果，结合重大水利工程施工联合体运作管理及风险分担实际需求，提炼了项目属性、联合体合作机制、联合体风险分担机制、风险自有属性、承担者风险应对能力及承担者风险承担意愿共6 个影响维度，细化得到 17 个子影响因素。同时，通过因素间关联性分析获得了同一维度下属影响因素关联性及不同维度下属影响因素关联性，并绘制完成了风险分担影响因素网络联接关系图。

（3）基于 ANP 及熵权的重大水利工程施工联合体风险分担模型构建。引入ANP 方法，构建了联合体风险分担 ANP 模型以实现对风险分担影响因素的综合。综合运用三角模糊数、模糊综合评判、信息熵及相对熵等方法，实现了基于不同因素的联合体参与方风险分担适宜比例判定及 ANP 模型综合权重求解，协调了不同决策信息之间可能存在的利益或意见冲突关系，并利用最优综合权重及风险比例判断矩阵实现了施工联合体最优风险分担比例求解。配合以算例分析，证实了所构建风险分担 ANP 模型具有良好的实用性及可操作性

（4）基于风险分担比例的施工联合体风险合作应对机制设计。肯定了风险合作应对小组、联合体主导者、风险最高比例分担者的统筹地位及关系，配合以联合体风险合作应对主体关系分析，完成了施工联合体风险合作应对的协作框架构建。基于不完全契约视角，设计联合体风险动态分担管理过程，将联合体合作协议与联合体风险动态分担过程结合起来，以合作协议为纽带实施联合体全过程的风险动态分担。为保障施工联合体围绕风险分担比例实施高效的风险合作应对工作，配套设计了最优分担比例下的风险合作应对制度体系。

在基于区间二元语义的灾后应急处置群决策方法研究方面，本书重点着眼于应急处置群决策的静态和动态特点，以区间二元语义相关理论与方法应用为目的，提出了一种"静态 + 动态"的渐进式应急群决策方法，介绍了总体流程和相关准则，最后通过实证分析验证了有效性。总体上取得了如下的主要成果：

(1) 以应急环境下的区间二元语义在群决策中应用为导向，解决和优化了三类问题。首先结合 Bonferroni 算子考虑区间二元语义决策信息属性之间的关系，定义了 IT-BA、IT-WBA 和 CIT-WBA 三类算子；然后利用最大最小算子和一致性完全判断矩阵原理解决了区间二元语义评价矩阵中信息缺失的问题，实现在信息不足情况下快速集结，同时又不会与真实值偏差过大；最后借助灰度理论，提出了一种简便的决策者权重确定方法。

(2) 提出了渐进式的应急群决策方法，该方法的主要特点是统筹考虑了应急决策中的静态和动态特点，对于静态的群决策，根据属性信息是否明确，分别采用考虑关联性的区间二元语义 Bonferroni 算子集成和"反馈–调整"的判断矩阵决策方法；针对通过静态群决策获得的合适方案，提出了评价实施期内不同时间段满足各目标程度的动态评价方法，是对于静态群决策方法的延续，也是对方案实施效果的综合评价，作为下一阶段方案是否调整的重要依据。渐进式应急群决策方法更加贴近实际，原理简单，也能够面向更多的参与者。

(3) 针对本书提出的渐进式应急群决策方法，在四川省 A 堰塞湖应急处置方案决策中进行了实证分析，通过静态决策选择了方案 X 作为合适方案，在动态决策中针对不同阶段方案 X_1 对应于 4 个指标的满足程度的综合表现进行测度，结果显示虽然满足要求，但仍然存在较大的优化空间，通过对应调整，应急处置工作取得了较好的结果，证明了基于区间二元语义的渐进式应急群决策方法的及时性和客观性。

参 考 文 献

[1] 李建新, 曹霞. 浅论项目管理中的组织界面管理 [J]. 技术经济与管理研究, 2003, 6(3): 19-21.

[2] 杨纶标, 高英仪. 模糊数学原理及应用 [M]. 广州: 华南理工大学出版社, 2000.

[3] 陈伟珂, 黄艳敏. 工程风险与工程保险 [M]. 天津: 天津大学出版社, 2005.

[4] 钟宁. 科学发展观指导下的社会稳定及其评估模型研究 [D]. 吉林: 东北师范大学, 2014.

[5] 朱德米. 深化社会稳定风险评估的理论支持 [N]. 社会科学报, 2011, 6.

[6] Jones N, Clark J, Tripidaki G. Social risk assessment and social capital: A significant parameter for the formation of climate change policies[J]. The Social Science Journal, 2012, 49(1): 33-41.

[7] 周旅. 某航天军工企业 ZR 项目社会稳定风险评估研究 [D]. 成都: 西南交通大学, 2012.

[8] 童星. 公共政策的社会稳定风险评估 [J]. 学习与实践, 2010, 9: 114-119.

[9] 陈静. 建立社会稳定风险评估机制探析 [J]. 社会保障研究, 2010, (3): 97-102.

[10] Baker A B, Hutchinson R L, Eagan R J, et al. A scalable systems approach for critical infrastructure security [J]. Office of Scientific & Technical Information Technical Reports, 2002.

[11] Shehu Z, Akintoye A. Construction programme management theory and practice: Contextual and pragmatic approach [J]. International Journal of Project Management, 2009, 27(7): 703-716.

[12] 张文霞, 赵延东. 风险社会: 概念的提出及研究进展 [J]. 科学与社会, 2011, 1(2): 53-63.

[13] 孙立平. 现代化与社会转型 [M]. 北京: 北京大学出版社, 2005.

[14] 张平宇. 全球环境变化研究与人文地理学的参与问题 [J]. 世界地理研究, 2007, 16(4): 76-81.

[15] Naudé W, Santos-Paulino A U, McGillivray M. Measuring vulnerability: an overview and introduction [J]. Oxford Development Studies, 2009, 37(3): 183-191.

[16] Turner B L, Kasperson R E, Matson P A, et al. A framework for vulnerability analysis in sustainability science [J]. Proceedings of the National Academy of Sciences of the United States of America, 2003, 100(14): 8074-8079.

[17] 黄德春, 张长征, Upmanu Lall, 等. 重大水利工程社会稳定风险研究 [J]. 中国人口·资源与环境, 2013, 23(4): 89-95.

[18] 徐瑱. SES 框架下地区脆弱性研究 [D]. 兰州: 兰州大学, 2009.

[19] 牛文元. 社会物理学与中国社会稳定预警系统 [J]. 中国科学院院刊, 2001, 16 (1): 15-20.

[20] 尼克·皮金, 罗杰·E·卡斯帕森, 保罗·斯洛维奇. 风险的社会放大 [M]. 谭宏凯译. 北京: 中国劳动社会保障出版社, 2010.

[21] Pidgeon N F, Kasperson R E, Slovic P. The social amplification of risk [M]. Cambridge University Press, 2003.

[22] 姜雪. 大庆东城水库工程移民风险评估与防范对策研究 [D]. 大庆: 东北石油大学, 2012.

[23] 屈瑾. 社会工程视角下的社会保障体系的建构 [D]. 沈阳: 沈阳师范大学, 2013.

[24] 邓红卫, 胡普仑, 杨念哥, 等. 基于组合赋权 TOPSIS 的采矿方法优选 [J]. 广西大学学报: 自然科学版, 2012, 37(5): 990-996.

[25] 阎耀军. 社会稳定的计量及预警预控管理系统的构建 [J]. 社会学研究, 2004, (3): 1-10.

[26] 付晓灵. 谈工程项目管理中的绿色工程 [J]. 工程建设与设计, 2003, (1): 34-35.

[27] 侯杰泰. 结构方程模型及其应用 [M]. 北京: 教育科学出版社, 2004.

[28] 吴明隆. SPSS 统计应用实务 [M]. 北京: 科学出版社, 2003.

[29] 侯杰泰, 温忠麟, 成子娟. 结构方程模型及其应用 [M]. 北京: 经济科学出版社, 2004.

[30] 王艳秋. 应急物流系统风险因素识别与评价研究 [D]. 长沙: 长沙理工大学, 2012.

[31] 吴兵福. 结构方程模型初步研究 [D]. 天津: 天津大学, 2006.

[32] 许树柏. 实用决策方法——层次分析法原理 [M]. 天津: 天津大学出版社, 1988.

[33] 杜栋, 庞庆华, 吴炎. 现代综合评价方法与案例精选 [M]. 北京: 清华大学出版社, 2008.

[34] 巴宁, 汤小慷, 张学志. 基于组合赋权保障性评价指标权重确定 [J]. 现代电子技术, 2010, 33(17): 1-3.

[35] 庄锁法. 基于层次分析法的综合评价模型 [J]. 合肥工业大学学报: 自然科学版, 2000, 23(4): 582-585.

[36] 蔡文. 物元模型及其应用 [M]. 北京: 科学技术文献出版社, 1998.

[37] 李鸿吉. 模糊数学基础及实用算法 [M]. 北京: 科学出版社, 2005.

[38] 徐维祥, 张全寿. 一种基于灰色理论和模糊数学的综合集成算法 [J]. 系统工程理论与实践, 2001, 4(4): 114-115.

[39] Chen S Y. Relative membership function and new frame of fuzzy sets theory for pattern recognition[J]. The Journal of Fuzzy Mathematics, 1997, 5(2): 401-411.

[40] 门宝辉, 梁川. 城市环境质量综合评价物元模型及其应用 [J]. 系统工程理论与实践, 2003, 23(3): 134-139.

[41] 张先起, 梁川. 基于熵权的模糊物元模型在水质综合评价中的应用 [J]. 水利学报, 2005, 36(9): 1057-1061.

[42] 肖芳淳. 模糊物元分析及其应用研究 [J]. 强度与环境, 1995, (2): 51-59.

[43] 刘明霄. 基于粗糙集的属性约简及其应用研究 [D]. 天津: 河北工业大学, 2006.

[44] 张朝阳, 赵涛, 王春红. 基于粗糙集的属性约简方法在指标筛选中的应用 [J]. 科技管理研究, 2009, 29(1): 78-79.

[45] Chu T C. A fuzzy number interval arithmetic based fuzzy MCDM algorithm [J]. International Journal of Fuzzy Systems, 2002(4): 867-872.

[46] Simon H A. The New Science of Management Decision [M]. Prentice Hall PTR: Indianapolis. 1960.

[47] Merna A, Smith N J. Bid evaluation for UK public sector construction contracts [J]. Proceeding of the Institution of Civil Engineers, 1990, 2(88): 91-106.

[48] 马俊, 邱菀华. 招投标决策模型及其应用 [J]. 北京航空航天大学学报, 2000, 26(4): 470-472.

[49] 王秀蓉, 吴焱. 浅议工程量清单报价的合理低价中标 [J]. 工程造价管理, 2003, (3): 18-20.

[50] Hiyassat M A S. Construction bid price evaluation [J]. Canadian Journal of Civil Engineering, 2001, 28(2): 264-270.

[51] Pawlak Z. Rough sets [J]. International Journal of Computer and Information Science, 1982, 11(5): 341-356.

[52] 王长忠, 陈德刚. 基于粗糙集的知识获取理论与方法 [M]. 哈尔滨: 哈尔滨工业大学出版社, 2010.

[53] 王建春, 魏胜男. 建设项目多目标评标的决策分析 [J]. 技术经济, 2007, 26(9): 45-48.

[54] 杜春生. 模糊数学综合评判方法在评标中的应用 [J]. 吉林建筑工程学院学报, 2001, (4): 69-74.

[55] 潘彬, 张得让. 政府采购招标项目评标方法 —— 基于模糊数学综合评判分析法 [J]. 系统工程, 2007, 25(2): 97-100.

[56] 闫文周, 顾连胜. 熵权决策法在工程评标中的应用 [J]. 西安建筑科技大学学报, 2004, 36(1): 98-100.

[57] 王卓甫, 张怡. 基于熵权加权法的工程评标模型 [J]. 科技管理研究, 2010, 03: 47-48.

[58] Calvary G, Coutaz J, Thevenin D, et al. A Unifying Reference Framework for multi-target user interfaces[J]. Interacting with Computers, 2003, 15(3): 289-308.

[59] 汤彬. 基于协同机制的房地产建设项目组织界面管理研究 [D]. 保定: 华北电力大学, 2008.

[60] 黄超男. 支持协同的软件配置管理过程建模和应用 [D]. 合肥: 合肥工业大学, 2008.

[61] 梁胜彬. 基于 SOA 的协同软件体系架构研究 [D]. 成都: 西南交通大学, 2008.

[62] 杨建平. 政府投资项目协同治理机制及其支撑平台研究 [D]. 北京: 中国矿业大学, 2009.

[63] 李紫东. 基于协同工作平台的大型工程项目组织界面管理研究 [D]. 广州: 华南理工大学, 2011.

[64] 何卫平, 张俊英, 芮玉. 基于工程项目风险分担的合作创新风险管理研究 [J]. 改革与战略, 2011, 27(5): 46-49.

[65] 柯永建, 王守清, 陈炳泉. 基础设施 PPP 项目的风险分担 [J]. 建筑经济, 2008(4): 31-35.

[66] 张水波, 何伯森. 工程项目合同双方风险分担问题的探讨 [J]. 天津大学学报 (社会科学版), 2003, 5(3): 257-261.

[67] Lam K C, Wang D, Lee P T K, et al. Modelling risk allocation decision in construction contracts [J]. International Journal of Project Management, 2007, 25(5): 485-493.

[68] 廖秦明, 李晓东. Partnering 项目融资风险分担研究 [J]. 工程管理学报, 2010, 24(3): 299-303.

[69] Chege L. Recent trends in private financing of public infrastructure projects in South Africa [R]. South Africa: CSIR Building and Construction Technology, 2001.

[70] Hartman F, Snelgrove P, Ashrafi R. Effective wording to improve risk allocation in lump sum contracts [J]. Journal of Construction Engineering and Management, 1997, 123(4): 379-387.

[71] Arndt H R. Risk allocation in the Melbourne city link project[J]. Journal of Project Finance, 1998, 4(3): 11-24.

[72] 徐勇戈. 非对称信息下政府投资项目实行代建制的相关机制研究 [D]. 西安: 西安建筑科技大学, 2006.

[73] 龙化良. BOT 高速公路项目风险分担机制研究 [D]. 长沙: 长沙理工大学, 2008.

[74] 赵华, 尹贻林. 基于 ISM 的工程项目合理风险分担影响因素分析 [J]. 北京理工大学学报 (社会科学版), 2011, 13(6): 15-19.

[75] Abednego M P, Ogunlana S O. Good project governance for proper risk allocation in public–private partnerships in Indonesia[J]. International Journal of Project Management, 2006, 24(7): 622–634.

[76] 朱宗乾, 李艳霞, 罗阿维, 等. ERP 项目实施中风险分担影响因素的实证研究 [J]. 工业工程与管理, 2010, 15(2): 98-102.

[77] 廖秦明, 李晓东. Partnering 项目融资风险分担研究 [J]. 工程管理学报, 2010, 24(3): 299-303.

[78] 范小军, 赵一, 钟根元. 基础项目融资风险的分担比例研究 [J]. 管理工程学报, 2007, 21(1): 98-101.

[79] 程述, 谢丽芳. 工程项目风险分担模型探讨 [J]. 项目管理, 2006, 11 (4): 93-96.

[80] 刘江华. 项目融资风险分担研究 [J]. 工业技术经济, 2006, 25 (8): 125-127.

[81] Jin X H, Doloi H. Interpreting risk allocation mechanism in public–private partnership projects: an empirical study in a transaction cost economics perspective [J]. Construction Management and Economics, 2008, 26(7): 707-721.

[82] 郑宪强. 建设工程合同效率研究 [D]. 大连: 东北财经大学, 2007.

[83] 代春泉. 工程合同风险分配机制研究 [J]. 建筑经济, 2011, (6): 44-47.

[84] 周利安. 基于层次分析法的项目风险分担评价模型 [J]. 计算机与数字工程, 2008, 36(11): 40-43.

[85] 朱宗乾, 李艳霞, 罗阿维, 等. ERP 项目实施中风险分担影响因素的实证研究 [J]. 工业工程与管理, 2010, 15(2): 98-102.

[86] 黄如宝, 杨雪. 工程项目合同策划中风险分担问题的探讨 [J]. 建设监理, 2009, (11): 63-66.

[87] 赵华, 尹贻林. 基于 ISM 的工程项目合理风险分担影响因素分析 [J]. 北京理工大学学报 (社会科学版), 2011, 13(6): 15-19.

[88] 徐亚军, 吴浩, 刘庆禄. 多属性决策中方案属性权重计算的相对熵模型 [J]. 指挥控制与仿真, 2012, 34(5): 18-20.

[89] 成鹏飞, 周向红, 唐新平, 等. 一种基于不确定语言的决策方法 [J]. 统计与决策, 2006(24).

[90] 山敏. 两类区间语言型多属性群决策方法 [D]. 保定: 河北大学, 2013.

[91] Herrera F, Martinez L. A 2-tuple fuzzy linguistic representation model for computing with words[J]. IEEE Transactions on Fuzzy Systems, 2000, 8(6): 746-752.

[92] 张尧, 樊治平. 一种基于残缺语言判断矩阵的群决策方法 [J]. 运筹与管理, 2007, (3): 31-35.

[93] Yager R R, Kacprzyk J. The Ordered Wighted Averaging Operators: Theory and Applications[M]. Norwell, M A: Kluwer, 1997.

[94] 马珍珍, 米传民, 党耀国, 等. 考虑语义灰度的二元语义群决策方法 [J]. 系统工程, 2014, (11): 132-138.

[95] 邓聚龙. 灰理论基础 [M]. 武汉: 华中科技大学出版社, 2002.

[96] Wang Y M, Fan Z P. Fuzzy preference relations: Aggregation and weight determination [J]. Computers and Industrial Engineering, 2007, 53(1): 163-172.

[97] 张惠民. 几类模糊多属性决策方法及其应用研究 [D]. 上海: 上海大学, 2013.

[98] 张娜, 方志耕, 朱建军, 等. 基于等信息量转换的区间二元语义多属性群决策方法 [J]. 控制与决策, 2015(3): 403-409.

[99] 曲来超, 袁占良, 王志龙, 等. 3S 技术在堰塞湖应急治理中的应用研究 [J]. 测绘与空间地理信息, 2009, 32(1): 117-119.

附录 1　重大水利工程社会稳定风险脆弱性分析调查问卷

您好！首先感谢您抽出时间来完成这份调查问卷，这份问卷目的是调查影响重大水利工程社会稳定风险脆弱性影响因素，为社会稳定风险脆弱性的识别和控制提供理论基础的支持。本调查需要借助您的经验和知识来完成。此问卷为匿名调查，您的意见仅作研究分析使用，再次感谢您的宝贵意见。

一、甄别部分

1. 您的工作性质属于

A. 管理人员　B. 科研人员　C. 其他

2. 您是否密切关注重大水利工程项目的会稳定风险脆弱性

A. 是　B. 否

二、主体部分

请您列举您认为的重大水利工程项目的主要社会稳定风险脆弱性影响因素，并说明原因。风险脆弱性等级评分分为 5 级，对应的数字分别为：5——主要风险、4——重要风险、3——一般风险、2——不主要风险、1——不构成风险。

附表 1-1　风险脆弱性影响因素及其等级评分

序号	风险脆弱性因素名称	风险脆弱性等级评分
1		
2		
3		
4		
5		
6		
7		
8		
9		
...		

附录 2 2000~2012 年 D 区国民经济和社会发展统计数据

附表 2-1 2000~2012 年 D 区国民经济和社会发展统计数据

指标	2000 年	2001 年	2002 年	2003 年	2004 年	2005 年	2006 年	2007 年	2008 年	2009 年	2010 年	2011 年	2012 年
移民人口数/人	25452	23920	42708	40082	29413	45133	9814	12000	19000	1868	5652	8171	8100
产业空心化程度	很差	很差	差	很差	差	差	一般	差	很差	好	很好	好	很好
企业经济效益综合指数/%	73.2	93.1	98.2	102.9	110.6	114.4	127.4	146.1	191.2	252.4	297.1	317.6	289.3
区域人口失业率/%	4.80	4.30	4.40	4.40	4.41	5.94	5.98	9.94	8.83	3.01	2.93	2.52	2.62
城镇人口比重/%	13.60	24.20	29.30	31.10	32.10	46.00	47.60	49.20	51.00	40.20	43.30	44.20	44.40
第三产业比重/%	34.10	34.70	37.60	37.30	37.00	45.20	47.20	43.60	39.50	41.10	38.50	36.80	39.80
二、三产业从业人员比重/%	82.20	83.9	86.10	86.30	86.70	87.70	87.50	86.90	89.00	92.30	93.20	93.20	92.80
城乡收入增长率/%	7.8	6.3	10.2	9.7	8.1	8.3	12.7	11.9	18.5	15.8	16.6	21.0	22.3
人均收入/元	7384	8390	9120	10389	9556	9894	10033	10502	15329	32350	36248	31826	32344
社会保障率	差	一般	很差	一般	一般	差	很差	差	差	很好	一般	一般	很好
城乡收入比	3.31	3.37	3.48	3.62	3.37	3.31	3.48	3.35	3.34	3.34	3.12	2.93	2.88
公安治安状况	很差	一般	一般	差	一般	一般	好	一般	差	好	很好	很好	好
区域财政收入/亿元	5.62	6.61	7.98	9.15	6.37	6.80	7.51	8.65	14.74	18.05	33.6	63.01	79.13
公众满意程度	差	很差	一般	差	一般	很差	较好	一般	差	很好	一般	好	好

注: 数据来自国家数据库网站。

附录 3 现阶段工程招投标研究文献涉及内容统计

使用知网数据库，以评标为关键字，检索出 983 篇文章，统一按照被引次数排序，逐一查看是否涉及工程项目评标指标，为了计算方便和数据的可靠性，取被引数排名前 500 的有关文献作为研究对象，经过处理后工程评标相关指标的具体数据见下表。

附表 3-1　工程项目评标指标出现频次（频率）统计表

评标指标	文献篇数	百分比/%
总报价	500	100
施工总体规划	487	97
主要施工方案	482	96
单价评审	466	93
施工资源配置	460	92
企业资质	450	90
质量保证措施	398	80
计划企业经营业绩	386	77
用款计划	373	75
主要人员配置	365	73
企业财务状况	347	70
施工进度计划	343	69
主要施工工序	332	66
企业营运能力	321	64
分包商管理	316	63
已完工程获奖情况	298	60
类似工程施工经验	294	59
企业资信	286	57
合同履行情况	246	49
验收检查制度	232	46
安全文明施工	197	39
技术建议及替代方案	183	37
环境保护	156	31

附录 4 重大水利工程施工评标指标调查问卷

根据您的相关知识和经验，判断重大水利工程施工评标指标体系是否应该选取该因素作为评标的一个指标，请在相应的选项上打 √ 或画 ○，其中 1~5 分的含义是：1 分表示该指标应删除，3 分表示该指标可要可不要，5 分表示该指标一定要保留，2 分和 4 分处于中间水平，若有其他的重要因素可在备注中补充说明。

附表 4-1　重大水利工程施工评标指标得分表

指标		分值					备注
商务指标	用款计划	1	2	3	4	5	
	总报价	1	2	3	4	5	
	单价评审	1	2	3	4	5	
技术指标	施工总体规划	1	2	3	4	5	
	施工进度计划	1	2	3	4	5	
	主要施工方案	1	2	3	4	5	
	主要施工工序	1	2	3	4	5	
	主要人员配置	1	2	3	4	5	
	施工资源配置计划	1	2	3	4	5	
	分包商管理	1	2	3	4	5	
	质量保证措施	1	2	3	4	5	
	验收检查制度	1	2	3	4	5	
	安全文明施工	1	2	3	4	5	
	环境保护	1	2	3	4	5	
	技术建议及替代方案	1	2	3	4	5	
	类似工程施工经验	1	2	3	4	5	
	企业资质	1	2	3	4	5	
	企业资信	1	2	3	4	5	
	企业经营业绩	1	2	3	4	5	
企业信誉	已完工程获奖情况	1	2	3	4	5	
	合同履行情况	1	2	3	4	5	
	企业财务状况	1	2	3	4	5	
	企业营运能力	1	2	3	4	5	

附录 5 跨流域调水工程项目组织界面管理评价指标调查问卷

本次的调查主要包括 4 个部分，具体调查内容见下文。本调查问卷的题目虽然有些多，但还是希望大家可以伸出援助之手，在闲暇时填写本次的调查问卷，您的见解或建议对本论文写作有很大的帮助，也是本论文得以进行的关键内容，非常感谢您的参与！

第 一 部 分

根据您的工作经验及独特的见解，请您判断以下因素是否是造成跨流域调水工程项目组织界面矛盾的主要因素，在因素前面的括号内打 √ 或画 ○(可多选)，如果认为有其他重要的因素可在其后添加说明：

( ) 信息沟通问题；( ) 组织文化差异；( ) 目标差异；( ) 组织结构缺陷

第 二 部 分

为了计算跨流域调水工程项目组织界面管理各评价指标的权重，请您根据评分标准对各项指标因素进行打分，并填写在相应的空白处。

附表 5-1 评分标准

两个指标相比，前者与后者同样重要	1
两个指标相比，前者比后者稍重要	3
两个指标相比，前者比后者相当重要	5
两个指标相比，前者比后者非常重要	7
两个指标相比，前者比后者极端重要	9
两个指标相比，重要性在上述描述之间	2,4,6,8
两指标相比，若调换位置，则取其相应分值的倒数	

附表 5-2 四种综合指标的重要性比较

指标	信息沟通管理	组织文化	工作目标	项目组织结构
信息沟通管理	1	——	——	——
组织文化	——	1	——	——
工作目标	——	——	1	——
项目组织结构	——	——	——	1

附表 5-3　信息沟通管理下各指标的重要性比较

指标	组织氛围和谐度	组织之间信任度	组织制度规范度
组织氛围和谐度	1	—	—
组织之间信任度	—	1	—
组织制度规范度	—	—	1

附表 5-4　组织文化下各指标的重要性比较

指标	组织氛围和谐度	组织之间信任度	组织制度规范度
组织氛围和谐度	1	—	—
组织之间信任度	—	1	—
组织制度规范度	—	—	1

附表 5-5　工作目标下各指标的重要性比较

指标	组织目标明确性	组织目标整体性	组目标分解合理性	目标冲突严重度
组织目标明确性	1	—	—	—
组织目标整体性	—	1	—	—
组织目标分解合理性	—	—	1	—
组织目标冲突严重度	—	—	—	1

附表 5-6　项目组织结构下各指标的重要性比较

指标	管理跨度合理性	各组织指挥统一性	责权利平衡度	分工协作性	授权分权合理性	执行与监督合理性
管理跨度合理性	1	—	—	—	—	—
各组织指挥统一性	—	1	—	—	—	—
责权利平衡度	—	—	1	—	—	—
分工协作性	—	—	—	1	—	—
授权分权合理性	—	—	—	—	1	—
执行与监督合理性	—	—	—	—	—	1

第 三 部 分

　　基于协同工作平台的跨流域调水工程项目组织界面管理评价指标体系的确定，请根据您的相关知识和经验，判断运用协同工作平台进行跨流域调水工程项目组织界面管理是否应该选取该因素作为评价的一个指标，请在相应的选项上打 √ 或画 ○，其中 1~5 分的含义是：1 分表示该指标应剔除，3 分表示该指标可要可不要，5 分表示该指标应保留，2 分和 4 分处于其中间水平。如果认为有其他重要的因素可在其备注中添加说明。

附表 5-7　组织界面管理评价指标评分表

指标		分值					备注
信息沟通管理	信息沟通及时性	1	2	3	4	5	
	信息沟通准确性	1	2	3	4	5	
	信息沟通全面性	1	2	3	4	5	
	信息共享度	1	2	3	4	5	
组织文化	组织氛围和谐度	1	2	3	4	5	
	组织之间信任度	1	2	3	4	5	
	组织制度规范度	1	2	3	4	5	
工作目标	组织目标明确性	1	2	3	4	5	
	组织目标整体性	1	2	3	4	5	
	组织目标分解合理性	1	2	3	4	5	
	组织目标冲突严重度	1	2	3	4	5	
项目组织结构	管理跨度合理性	1	2	3	4	5	
	各组织指挥统一性	1	2	3	4	5	
	责权利平衡度	1	2	3	4	5	
	分工协作性	1	2	3	4	5	
	授权分权合理性	1	2	3	4	5	
	执行与监督合理性	1	2	3	4	5	

第 四 部 分

基于两种方法的跨流域调水工程项目组织界面管理对各指标的影响效果评价，请根据您的相关知识和经验，评价运用协同工作平台或传统方法进行跨流域调水工程项目组织界面管理对各评价指标影响效果，请在相应的选项上打 √ 或画 ○，其中 1~8 分的含义是：8 分表示满意，6 分表示较满意，4 分表示一般，2 分表示差。

运用协同工作平台进行跨流域调水工程项目组织界面管理水平的评价：

附表 5-8　组织界面管理水平评分表

指标		分值			
信息沟通管理	信息沟通及时性	8	6	4	2
	信息沟通准确性	8	6	4	2
	信息沟通全面性	8	6	4	2
	信息共享度	8	6	4	2
组织文化	组织氛围和谐度	8	6	4	2
	组织之间信任度	8	6	4	2
	组织制度规范度	8	6	4	2
工作目标	组织目标明确性	8	6	4	2
	组织目标整体性	8	6	4	2
	组织目标分解合理性	8	6	4	2
	组织目标冲突严重度	8	6	4	2

续表

指标		分值			
项目组织结构	管理跨度合理性	8	6	4	2
	各组织指挥统一性	8	6	4	2
	责权利平衡度	8	6	4	2
	分工协作性	8	6	4	2
	授权分权合理性	8	6	4	2
	执行与监督合理性	8	6	4	2

运用传统方法(邮件、电话及协调会议等)进行跨流域调水工程项目组织界面管理水平的评价:

附表 5-9 组织界面管理水平评分表

指标		分值			
信息沟通管理	信息沟通及时性	8	6	4	2
	信息沟通准确性	8	6	4	2
	信息沟通全面性	8	6	4	2
	信息共享度	8	6	4	2
组织文化	组织氛围和谐度	8	6	4	2
	组织之间信任度	8	6	4	2
	组织制度规范度	8	6	4	2
工作目标	组织目标明确性	8	6	4	2
	组织目标整体性	8	6	4	2
	组织目标分解合理性	8	6	4	2
	组织目标冲突严重度	8	6	4	2
项目组织结构	管理跨度合理性	8	6	4	2
	各组织指挥统一性	8	6	4	2
	责权利平衡度	8	6	4	2
	分工协作性	8	6	4	2
	授权分权合理性	8	6	4	2
	执行与监督合理性	8	6	4	2